中等职业教育国家规划教材
全国中等职业教育教材审定委员会审定

模具制造技术

第2版

主　编　李云程
副主编　胡占军
参　编　左大平
主　审　王化培

机械工业出版社

本书是中等职业教育国家规划教材，是在第 1 版的基础上修订而成的，内容包括模架组成零件的加工，模具工作零件（凸模、凹模型孔及型腔）的机械加工（成形磨削、数控加工、高速铣削、型腔的抛光和研磨），特种加工，挤压（冷挤压、热挤压、超塑成形）、铸造成形，快速成形，快速制模，以及模具的装配工艺等。在内容上注重实用性，简明、通俗。

本书是中等职业学校模具制造技术专业的教学用书，也可供自学者及相关专业技术人员参考。

图书在版编目（CIP）数据

模具制造技术/李云程主编. —2 版. —北京：机械工业出版社，2014.5（2023.6 重印）

中等职业教育国家规划教材

ISBN 978-7-111-47487-6

Ⅰ.①模… Ⅱ.①李… Ⅲ.①模具-制造-中等专业学校-教材 Ⅳ.①TG76

中国版本图书馆 CIP 数据核字（2014）第 169943 号

机械工业出版社（北京市百万庄大街 22 号 邮政编码 100037）

策划编辑：汪光灿 责任编辑：张云鹏 版式设计：赵颖喆

责任校对：刘怡丹 封面设计：陈 沛 责任印制：邓 博

北京盛通商印快线网络科技有限公司印刷

2023 年 6 月第 2 版第 4 次印刷

184mm×260mm · 10.25 印张 · 243 千字

标准书号：ISBN 978-7-111-47487-6

定价：33.00 元

电话服务	网络服务
客服电话：010-88361066	机 工 官 网：www.cmpbook.com
010-88379833	机 工 官 博：weibo.com/cmp1952
010-68326294	金 书 网：www.golden-book.com
封底无防伪标均为盗版	机工教育服务网：www.cmpedu.com

中等职业教育国家规划教材出版说明

为了贯彻《中共中央国务院关于深化教育改革全面推进素质教育的决定》精神，落实《面向21世纪教育振兴行动计划》中提出的职业教育课程改革和教材建设规划，根据《中等职业教育国家规划教材申报、立项及管理意见》(教职成［2001］1号) 的精神，教育部组织力量对实现中等职业教育培养目标和保证基本教学规格起保障作用的德育课程、文化基础课程、专业技术基础课程和80个重点建设专业主干课程的教材进行了规划和编写，从2001年秋季开学起，国家规划教材将陆续提供给各类中等职业学校选用。

国家规划教材是根据教育部最新颁布的德育课程、文化基础课程、专业技术基础课程和80个重点建设专业主干课程的教学大纲编写而成的，并经全国中等职业教育教材审定委员会审定通过。新教材全面贯彻素质教育思想，从社会发展对高素质劳动者和中、初级专门人才需要的实际出发，注重对学生的创新精神和实践能力的培养。新教材在理论体系、组织结构和阐述方法等方面均做了一些新的尝试。新教材实行一纲多本，努力为教材选用提供比较和选择，满足不同学制、不同专业和不同办学条件的教学需要。

希望各地、各部门积极推广和选用国家规划教材，并在使用过程中，注意总结经验，及时提出修改意见和建议，使之不断完善和提高。

教育部职业教育与成人教育司

第 2 版前言

本书是在中等职业教育国家规划教材《模具制造技术》第 1 版的基础上，结合多年来各用书学校的反馈意见和当前中等职业教育的实际需求修订而成的。

此次修订，全书内容沿用第 1 版的模具零件的机械加工，特种加工，模具制造的其他技术和模具装配工艺的章节结构安排。在模具零件的机械加工一章中除对部分内容进行修改外，新增了滚动导向模架和高速铣削方面的内容。在模具制造的其他技术一章中删去了部分内容，增加了快速成形技术和利用快速成形技术制造模具的工作零件等方面的内容。模具零件的加工方法充分考虑了不同生产条件和行业的需要，不仅有传统的加工技术，也有模具制造的新技术。各章均安排有适当的思考与练习。全书内容简明、通俗、实用。

本书由重庆工业职业技术学院李云程主编，重庆理工大学王化培主审。全书共四章，其中绪论、第一章、第二章和第三章中的第三节由李云程编写，第三章中的其余内容由左大平编写，第四章由胡占军编写。

由于编者水平有艰，书中难免有疏漏或错误之处，恳请广大读者批评指正。

编　者

第 1 版前言

本书是中等职业教育国家规划教材，是根据“模具制造技术”课程教学大纲编写而成的。

本书主要讲授模具零件的机械加工，模具零件的特种加工技术，模具零件的挤压成形及铸造成形技术，模具的装配工艺。全书以机械加工、电火花加工、数控线切割加工和模具装配为重点，广泛介绍了模具工作零件的多种成形技术，从生产实际出发突出实用性，内容简明、通俗。

本书由重庆工业职业技术学院李云程主编，河北省机电学校胡占军任副主编，重庆工学院王化培主审。绪论及第一、二章由李云程编写，第三章由张家界航空工业学院左大平编写，第四章由胡占军编写。

在审稿过程中，沈阳市机电工业学校刘福库、成都市工业学校史铁梁对本书提出了许多宝贵意见；在编写过程中，广东工业大学研究生院张橘给予了大力支持，在此一并表示感谢。

由于编者水平有限，书中难免有疏漏错误之处，恳请广大读者批评指正。

编　者

目录

绪　论

模具能提高生产效率、节约原材料、降低成本，在一定的尺寸精度范围内能保证产品零件的同一性和互换性，因此模具在汽车、飞机、拖拉机、电器、仪表、玩具和日常用品等行业中已被广泛使用。据统计，利用模具制造的零件，在飞机、汽车、拖拉机、电器、仪表等机械电子产品中占60%～70%；在电视机、录音机、计算机等电子产品中占80%以上；在自行车、手表、洗衣机、电冰箱和电风扇等轻工产品中占85%以上。随着科学技术的发展，工业产品的品种和数量不断增加，产品改型换代的速度加快，对产品质量、外观不断提出新的要求，对模具质量的要求也越来越高。显然，模具设计及制造水平落后，生产的模具质量低劣，制造周期长，必然影响相关产品的更新换代，使产品失去竞争力，阻碍生产和经济的发展。可见，模具设计及制造技术在国民经济中的地位是十分重要的。

模具的种类繁多，结构各异。按其用途可分为冷冲模、塑料模、陶瓷模、压铸模、锻模、粉末冶金模、橡皮模和玻璃模等。模具生产多为单件生产，常常是一副模具一个样，但加工精度和使用性能要求较高。为了保证模具的质量，降低生产成本，模具零件的标准化尤为重要。标准化的模具零件可以组织批量生产，可以采用先进的工艺及设备，且易于保证加工质量。新模具的制造只需制造非标准零件，向市场购买标准零件（或组件），就能装配成所需模具，从而缩短制造周期，降低生产成本。我国已制定了冷冲模、塑料注射模、压铸模、精冲模、冷挤压模、锻模、橡皮模和玻璃模的标准。此外，模架、模板、导柱和导套等标准模具零件也形成了专业化生产。

近些年来，模具工业发展十分迅速，有些国家模具的生产总值已超过机床工业的生产总值，且发展速度超过了机床、汽车和电子等工业。模具工业已发展为独立的行业，是国民经济的基础工业之一。模具技术，特别是制造精密、复杂、大型和长使用寿命模具的技术，已成为衡量一个国家制造业水平的重要标志。模具工业潜力巨大，发展前景广阔。

我国已有模具厂及生产单位（模具车间）数千个，拥有职工数十万人，每年能生产上百万套模具。多工位级进模具、长使用寿命硬质合金模具的生产和应用进一步扩大。为了适应工业生产对模具的需求，在模具生产中采用了许多新工艺和先进设备，不仅改善了模具的加工质量，也提高了模具制造的机械化和自动化程度。数控铣床和加工中心等设备已在模具生产中广泛采用。电火花和线切割加工已成为冷冲模制造的主要手段。为了对硬质合金模具进行精密成形磨削，研制成功了单层电镀金刚石成形磨轮和电火花成形磨削专用机床，且使用效果良好。电火花加工、电解加工、电铸加工、陶瓷型精密铸造、挤压成形（冷挤压、热挤压、超塑成形）技术以及利用照相腐蚀技术加工皮革纹等加工技术已在型腔加工中广泛采用。为了满足新产品试制和小批量产品生产的需要，我国已制造了多种结构简单、生产周期短、成本低廉的简易冲模，如钢皮冲模、聚氨酯橡皮模、低熔点合金模具、锌合金模具、组合模具、通用可调冲孔模具和利用快速成形技术来快速制造模具零件等。在我国，模具的计算机辅助设计及制造（CAD/CAM）也已进入实用阶段。

尽管我国模具工业发展较快，制造技术水平也在逐步提高，但与工业发达国家相比，还存在着较大的差距，主要表现在模具品种少、精度差、使用寿命短和制造周期长。许多精密、大型、复杂模具不得不从国外高价引进。为了尽快改变这种状况，国家已从许多方面采取措施，促进模具工业的发展。

模具工业的发展离不开模具设计及制造专业人才。“模具制造技术”是为培养初、中级模具设计及制造专业人才而设置的一门专业课程。本课程的主要内容包括模具零件的机械加工及特种加工技术、模具工作零件的挤压和铸造成形技术和模具的装配工艺。通过本课程的课堂教学和其他教学环节的配合，使学生具备模具制造技术的基本知识和技能。

“模具制造技术”是一门综合性很强的课程，它涵盖了金属材料及热处理、数控技术、机械制造工艺及装备、公差配合与测量技术等方面的相关知识。无论制订何种模具零件的工艺路线，都需要有机械制造工艺及装备的基本知识。因此，综合应用相关课程的知识是十分重要的。

“模具制造技术”是一门实践性很强的课程。对于同一个加工零件，在不同的生产条件下，可以采用不同的工艺路线和工艺方法达到工件的技术要求。这是和生产实践紧密相联的，决不能一成不变地遵守一个模式。模具制造技术和其他学科一样，有自身的规律和内在联系，所以，学习本课程时要善于进行深入的分析和思考，掌握加工过程中的内在联系和规律。此外，还应特别注意在实践中学习。要重视试验、实习等教学环节，注意培养自己的操作技能，积累模具加工的实践知识和经验，使自己初步具备处理模具制造中一般工艺技术问题的能力。

第一章　模具零件的机械加工

机械加工方法广泛用于模具制造中。对凸模、凹模等模具的工作零件，即使采用其他方法（如特种加工）加工，也仍然有部分工序要由机械加工来完成。机械加工时，要充分考虑模具零件的材料、结构形状、尺寸精度和热处理等方面的要求，采用合理的加工方法和工艺路线。尽可能通过加工设备来保证模具的加工质量，提高生产效率和降低成本。

第一节　模架组成零件的加工

一、冷冲模模架

模架用来安装模具的工作零件和其他结构零件，并保证模具的工作部分在工作时具有正确的相对位置。图1-1是常见的滑动导向的标准冷冲模模架。尽管这些模架的结构各不相同，但它们的主要组成零件，上模座和下模座都是平板状零件，在工艺上主要是进行平面及孔系的加工。模架中的导套和导柱是机械加工中常见的套类和轴类零件，主要是进行内外圆柱面的加工，所以本节仅以中间导柱的模架为例介绍模架组成零件的加工工艺。

1. 导柱和导套的加工

图1-2a、b所示分别为冷冲模标准导柱和导套。这两种零件在模具中起导向作用，并保证凸模和凹模在工作时具有正确的相对位置。为了保证良好的导向，导柱和导套装配后应保

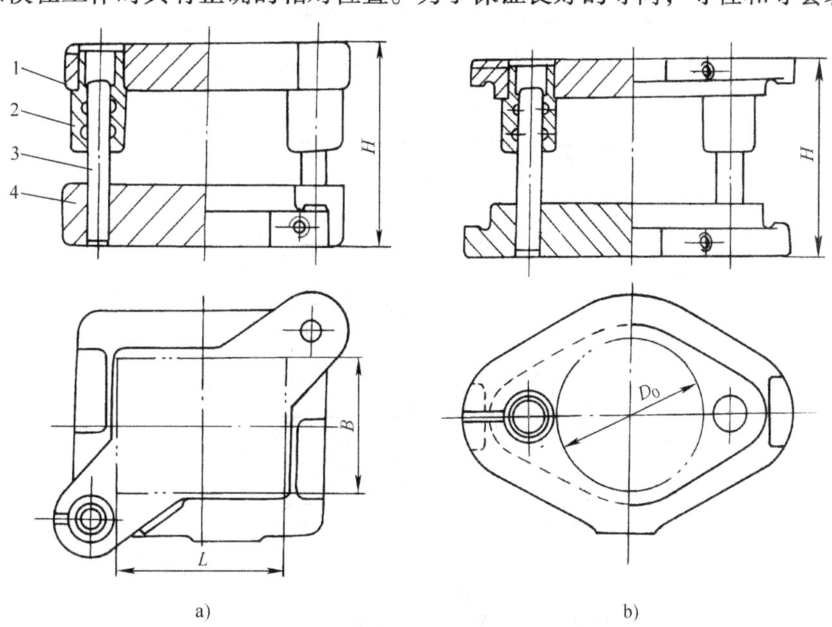

图1-1　冷冲模模架

a）对角导柱模架　b）中间导柱模架

1—上模座　2—导套　3—导柱　4—下模座

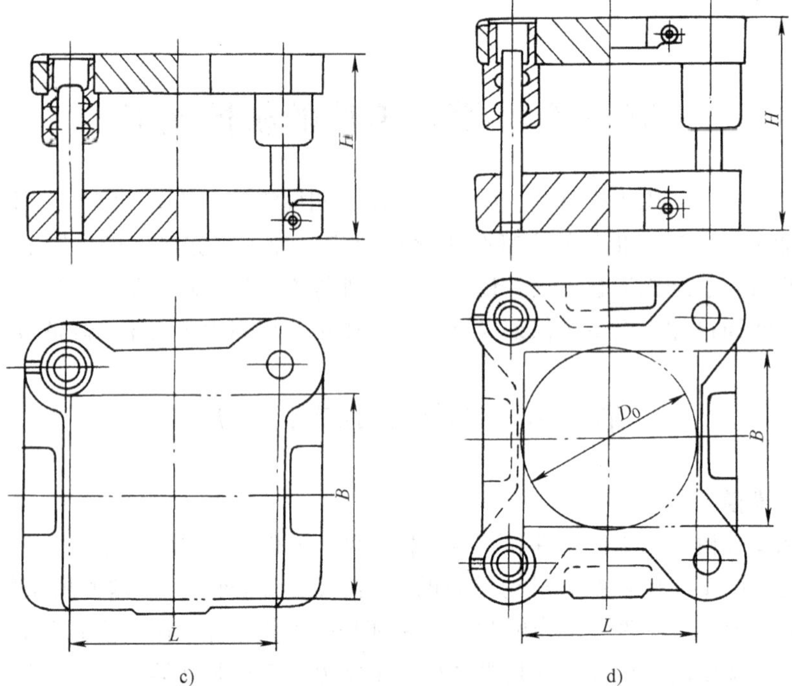

图 1-1　冷冲模模架（续）

c）后侧导柱模架　d）四导柱模架

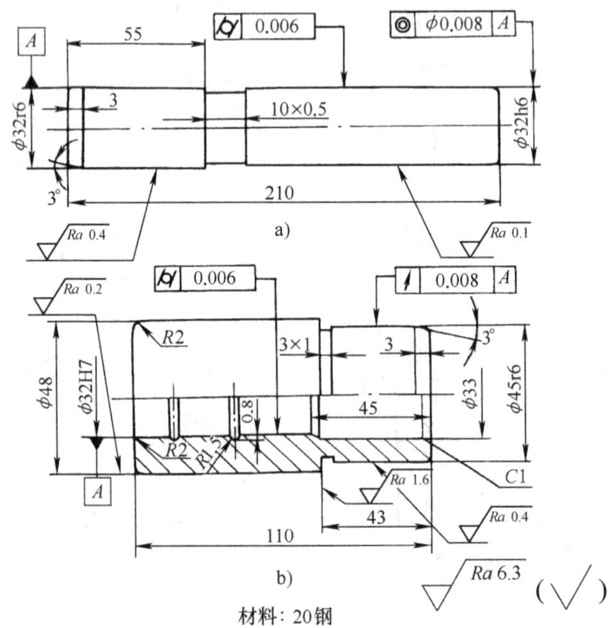

图 1-2　导柱和导套

a）导柱　b）导套

证模架的活动部分运动平稳，无阻滞现象。因此，在加工中保证导柱、导套配合表面的尺寸和形状精度，保证导柱和导套各配合面之间的同轴度要求十分重要。否则，将对模架装配后的运动灵活性及使用寿命产生不良的影响。

导柱、导套的机械加工工艺过程由若干个按顺序排列的工序[㊀]组成，毛坯依次经过这些工序而变为成品。构成导柱和导套的基本表面都是回转体表面，按照设计的结构尺寸和要求，直接选用适当尺寸的热轧圆钢作毛坯。为获得所要求的尺寸精度和表面粗糙度，外圆柱面和孔的加工方案可参考表 1-1 和 表 1-2。

表 1-1　外圆柱面的加工方案及其尺寸精度和表面粗糙度

序号	加工方案	尺寸精度	表面粗糙度 $Ra/\mu m$	适用范围
1	粗车	IT11 ~ IT13	12.5 ~ 50	适用于淬火钢以外的各种金属
2	粗车-半精车	IT8 ~ IT10	3.2 ~ 6.3	
3	粗车-半精车-精车	IT7 ~ IT8	0.8 ~ 1.6	
4	粗车-半精车-精车-滚压(或抛光)	IT7 ~ IT8	0.025 ~ 0.2	
5	粗车-半精车-磨削	IT7 ~ IT8	0.4 ~ 0.8	主要用于淬火钢，也可用于未淬火钢，但不宜加工非铁金属
6	粗车-半精车-粗磨-精磨	IT6 ~ IT7	0.1 ~ 0.4	
7	粗车-半精车-粗磨-精磨-超精加工(或轮式超精磨)	IT5	0.012 ~ 0.1 (或 Rz0.1)	
8	粗车-半精车-精车-精细车(金刚车)	IT6 ~ IT7	0.025 ~ 0.4	主要用于要求较高的非铁金属加工
9	粗车-半精车-粗磨-精磨-超精磨(或镜面磨)	IT5 以上	0.006 ~ 0.025 (或 Rz0.05)	极高精度的外圆加工
10	粗车-半精车-粗磨-精磨-研磨	IT5 以上	0.006 ~ 0.1 (或 0.05)	

表 1-2　孔的加工方案及其尺寸精度和表面

序号	加 工 方 案	经济精度	经济粗糙度 $Ra/\mu m$	适用范围
1	钻	IT11 ~ IT13	12.5	加工未淬火钢及铸铁的实心毛坯，也可用于加工非铁金属。孔径小于 15 ~ 20mm
2	钻-铰	IT8 ~ IT10	1.6 ~ 6.3	
3	钻-粗铰-精铰	IT7 ~ IT8	0.8 ~ 1.6	
4	钻-扩	IT10 ~ IT11	6.3 ~ 12.5	
5	钻-扩-铰	IT8 ~ IT9	1.6 ~ 3.2	
6	钻-扩-粗铰-精铰	IT7	0.8 ~ 1.6	
7	钻-扩-机铰-手铰	IT6 ~ IT7	0.2 ~ 0.4	
8	钻-扩-拉	IT7 ~ IT9	0.1 ~ 1.6	大批大量生产(精度由拉刀精度而定)
9	粗镗(或扩)	IT11 ~ IT13	6.3 ~ 12.5	除淬火钢外各种材料，毛坯有铸出孔或锻出孔
10	粗镗(粗扩)-半精镗(精扩)	IT9 ~ IT10	1.6 ~ 3.2	
11	粗镗(粗扩)-半精镗(精扩)-精镗(铰)	IT7 ~ IT8	0.8 ~ 1.6	
12	粗镗(粗扩)-半精镗(精扩)-精镗-浮动镗刀精镗	IT6 ~ IT7	0.4 ~ 0.8	
13	粗镗(扩)-半精镗-磨孔	IT7 ~ IT8	0.2 ~ 0.8	主要用于淬火钢，也可用于未淬火钢但不宜用于非铁金属
14	粗镗(扩)-半精镗-粗磨-精磨	IT6 ~ IT7	0.1 ~ 0.2	

㊀ 工序是一个或一组工人，在一个工作地点对同一个或同时对几个工件进行加工所连续完成的那一部分工艺过程。

（续）

序号	加 工 方 案	经济精度	经济粗糙度 $Ra/\mu m$	适用范围
15	粗镗-半精镗-精镗-精细镗（金刚镗）	IT6 ~ IT7	0.05 ~ 0.4	主要用于精度要求高的非铁金属加工
16	钻-（扩）-粗铰-精铰-珩磨；钻-（扩）-拉-珩磨；粗镗-半精镗-精镗-珩磨	IT6 ~ IT7	0.025 ~ 0.2	精度要求很高的孔
17	以研磨代替上述方法中的珩磨	IT5 ~ IT6	0.006 ~ 0.1	

导柱、导套的加工工艺路线分别见表1-3和表1-4。

表1-3　导柱的加工工艺路线

工序号	工序名称	工序内容	设备	工序简图
1	下料	按尺寸 ϕ35mm ×215mm 切断	锯床	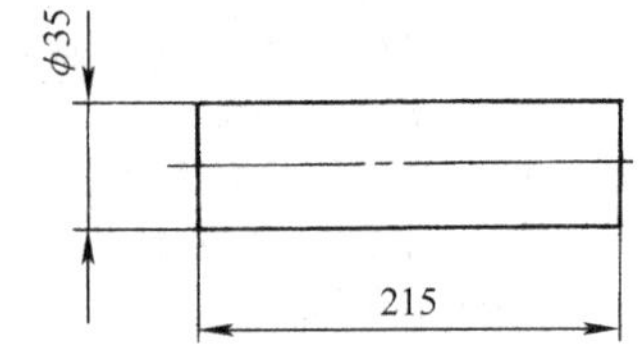 ϕ35 215
2	车端面钻中心孔	车端面保证长度212.5mm 钻中心孔 掉头车端面保证210mm 钻中心孔	普通卧式车床	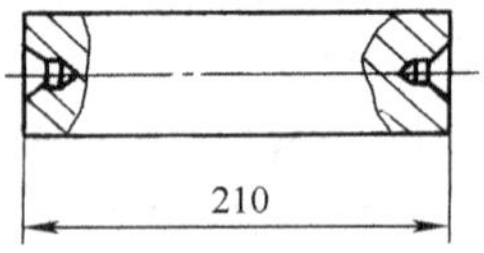 210
3	车外圆	车外圆至 ϕ32.4mm 车10mm ×0.5mm 槽到尺寸 车端部 掉头车外圆至 ϕ32.4mm 车端部	普通卧式车床	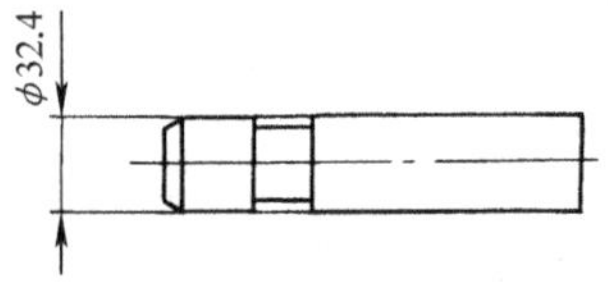 ϕ32.4
4	检验			
5	热处理	按热处理工艺进行，保证渗碳层深度0.8 ~1.2mm，表面硬度58 ~62HRC		
6	研磨中心孔	研中心孔 掉头研磨另一端中心孔	普通卧式车床	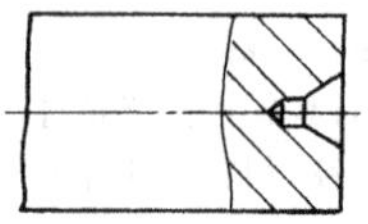
7	磨外圆	磨 ϕ32h6 外圆留研磨量0.01mm 掉头磨 ϕ32r6 外圆到尺寸	外圆磨	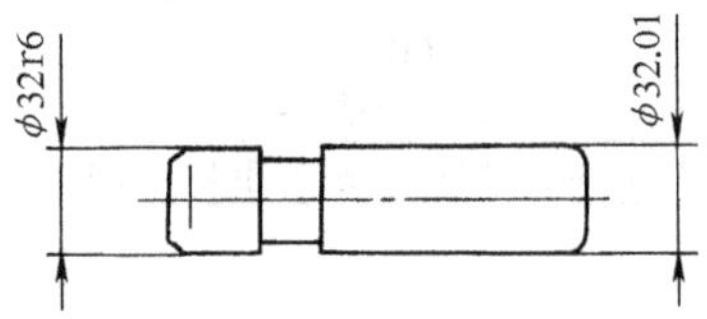 ϕ32r6 ϕ32.01

（续）

工序号	工序名称	工序内容	设备	工序简图
8	研磨	研磨外圆 ϕ32h6 达要求 抛光圆角	普通卧式车床	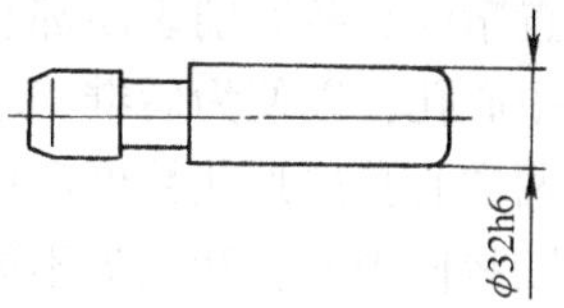 ϕ32h6
9	检验			

注：1. 表中的工序简图是为直观地表示零件的加工部位绘制的，除专业模具厂外，一般模架生产属单件小批生产，工艺文件多采用工艺过程卡片，不绘制工序图。

2. 表中简图用粗实线表示工序的加工表面。

表 1-4　导套的加工工艺路线

工序号	工序名称	工序内容	设备	工序简图
1	下料	按尺寸 ϕ52mm×115mm 切断	锯床	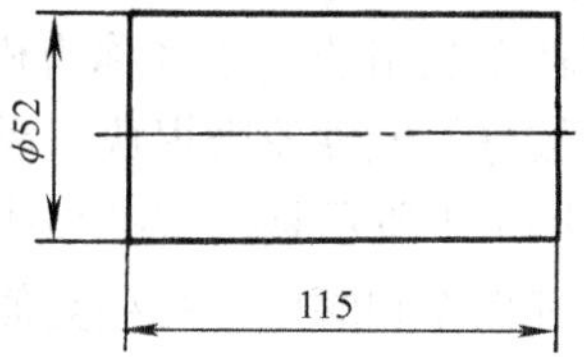 ϕ52 115
2	车外圆及内孔	车端面保证长度 113mm 钻 ϕ32mm 孔至 ϕ30mm 车 ϕ45mm 外圆至 ϕ45.4mm 倒角 车 3mm×1mm 退刀槽至尺寸 镗 ϕ32mm 孔至 ϕ31.6mm 镗油槽 镗 ϕ33mm 孔至尺寸 倒角	普通卧式车床	113 ϕ31.6 ϕ33 ϕ45.4
3	车外圆倒角	车 ϕ48mm 的外圆至尺寸 车端面保证长度 110mm 倒内外圆角	普通卧式车床	110 ϕ48
4	检验			
5	热处理	按热处理工艺进行，保证渗碳层深度 0.8～1.2mm，硬度 58～62HRC		
6	磨内外圆	磨 ϕ45mm 外圆达图样要求 磨 ϕ32mm 内孔，留研磨量 0.01mm	万能外圆磨床	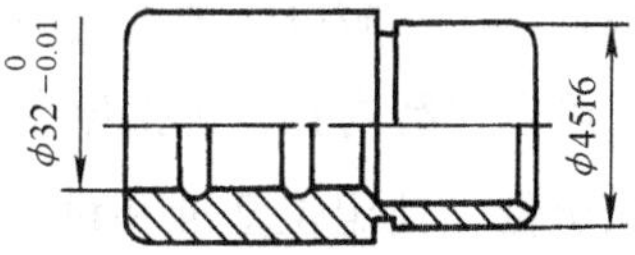 $\phi32^{\ 0}_{-0.01}$ ϕ45r6
7	研磨内孔	研磨 ϕ32mm 孔达图样要求 研磨圆弧	普通卧式车床	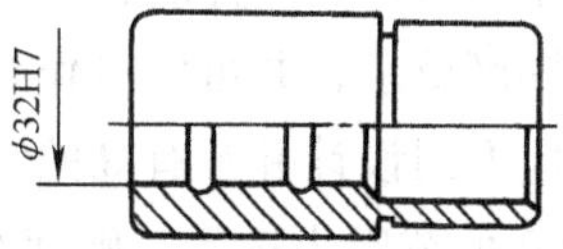 ϕ32H7
8	检验			

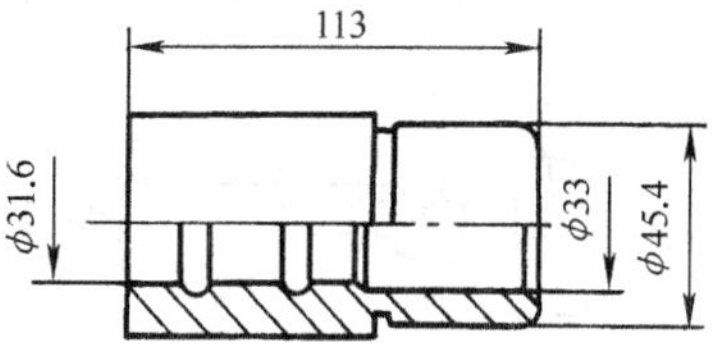

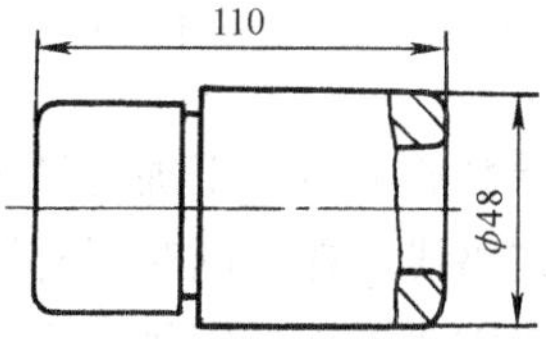

在导柱的加工过程中，外圆柱面的车削和磨削都是以两端的中心孔定位，这样可使外圆柱面的设计基准与工艺基准重合，并使各主要工序的定位基准统一，易于保证各外圆柱面间的位置精度和各磨削表面都有均匀的磨削余量。所以在外圆柱面进行车削和磨削之前总是先加工中心孔，以便为后继工序提供可靠的定位基准。

两中心孔的形状精度和同轴度对加工精度有直接的影响。若中心孔有较大的同轴度误差，则将使中心孔和顶尖不能良好接触，影响加工精度。尤其当中心孔出现圆度误差时，将直接反映到工件上，使工件也产生圆度误差。

导柱在热处理后修正中心孔，目的是消除中心孔在热处理过程中可能产生的变形和其他缺陷，使磨削外圆柱面时能获得精确定位，以保证外圆柱面的形状精度要求。从以上分析可知，定位用中心孔的误差，对圆柱面的加工精度有直接影响。

修正中心孔可以采用磨、研磨和挤压等方法。可以在车床、钻床或专用机床上进行。

图 1-3 所示是在车床上用磨削方法修正中心孔。在被磨削的中心孔处，加入少量煤油或全损耗系统用油（原名称为机油），手持工件进行磨削。用这种方法修正中心孔的效率高，质量较好。但砂轮磨损快，需要经常修整。

图 1-4 所示是挤压中心孔的硬质合金多棱顶尖。挤压时，多棱顶尖装在车床主轴的锥孔内，其操作和磨中心孔相类似，利用车床的尾顶尖施加一定压力将工件推向多棱顶尖，通过多棱顶尖的挤压作用，修正中心孔的几何误差。此方法的生产率极高（只需几秒钟），但质量稍差，一般用于修正精度要求不高的中心孔。

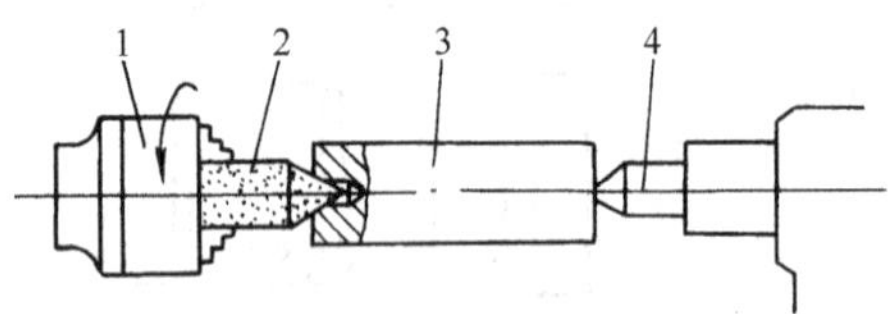

图 1-3 磨中心孔

1— 自定心卡盘 2—砂轮 3—工件 4—尾顶尖

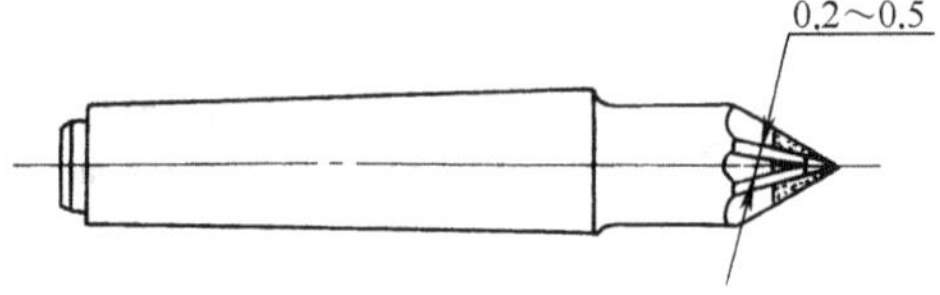

图 1-4 多棱顶尖

导套加工时，正确选择定位基准对保证内外圆柱面的同轴度要求十分重要。表 1-4 中导套工艺路线，在车削时以外圆柱面定位，一次装夹加工 ϕ32H7 内孔和 ϕ45r6 外圆。保证了这两个重要表面的同轴度要求，为精加工提供了良好的质量准备。精加工在万能外圆磨床上，利用自定心卡盘夹持 ϕ48mm 外圆柱面，一次装夹磨出 ϕ32H7 和 ϕ45r6 的内外圆柱面，可以避免由于多次装夹带来的误差，容易保证内外圆柱面的同轴度要求。但每磨一件都要重新调整机床，所以这种方法只适用于单件生产的情况。如果加工数量较多的同一尺寸的导套，可以先磨内孔，再把导套装在专门设计的锥度心轴上，如图 1-5 所示，以心轴两端的中心孔定位（使定位基准和设计基准重合），借心轴和导套间的摩擦力带动工件旋转，磨削外圆柱面，也能获得较高的同轴度要求，并可使操作过程简化，生产率提高。这种心轴应专门设计并具有高的制造精度，其锥度在 1/1000 ~ 1/5000 的范围内选取，硬度在 60HRC 以上。

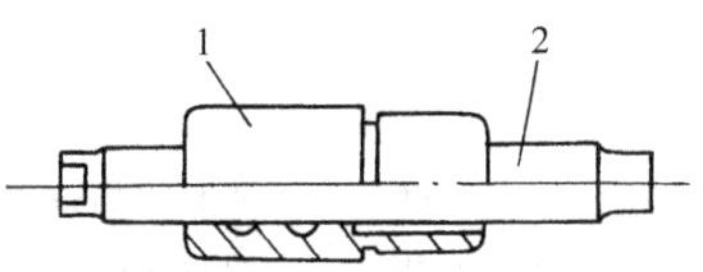

图 1-5 用小锥度心轴安装导套

1—导套 2—心轴

导柱和导套的研磨加工，其目的在于进一步提高被加工表面的质量，以达到设计要求。在生产数量大的情况下（如专门从事模架生产），可以在专用研磨机床上研磨；单件小批生产可以采用简单的研磨工具，如图 1-6 和图 1-7 所示，在普通车床上进行研磨。研磨时将导柱安装在车床上，由主轴带动旋转。在导柱表面均匀涂上研磨剂，然后套上研磨工具并用手将其握住，作轴线方向的往复运动。研磨导套与研磨导柱类似，由主轴带动研磨工具旋转，手握套在研磨工具上的导套，作轴线方向的往复直线运动。调节研磨工具上的调整螺钉和螺母，可以调整研磨套的直径，以控制研磨量的大小。

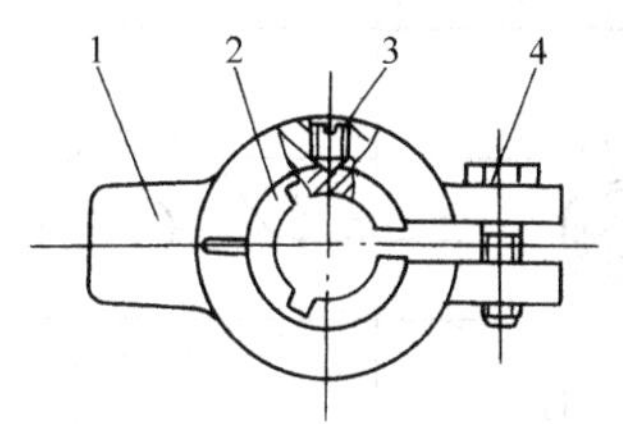

图 1-6　导柱研磨工具

1—研磨架　2—研磨套　3—限动螺钉　4—调整螺钉

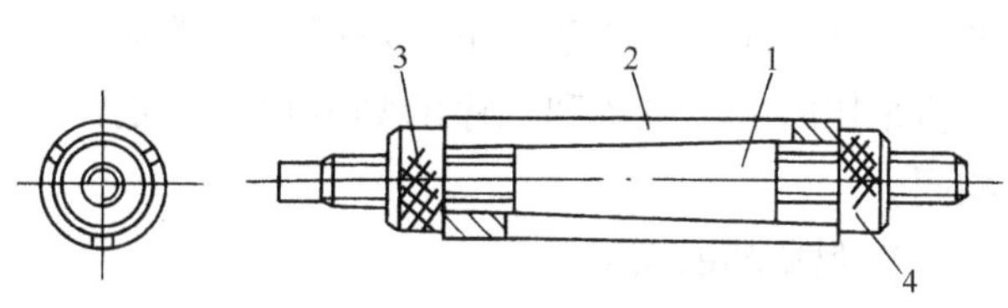

图 1-7　导套研磨工具

1—锥度心轴　2—研磨套　3、4—调整螺母

磨削和研磨导套孔时常见的缺陷是喇叭口，即孔的尺寸两端大中间小。造成这种缺陷的原因可能来自以下两个方面。

1）磨削内孔时当砂轮完全处在孔内，如图 1-8 中实线所示。砂轮与孔壁的轴向接触长度最大，磨杆所受的径向推力也最大，由于刚度原因，它所产生的径向弯曲位移使磨削深度减小，孔径相应变小。当砂轮沿轴向往复运动到两端孔口部位，砂轮必须超越两端面，如图 1-8 中虚线所示。超越的长度越大，则砂轮与孔壁的轴向接触长度越小，磨杆所受的径向推力减小，磨杆产生回弹，使孔径增大。要减小“喇叭口”就要合理控制砂轮相对孔口端面的超越距离，以便使孔的加工精度达到规定的技术要求㊀。

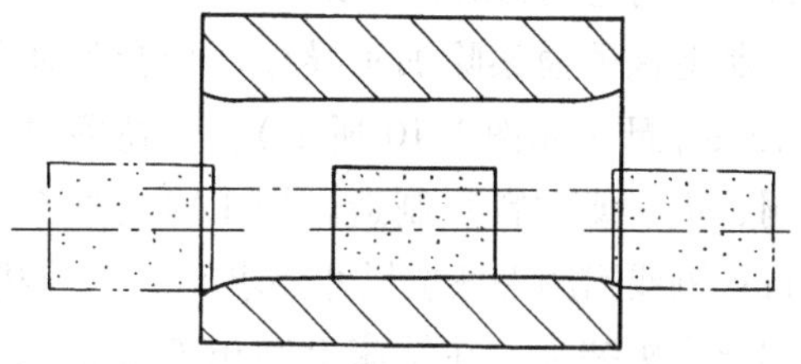

图 1-8　磨孔时喇叭口的产生

2）研磨时工件的往复运动使磨料在孔口处堆积，在孔口处切削作用增强所致。所以在研磨过程中应及时清除堆积在孔口处的研磨剂，以防止和减轻这种缺陷的产生。

研磨导柱和导套用的研磨套和研磨棒一般用优质铸铁制造。研磨剂用氧化铝或氧化铬（磨料）、全损耗系统用油或煤油（磨液）混合而成。磨料粒度一般在 F220 ~ F800 范围内选用。

按被研磨表面的尺寸大小和要求，一般导柱、导套的研磨余量为 0. 01 ~0. 02mm。

将导柱、导套的工艺过程适当归纳，大致可划分成如下几个加工阶段。

备料阶段（获得一定尺寸的毛坯）→粗加工和半精加工阶段（去除毛坯的大部分余量，使其接近或达到零件的最终尺寸）→热处理阶段（达到需要的硬度）→精加工阶段（使某些

㊀ 根据 JB/T 7653—2008，导套孔的导入端允许有扩大的锥度，孔直径小于或等于 55mm 在 3mm 长度为 0. 02mm，孔径大于 55mm 使在 5mm 长度内为 0. 04mm。

精度高的加工表面达设计要求)→光整加工阶段(使某些表面的表面粗糙度达到设计要求)。

在各加工阶段中应划分多少工序，零件在加工中应采用什么工艺方法和设备等问题，应根据生产类型、零件的形状、尺寸大小、结构工艺性及工厂设备技术状况等条件综合考虑。在不同的生产条件下，对同一零件加工所采用的加工设备和工序的划分也不一定相同。

2. 保持圈的加工

图 1-9 所示是滚动导向的模架，它在导柱和导套间装有过盈压配的钢球，上模和下模相对运动时在两者间实现滚动摩擦。这种模架的导向精度高、运动刚性好、使用寿命长，主要用于高精度、长使用寿命的硬质合金模具、高速精密级进模具等。

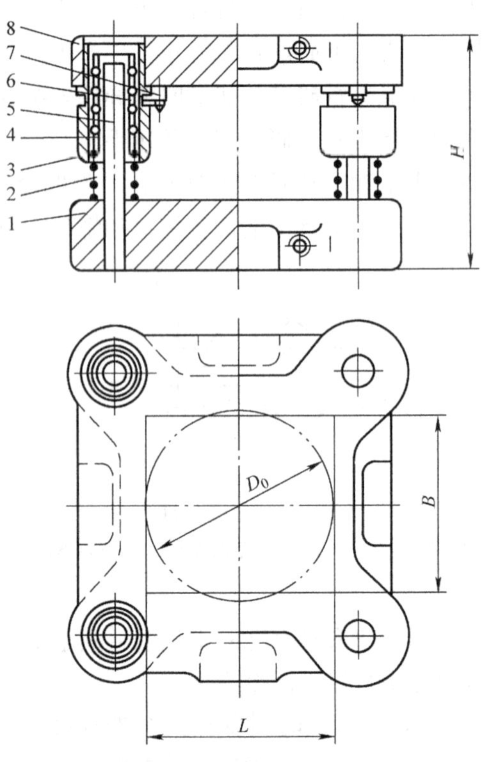

图 1-9　滚动导向模架

1—下模座　2—弹簧　3—导套　4—保持圈　5—导柱　6—螺钉　7—压板　8—上模座

制造这种模架除加工导柱、导套外还要加工保持圈(如图 1-10 所示)。保持圈常用黄铜、铝(或塑料)制造。加工时先在车床上将黄铜或铝制毛坯按尺寸要求车成套筒状，再用分度头装夹，在铣床上钻出安装钢球的孔。孔径比钢球直径大 0.2 ~ 0.3mm，并要严格控制钻孔的深度。

钢球为外购件，为保证钢球与导柱、导套均能良好接触，应对钢球进行仔细挑选，使直径误差不超过 0.002mm，圆度误差不超过 0.0015mm。将选出的钢球装入保持圈旳孔中，用收口工具(图 1-11)将孔口缩小，使钢球既能灵活转动又不掉出。

3. 上、下模座的加工

冷冲模的上、下模座用来安装导柱、导套和凸、凹模等零件，其结构尺寸已标准化。上、下模座的材料可采用灰铸铁(HT200)，也可采用 45 钢或 Q235A 制造，分别称为铸铁模架和钢板模架。

图 1-12 所示是中间导柱的标准铸铁模座。为保证模架的装配要求，使模架工作时上模座沿导柱上、下运动平稳，无滞阻现象，保证模具能正常工作，加工后模座的上、下平面应保持平行，对于不同尺寸的模座其平行度公差见表 1-5。上、下模座上导柱、导套安装孔的孔间距离尺寸应保持一致，孔的轴线应与模座的上、下平面垂直。

模座的加工主要是平面加工和孔系加工。为了方便加工和易于保证加工技术要求，在各工艺阶段应先加工平面，再以平面定位加工孔系(先面后孔)。获得不同精度和表面粗糙度平面的工艺方案见表 1-6。

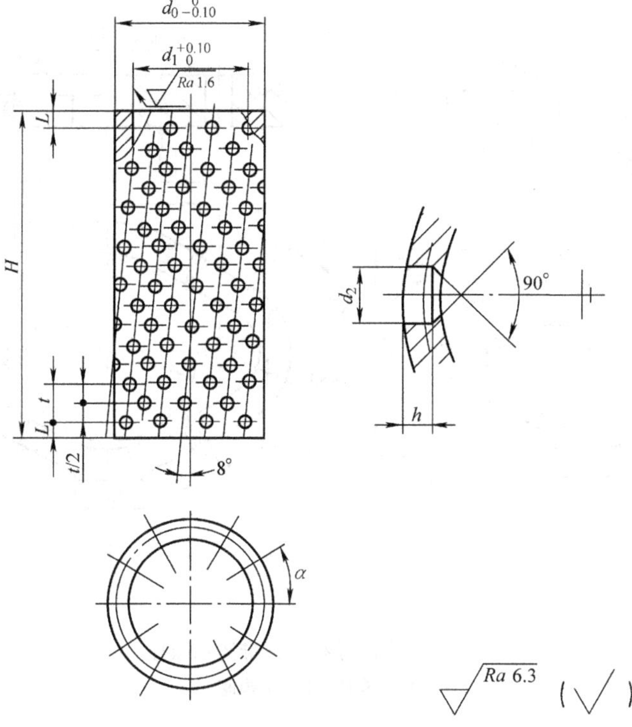

图 1-10　保持圈

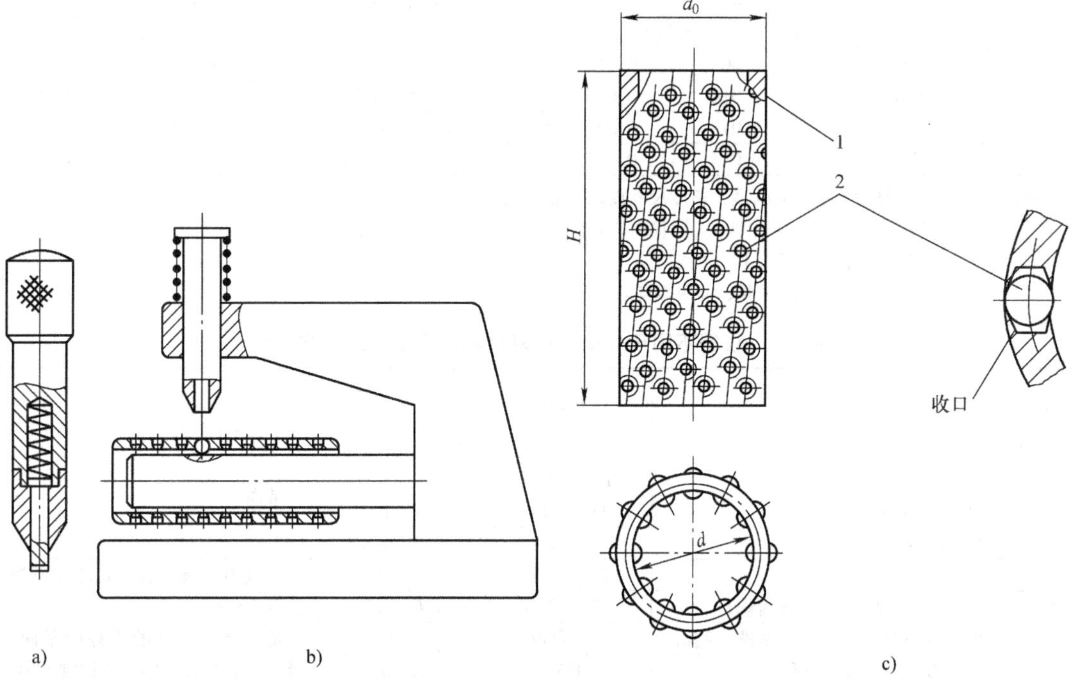

图 1-11　保持圈钢球孔收口工具

a）收口工具　b）收口支架　c）钢球孔收口状态

1—保持圈　2—钢球

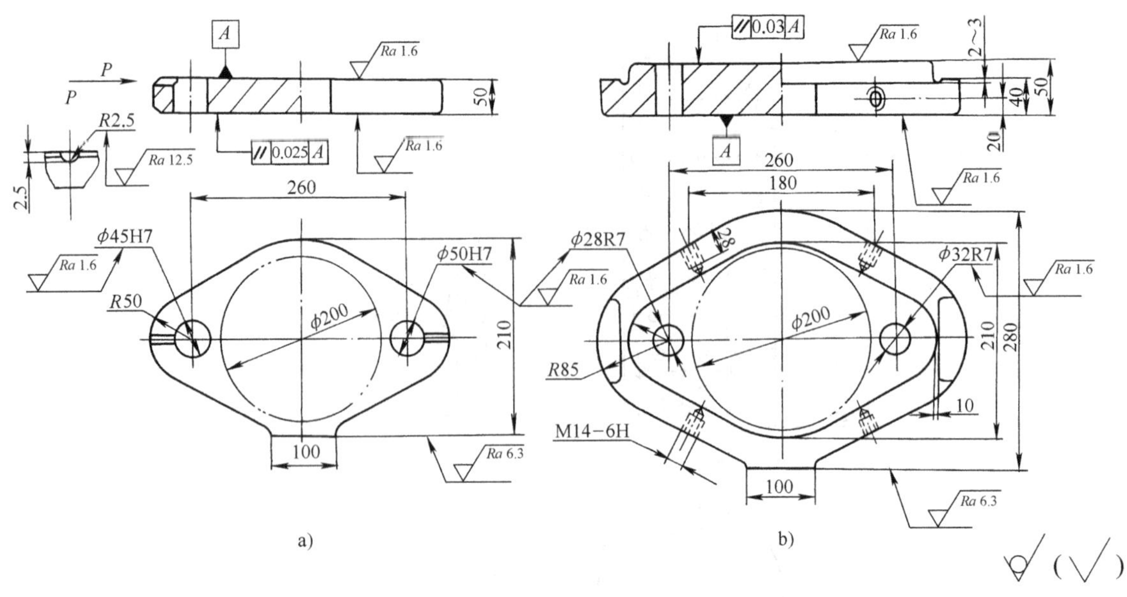

图 1-12 中间导柱的标准铸铁模座

a) 上模座 b) 下模座

表 1-5 模座上、下平面的平行度公差 （单位：mm）

公称尺寸	公差等级		公称尺寸	公差等级	
	4	5		4	5
	公差值			公差值	
>40 ~ 63	0.008	0.012	>250 ~ 400	0.020	0.030
>63 ~ 100	0.010	0.015	>400 ~ 630	0.025	0.040
>100 ~ 160	0.012	0.020	>630 ~ 1000	0.030	0.050
>160 ~ 250	0.015	0.025	>1000 ~ 1600	0.040	0.060

注：1. 公称尺寸是指被测表面的最大长度尺寸或最大宽度尺寸。

2. 公差等级按 GB/T 1184—1996《形状和位置公差 未注公差》的规定。

3. 公差等级 4 级，适用于 0Ⅰ、Ⅰ级模架。

4. 公差等级 5 级，适用于 0Ⅱ、Ⅱ级模架。

表 1-6 获得不同尺寸精度和表面粗糙度平面的工艺方案

序号	加工方法	尺寸精度	表面粗糙度 Ra/μm	适用范围
1	粗车	IT11 ~ IT13	12.5 ~ 50	端面
2	粗车-半精车	IT8 ~ IT10	3.2 ~ 6.3	
3	粗车-半精车-精车	IT7 ~ IT8	0.8 ~ 1.6	
4	粗车-半精车-磨削	IT6 ~ IT8	0.2 ~ 0.8	
5	粗刨(或粗铣)	IT11 ~ IT13	6.3 ~ 25	一般不淬硬平面(端铣表面粗糙度 Ra 值较小)
6	粗刨(或粗铣)-精刨(或精铣)	IT8 ~ IT10	1.6 ~ 6.3	
7	粗刨(或粗铣)-精刨(或精铣)-刮研	IT6 ~ IT7	0.1 ~ 0.8	精度要求较高的不淬硬平面，批量较大时宜采用宽刃精刨方案
8	以宽刃精刨代替上述刮研	IT7	0.2 ~ 0.8	
9	粗刨(或粗铣)-精刨(或精铣)-磨削	IT7	0.2 ~ 0.8	精度要求高的淬硬平面或不淬硬平面
10	粗刨(或粗铣)-精刨(或精铣)-粗磨-精磨	IT6 ~ IT7	0.025 ~ 0.4	

（续）

序号	加工方法	尺寸精度	表面粗糙度 $Ra/\mu m$	适用范围
11	粗铣-拉	IT7～IT9	0.2～0.8	大量生产，较小平面（精度视拉刀精度而定）
12	粗铣-精铣-磨削-研磨	IT5 以上	0.006～0.1（或 Rz0.05）	高精度平面

加工上、下模座的工艺路线分别见表 1-7 和表 1-8。

表 1-7　加工上模座的工艺路线

工序号	工序名称	工序内容	设备	工序简图
1	备料	铸造毛坯		
2	刨平面	刨上、下平面，保证尺寸 50.8mm	牛头刨床	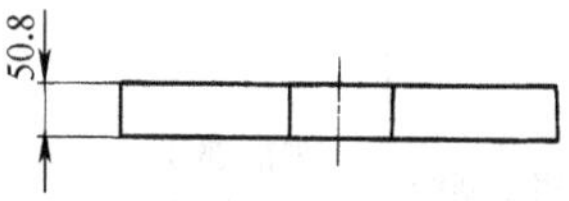 50.8
3	磨平面	磨上、下平面，保证尺寸 50mm	平面磨床	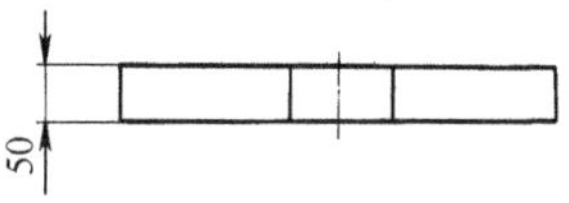 50
4	钳工划线	划前部和导套安装孔线		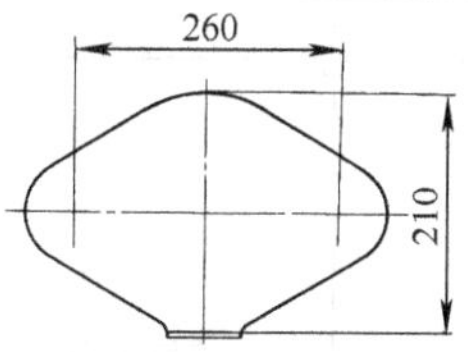 260 210
5	铣前部	按线铣前部	立铣床	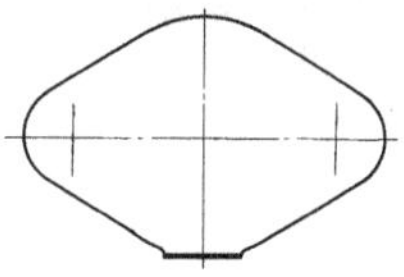
6	钻孔	按线钻导套安装孔至 ϕ43mm、ϕ48mm	立式钻床	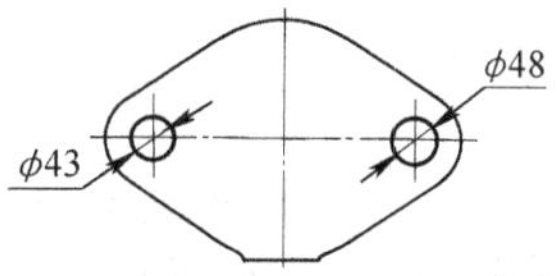 ϕ48 ϕ43
7	镗孔	和下模座重叠，一起镗孔至 ϕ45H7、ϕ50H7	镗床或铣床	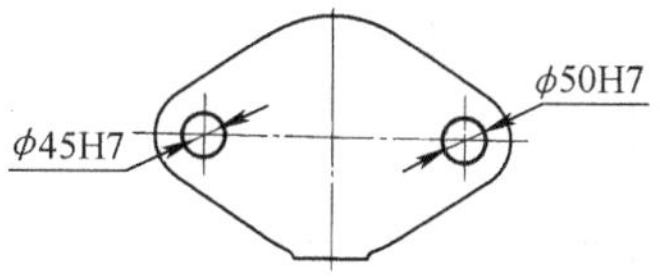 ϕ50H7 ϕ45H7
8	铣槽	按线铣 R2.5mm 的圆弧槽	卧式铣床	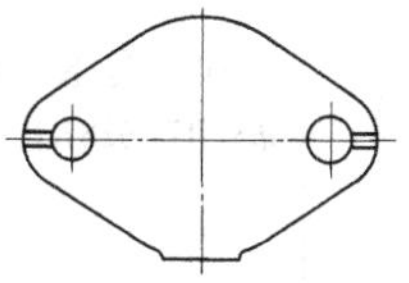
9	检验			

表 1-8 加工下模座的工艺路线

工序号	工序名称	工序内容	设备	工序简图
1	备料	铸造毛坯		
2	刨平面	刨上、下平面，保证尺寸 50.8mm	牛头刨床	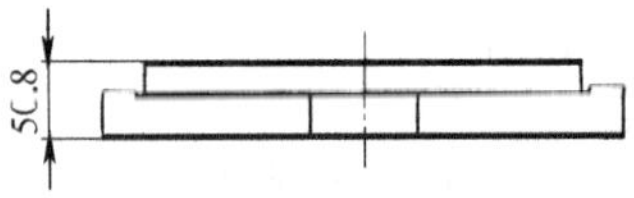 50.8
3	磨平面	磨上、下平面,保证尺寸 50mm	平面磨床	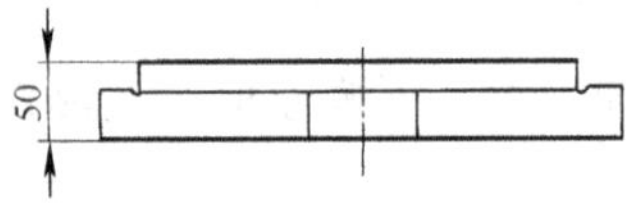 50
4	钳工划线	划前部线 划导柱安装孔和螺纹孔线		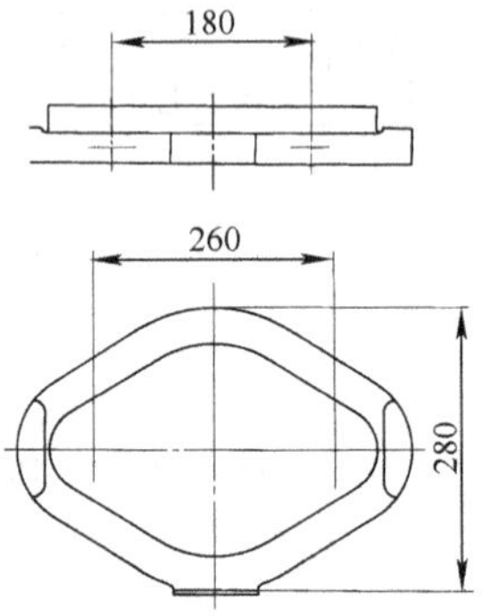 180 260 280
5	铣前部	按线铣前部 铣肩台至尺寸	立铣床	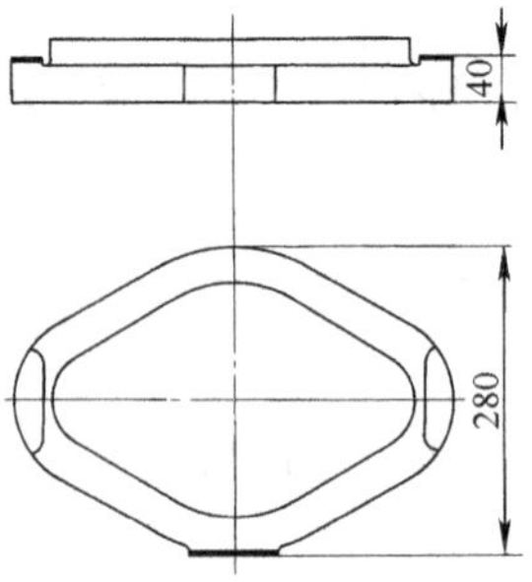 40 280
6	钻床加工	按线钻导柱安装孔至 ϕ30mm、ϕ26mm，钻螺纹底孔并攻螺纹	立式钻床	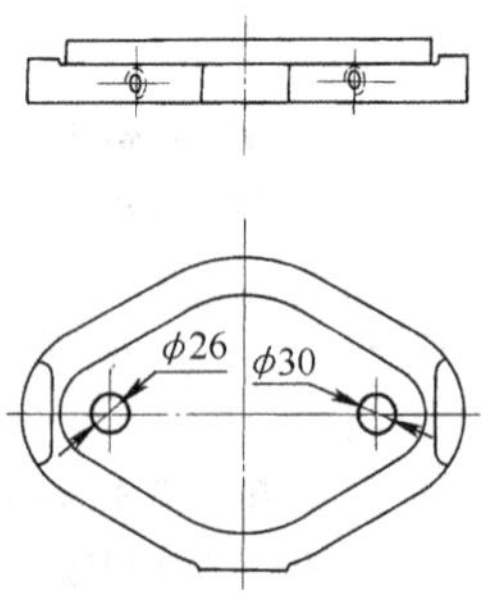 ϕ26 ϕ30
7	镗孔	和上模座重叠，一起镗孔至 ϕ32R7、ϕ28R7	镗床或铣床	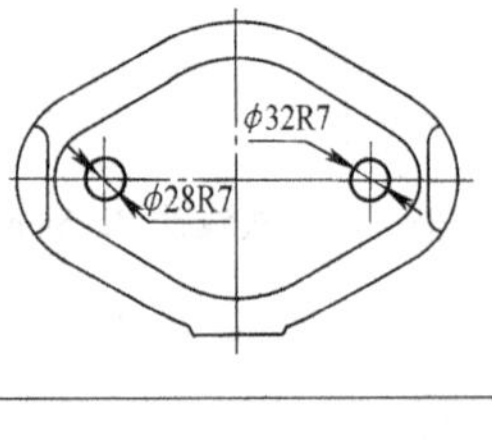 ϕ32R7 ϕ28R7
8	检验			

模座毛坯经过刨（或铣）削加工后再磨平面可以提高上、下平面的平面度和平行度精度。再以平面作为主定位基准加工孔，容易保证孔的垂直度要求。

上、下模座的镗孔工序根据加工要求和生产条件，可以在专用镗床（批量较大时）、坐标镗床或双轴镗床上进行，也可以在铣床或摇臂钻等机床上采用坐标法或利用引导元件进行。镗孔时，将上、下模座重叠在一起，一次装夹镗出导套和导柱的安装孔。这样不仅能保证上、下模座上导柱和导套安装孔的孔间距离一致，而且减少了加工过程中的安装次数，减少了加工的辅助时间。

二、注射模模架

注射模的结构有多种形式，其组成零件也不完全相同，但根据模具各零（部）件与塑料的接触情况，可以将模具的组成零件分为成形零件和结构零件。

1）成形零件。与塑料接触并构成模腔的那些零件称为成形零件。它决定着塑料制件的几何形状和尺寸，如凸模（型芯）决定制件的内形，而凹模（型腔）决定制件的外形。

2）结构零件。除成形零件以外的模具零件称为结构零件。这些零件具有支承、导向、排气、顶出制件、侧向抽芯、侧向分型、温度调节和引导塑料熔体向型腔流动等功能或运动。

在结构零件中，合模导向装置与支承零部件组合构成注射模模架，如图 1-13 所示。根据使用要求的不同，模架有不同的结构类型，如两板式、三板式等。任何注射模都可以以这种模架为基础，再添加成形零件和其他必要的功能结构来形成。

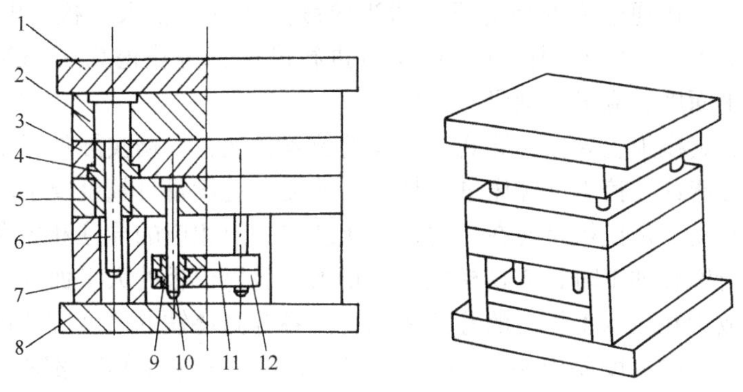

图 1-13　注射模模架

1—定模座板　2—定模板　3—动模板　4—导套　5—支承板　6、10—导柱
7—垫块　8—动模座板　9—推板导套　11—推杆固定板　12—推板

1. 模架的技术要求

模架是用来安装或支承成形零件和其他结构零件的基础，同时还要保证动、定模上有关零件的准确对合（如凸模、凹模），并避免模具零件间的干涉，因此，模架组合后其安装基准面应保持平行，其平行度公差等级见表 1-9。导柱、导套和复位杆等零件装配后要运动灵活、无阻滞现象。模具主要分型面闭合时的贴合间隙值应符合下列要求：

Ⅰ级精度模架　　为 0.02mm

Ⅱ级精度模架　　为 0.03mm

Ⅲ级精度模架　　为 0.04mm

有关注射模模架组合后的详细技术要求，可参阅 GB/T 12555—2006（大型注射模模架）、GB/T 12556—2006（中、小型注射模模架）。

表 1-9　中、小型注射模模架分级指标

项目序号	检查项目	主参数/mm		精度分级		
				Ⅰ	Ⅱ	Ⅲ
				公差等级		
1	定模座板的上平面对动模座板的下平面的平行度	周界	≤400	5	6	7
			>400～900	6	7	8
2	模板导柱孔的垂直度	厚度	≤200	4	5	6

2. 模架零件的加工

从零件结构和制造工艺考虑，图 1-13 所示模架的基本组成零件有三种类型，即导柱、导套和各种模板（平板状零件）。导柱、导套的加工主要是内、外圆柱面的加工，适应加工不同精度要求的内、外圆柱面的各种工艺方法、工艺方案及基准选择等在冷冲模架的加工中已经讲到，这里不再重叙。支承零件（各种模板、支承板）都是平板状零件，在制造过程中主要进行平面加工和孔系加工。根据模架的技术要求，在加工过程中要特别注意保证模板平面的平面度和平行度，以及导柱、导套安装孔的尺寸精度，孔与模板平面的垂直度要求。在平面加工过程中要特别注意防止弯曲变形。在粗加工后，若模板有弯曲变形，在磨削加工时电磁吸盘会把这种变形矫正过来。但是，磨削后加工表面的形状误差并不会得到矫正。为此，应在电磁吸盘未接通电流的情况下用适当厚度的垫片，垫入模板与电磁吸盘间的间隙中，再进行磨削。上、下两面用同样方法交替进行磨削，可获得 0.02/300mm^2 以下的平面度。若需更高的平面度，应采用刮研方法加工。

为了保证动、定模板上导柱、导套安装孔的位置精度，根据实际加工条件，可采用坐标镗床、双轴坐标镗床或数控坐标镗床进行加工。若无上述设备且精度要求较低，也可在卧式镗床或铣床上，将动、定模板重叠在一起，一次装夹镗出相应的导柱和导套的安装孔。

在对模板进行镗孔加工时，应在模板平面精加工后以模板的大平面及两相邻侧面作为定位基准，将模板放置在机床工作台的等高垫铁上。各等高垫铁的高度应严格保持一致，对于精密模板，等高垫铁的高度差应小于 3μm。工作台和垫铁应用净布擦拭，彻底清除切屑粉末。模板的定位面应用细油石打磨，以去掉模板在搬运过程中产生的划痕。在使模板大致达到平行后，轻轻夹住，然后以长度方向的前侧面为基准，用百分表找正后将其压紧，最后将工作台再移动一次，进行检验并加以确认。模板用螺栓加垫圈紧固，压板着力点不应偏离等高垫铁中心，以免模板产生变形，如图 1-14 所示。

3. 其他结构零件的加工

（1）浇口套的加工　常见的浇口套有两种类型，如图 1-15 所示。图 1-15b 所示的 B 型结构在模具装配时，用固定在定模上的定位圈压住左端台阶面，防止注射时浇口套在塑料熔体的压力作用下退出定模。d 和定模上相应孔的配合为 H7/m6，D 与定位环内孔的配合为 H10/f9。由于注射成形时浇口套要与高温塑料熔体和注射机喷嘴反复接触和碰撞，因此浇口套一般采用碳素工具钢 T8A 制造，热处理硬度 57HRC。

与一般套类零件相比，浇口套锥孔小（其小端直径一般为3～8mm），加工较困难，同时还应保证浇口套锥孔与外圆同轴，以便在模具安装时通过定位圈使浇口套与注射机的喷嘴对准。

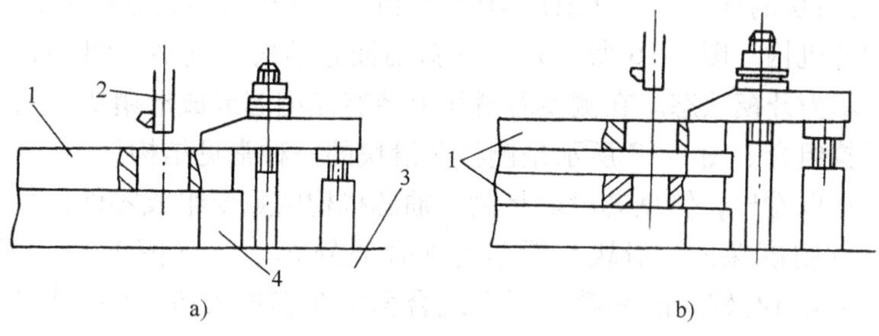

图 1-14　模板的装夹

a）模板单个镗孔　b）动定模板同时镗孔

1—模板　2—镗杆　3—工作台　4—等高垫铁

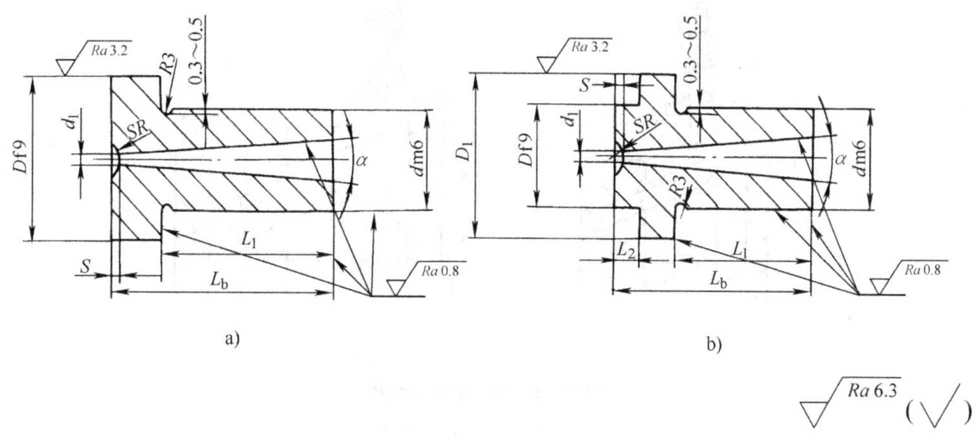

$\sqrt{Ra\ 6.3}\ (\sqrt{})$

图 1-15　浇口套

a）A 型　b）B 型

图 1-15 所示浇口套的工艺路线见表 1-10。

表 1-10　加工浇口套的工艺路线

工序号	工序名称	工 艺 说 明
1	备料	按零件结构及尺寸大小选用热轧圆钢或锻件作为毛坯 保证直径和长度方向上有足够的加工余量 若浇口套凸肩部分长度不能可靠夹持，应将毛坯长度适当加长
2	车削加工	车外圆 d 及端面留磨削余量 车退刀槽达设计要求 钻孔 加工锥孔达设计要求 掉头车 D_1 外圆达设计要求 车外圆 D 留磨量 车端面保证尺寸 L_b 车球面凹坑达设计要求
3	检验	
4	热处理	
5	磨削加工	以锥孔定位磨外圆 d 及 D 达设计要求
6	检验	

（2）侧型芯滑块的加工　当注射成形带有侧凹或侧孔的塑料制件时，模具必需带有侧向分型或侧向抽芯机构。图 1-16 所示是一种斜销抽芯结构，其中，图 1-16a 所示为合模状态，图 1-16b 所示为开模状态。在侧型芯滑块上装有侧型芯或成形镶块。侧型芯滑块与滑槽可采用不同的结构组合。图 1-17 所示是侧型芯滑块的一种常见结构。

从以上结构可以看出，侧型芯滑块是侧向抽芯机构的重要组成零件，注射成型和抽芯的可靠性需要其运动精度保证。滑块与滑槽的配合部分 B_1、h_3（图 1-17）常选用 H8/g7 或 H8/h8，其余部分应留有较大的间隙。两者配合面的粗糙度≤$Ra0.63 \sim Ra1.25\mu m$。滑块材料常采用45 钢或碳素工具钢，导滑部分可局部或全部淬硬，硬度 40～45HRC。图 1-17 所示侧型芯滑块的工艺路线见表 1-11。

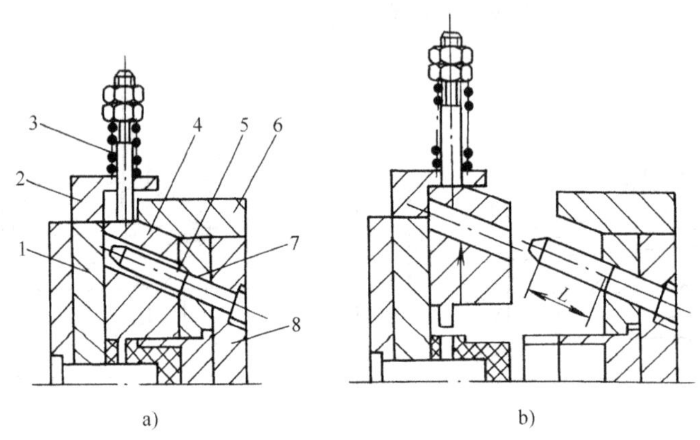

图 1-16　斜销抽芯结构

a）合模状态　b）开模状态

1—动模板　2—限位块　3—弹簧　4—侧型芯滑块

5—斜销　6—楔紧块　7—凹模固定板　8—定模座板

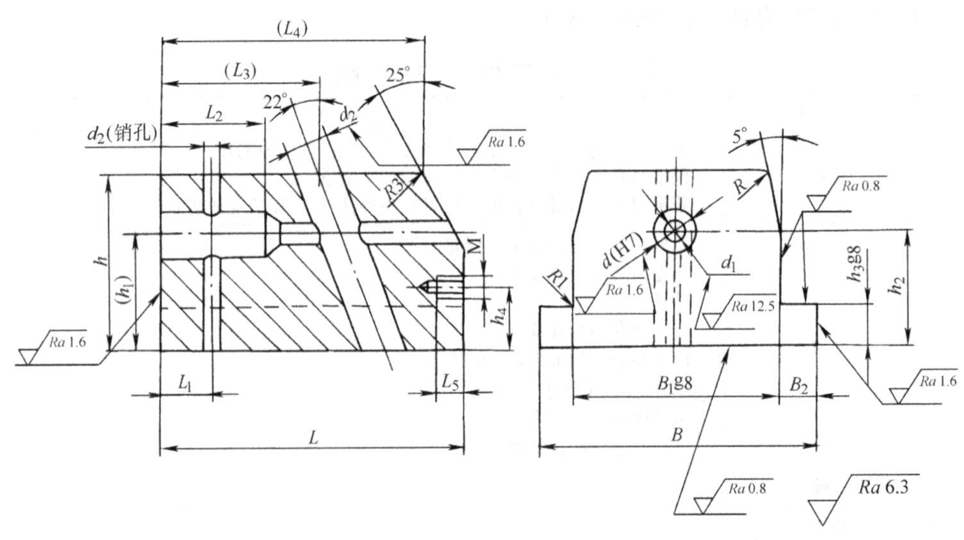

图 1-17　侧型芯滑块

表 1-11　加工侧型芯滑块的工艺路线

工序号	工序名称	工 序 说 明
1	备料	将毛坯锻成平行六面体,保证各面有足够的加工余量
2	铣削加工	铣六面
3	钳工划线	
4	铣削加工	铣滑导部,$Ra0.8\mu m$ 及以上表面留磨削余量 铣各斜面达设计要求
5	钳工加工	去毛刺、倒钝锐边 加工螺纹孔
6	热处理	
7	磨削加工	磨滑块导滑面达设计要求
8	镗型芯固定孔	将滑块装入滑槽内 按型腔上侧型芯孔的位置确定侧滑块上型芯固定孔的位置尺寸 按上述位置尺寸镗滑块上的型芯固定孔
9	镗斜销孔	动模板、定模板组合,楔紧块将侧型芯滑块锁紧(在分型面上用 0.02mm 金属片垫实) 将组合的动、定模板装夹在卧式镗床的工作台上 按斜销孔的斜角偏转工作台,镗孔

第二节　冲裁凸模的加工

由于冲裁凸模的刃口形状种类繁多，从工艺角度考虑，可将其分为圆形和非圆形两种。

一、圆形凸模的加工

图 1-18 所示是圆形凸模的典型结构。这种凸模加工比较简单，热处理前毛坯经车削加工，表面粗糙度在 $Ra0.8\mu m$ 及其以上的表面留适当磨削余量。热处理后，经磨削加工即可获得较理想的工作型面及配合表面。

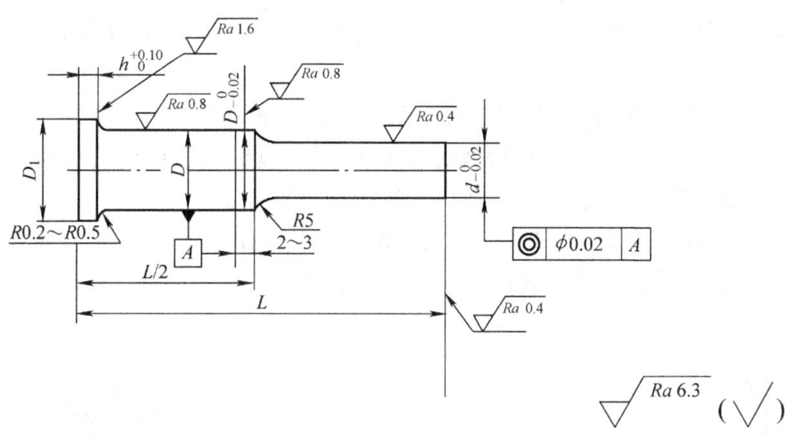

图 1-18　圆形凸模

二、非圆形凸模的加工

凸模的非圆形工作型面可分为平面结构和非平面结构两种。

加工以平面构成的凸模型面（或主要是平面）比较容易，可采用铣削或刨削方法对各表面逐次进行加工，如图 1-19 所示。

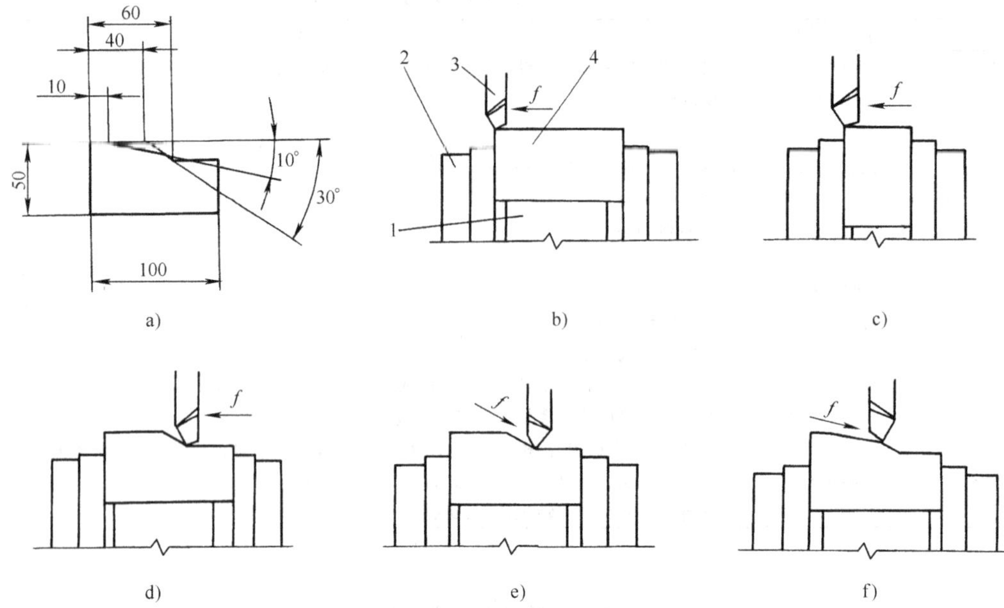

图 1-19　平面结构凸模的刨削加工

a）凸模　b）刨四面　c）刨两端面　d）刨小平面　e）刨 30°斜面　f）刨 10°斜面

1—垫块　2—机用平口钳　3—刨刀　4—凸模

采用铣削方法加工平面结构的凸模时，多采用立铣和万能工具铣床进行加工。对于这类模具中某些倾斜平面的加工方法有工件斜置、刀具斜置和将刀具做成一定锥度对斜面进行加工三种。

1）工件斜置。装夹工件时使被加工斜面处于水平位置进行加工，如图 1-20 所示。

2）刀具斜置。使刀具相对于工件倾斜一定的角度对被加工表面进行加工，如图 1-21所示。

3）将刀具做成一定的锥度对斜面进行加工，这种方法一般少用。

加工非平面结构的凸模，如图 1-22 所示，可根据凸模形状、结构特点和尺寸大小采用车床、仿形铣床、数控铣床或通用铣（刨）床等机床进行加工。

采用仿形铣床或数控铣床加工时，可以降低对工人操作技能的要求，可以减轻劳动强度，容易获得所要求的形状尺寸。数控铣削的加工精度比仿形铣削高。仿形铣削是靠仿形销

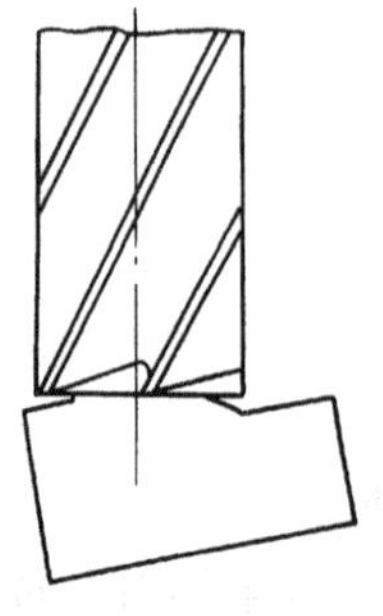

图 1-20　工件斜置铣削

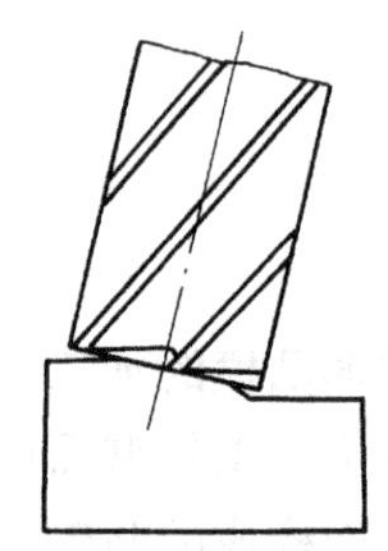

图 1-21　刀具斜置铣削

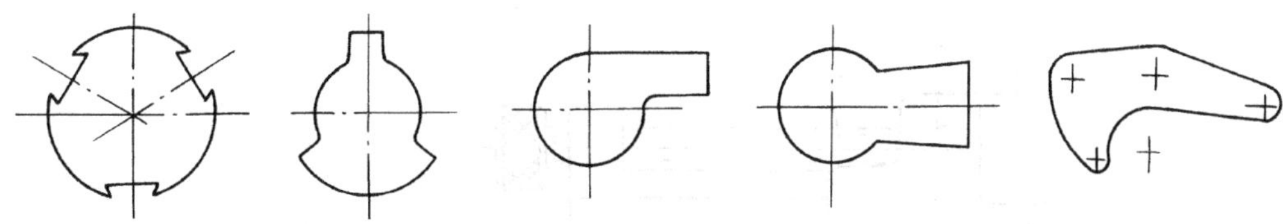

图 1-22　非平面结构的凸模

和靠模的接触来控制铣刀的运动，因此仿形销和靠模的尺寸形状误差、仿形运动的灵敏度等会直接影响零件的加工精度。无论仿形铣削或数控铣削，都应采用螺旋齿铣刀进行加工，这样可使切削过程平稳，容易获得较小的表面粗糙度值。

在普通铣床上加工凸模是采用划线法进行加工。加工时，按凸模上划出的刃口轮廓线，手动操作机床工作台（或机床附件）进行切削加工。这种加工方法对工人的操作技术水平要求高，劳动强度大，生产率低，加工质量取决于工人的操作技能，而且会增加钳工的工作量。

当采用铣削、刨削加工方法加工凸模的工作型面时，由于结构原因，有时不可能用一种方法加工出全部型面（如凹入的尖角和小圆弧），此时，应考虑采用其他加工方法对这些部位进行补充加工。在某些情况下为便于机械加工而将凸模制成组合结构。

三、成形磨削

成形磨削用来对模具的工作零件进行精加工，不仅可以加工凸模，也可加工镶拼式凹模的工作型面。采用成形磨削加工的模具零件可获得高精度的尺寸、形状。此外，成形磨削还可以加工淬硬钢和硬质合金，并能获得良好的表面质量。根据工厂的设备条件，成形磨削可在通用平面磨床上利用专用夹具或采用成形砂轮进行，也可在专用的成形磨床上进行。成形磨削的方法有成形砂轮磨削法、夹具磨削法和仿形磨削法三种。

1. 成形砂轮磨削法

这种方法是将砂轮修整成与工件被磨削表面完全吻合的形状进行磨削加工，以获得所需要的成形表面，如图 1-23 所示。成形砂轮磨削法加工时一次装夹所能磨削的表面宽度不能太大。为获得一定形状的成形砂轮，可将金刚石固定在专门设计的修整夹具上对砂轮进行修整。

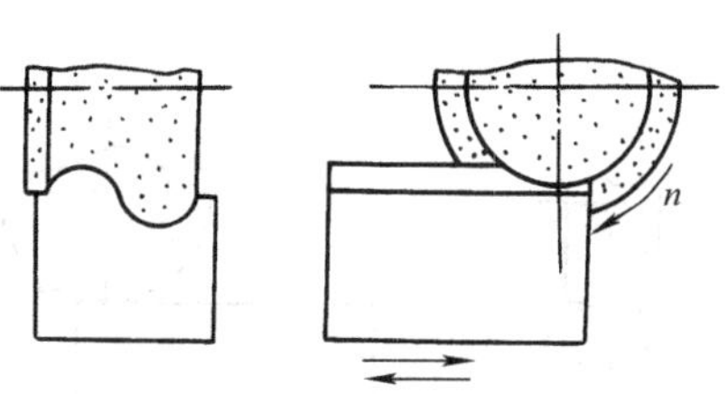

图 1-23　成形砂轮磨削法

2. 夹具磨削法

夹具磨削法是借助夹具，使工件的被加工表面处在所要求的空间位置上，如图 1-24b 所示，或使工件在磨削过程中获得所需的进给运动，磨削出成形表面。图 1-25 所示是用夹具磨削法磨削圆弧面的加工示意图。工件除作纵向进给 f（由机床提供）外，还可以借助夹具使工件作断续的圆周进给，这种磨削圆弧的方法称为回转法。常见的成形磨削夹具有正弦精密平口钳和正弦磁力夹具等。

（1）正弦精密平口钳　如图 1-24a 所示，夹具由带正弦规的虎钳和底座 6 组成。正弦圆柱 4 被固定在虎钳钳体 3 的底面，用压板 5 使其紧贴在底座 6 的定位面上。在正弦圆柱和底座间垫入适当尺寸的量块，可使虎钳倾斜成所需要的角度，以磨削工件上的倾斜表面，如图 1-24b 所示。量块尺寸按下式计算，即

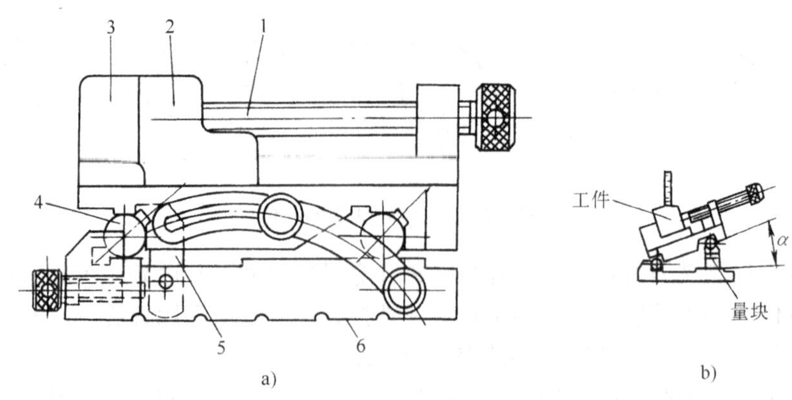

图 1-24　正弦精密平口钳

a）正弦精密平口钳　b）磨削示意图

1—螺柱　2—活动钳口　3—虎钳钳体　4—正弦圆柱　5—压板　6—底座

$$h_1 = L\sin\alpha$$

式中　h_1——垫入的量块尺寸（mm）；

L——正弦圆柱的中心距（mm）；

α——工件需要倾斜的角度（°）。

正弦精密平口钳的最大倾斜角度为45°。为了保证磨削精度，应使工件在夹具内正确定位，图 1-25 所示工件的定位基面应预先磨平并保证垂直。

（2）正弦磁力夹具　正弦磁力夹具的结构和应用情况与正弦精密平口钳相似，两者的区别在于正弦磁力夹具是用磁力代替平口钳夹紧工件，如图 1-26 所示。电磁吸盘能倾斜的最大角度也是45°。

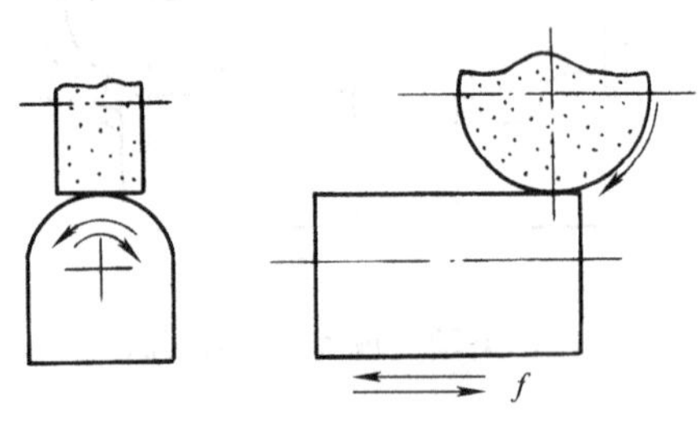

图 1-25　用夹具磨削法磨削圆弧面

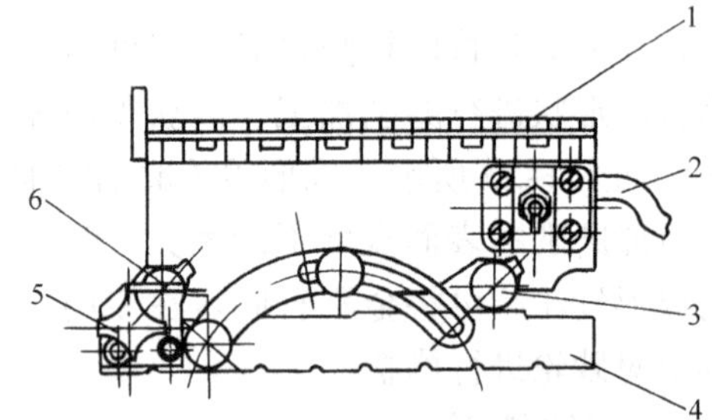

图 1-26　正弦磁力夹具

1—电磁吸盘　2—电源线　3、6—正弦圆柱

4—底座　5—锁紧手轮

利用上述两种夹具，再配合成形砂轮就可以磨削平面与圆弧面组成的形状复杂的成形表面。进行成形磨削时，被磨削表面的尺寸常采用测量调整器、量块和百分表进行比较测量。测量调整器的结构如图 1-27 所示。量块座 2 能在三脚架 1 的斜面上沿 V 形槽上、下移动，当移动到适当位置后，用滚花螺母 3 和螺钉 4 固定。为了保证测量精度，要求量块座沿斜面移至任何位置时，量块支承面 A、B 应分别与测量调整器的安装基面 D、C 保持平行，其误差不大于 0.005mm。

例 1-1 图 1-28 所示的凸模采用正弦磁力夹具在平面磨床上磨削斜面 a、b 及平面 c。除 a、b、c 面外，其余各面均已加工到设计要求。

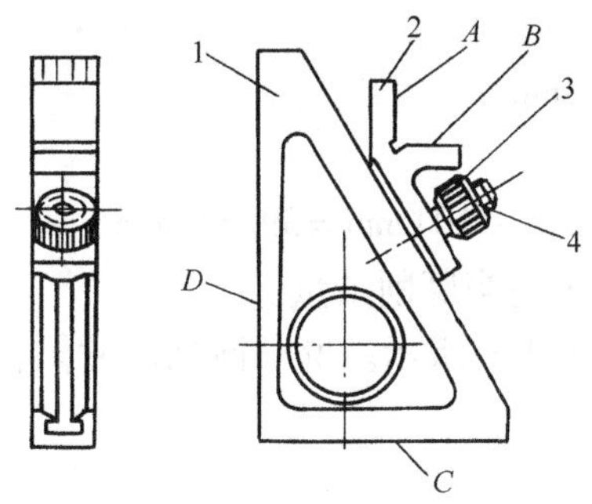

图 1-27 测量调整器

1—三脚架 2—量块座 3—滚花螺母 4—螺钉

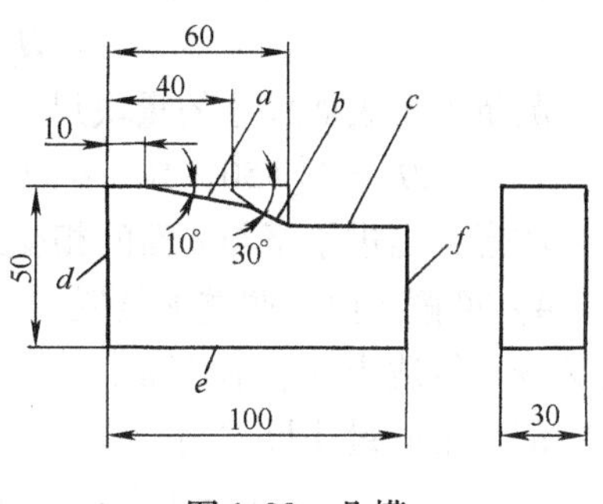

图 1-28 凸模

磨削工艺过程如下。

1）将夹具置于机床工作台上找正，使夹具的正弦圆柱轴线与机床工作台的纵向运动方向平行。

2）以 d 面及 e 面为定位基准磨削 a 面，调整夹具使 a 面处于水平位置，如图 1-29a 所示。调整夹具倾斜角度的量块尺寸为

$$H_1 = 150\text{mm} \times \sin 10° = 26.0472\text{mm}$$

磨削时，采用比较法测量加工表面的尺寸，图 1-29 中 ϕ20mm 圆柱为测量基准柱。按图示位置调整测量调整器上的量块座，用百分表检查，使量块座的平面 B（或 A）与测量基准柱的上素线处于同一水平面内，并将量块座固定。检测磨削尺寸的量块按下式计算，即

$$M_1 = [(50 - 10) \times \cos 10° - 10]\text{mm} = 29.392\text{mm}$$

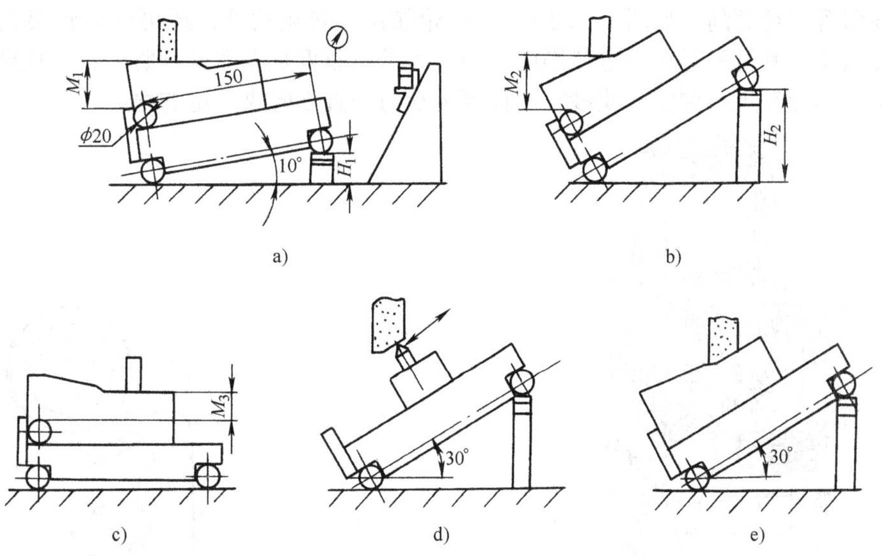

图 1-29 用正弦磁力夹具磨削凸模

加工面 a 的尺寸用百分表检测。当百分表在 a 面上的测量示值与百分表在量块上平面的测量示值相同时，工件尺寸便达到磨削要求。

3）磨削 b 面。调整夹具使 b 面处于水平位置，如图 1-29b 所示。调整及测量方法与磨削 a 面相同。

调整夹具的量块尺寸为

$$H_2 = 150\text{mm} \times \sin30° = 75\text{mm}$$

测量加工表面尺寸的量块尺寸为

$$M_2 = \{[(50-10)+(40-10)\times\tan30°]\times\cos30°-10\}\text{mm} = 39.641\text{mm}$$

注意，当进给至与 c 面的相交线附近时停止，以留下适当磨削余量。

4）磨削 c 面。调整夹具磁力台成水平位置，如图 1-29c 所示。磨 c 面到尺寸。在两平面交线处留适当的磨削余量。

测量用的量块尺寸为

$$M_3 = \{50-[(60-40)\times\tan30°+20]\}\text{mm} = 18.453\text{mm}$$

5）磨削 b、c 面的交线部位。两平面交线部位用成形砂轮磨削，为此，将夹具磁力台调整为与水平面成 30°角，把砂轮圆周锥顶角部分修整为 60°的圆锥面，如图 1-29d 所示。

用成形砂轮磨削 b、c 面的交线部位，如图 1-29e 所示。使砂轮的外圆柱面与处于水平位置的 b 面部分微微接触（出现极微小的火花），再使砂轮慢速横向进给（手动），直到 c 面也出现极微小的火花，加工结束。

3. 仿形磨削法

仿形磨削法是在具有放缩尺的曲线磨床或光学曲线磨床上，按照放大样板或放大图对成形表面进行磨削加工。此方法主要用于磨削尺寸较小的凸模和凹模拼块。其加工精度可达 ±0.01mm，表面粗糙度值为 $Ra0.32 \sim Ra0.63\mu\text{m}$。

图 1-30 所示为光学曲线磨床。它主要由床身 1、坐标工作台 2、砂轮架 3 和光屏 4 组成。

坐标工作台用于固定工件，可作纵、横方向移动和垂直方向的升降。

砂轮架用来安装砂轮，它能作纵向和横向送进（手动），还可绕垂直轴旋转一定角度以便将砂轮斜置进行磨削，如图 1-31 所示。砂轮除作旋转运动外，还可沿砂轮架上的垂直导轨作往复运动，其行程可在一定范围内调整。为了对非垂直表面进行磨削，垂直导轨可沿砂轮架上的弧形导轨进行调整，使砂轮的往复运动与垂直方向成一定的角度。

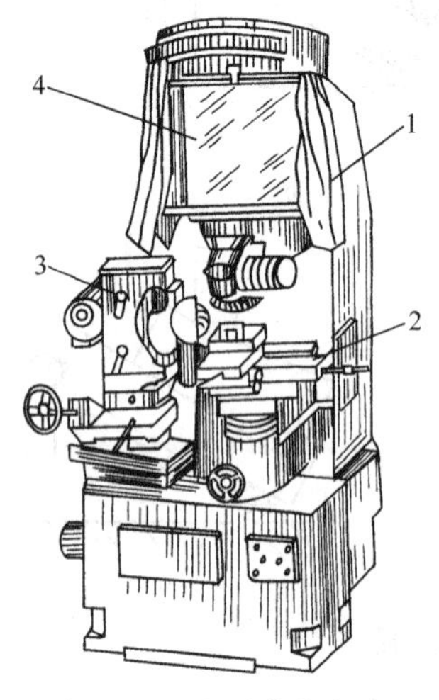

图 1-30　光学曲线磨床

1—床身　2—坐标工作台　3—砂轮架　4—光屏

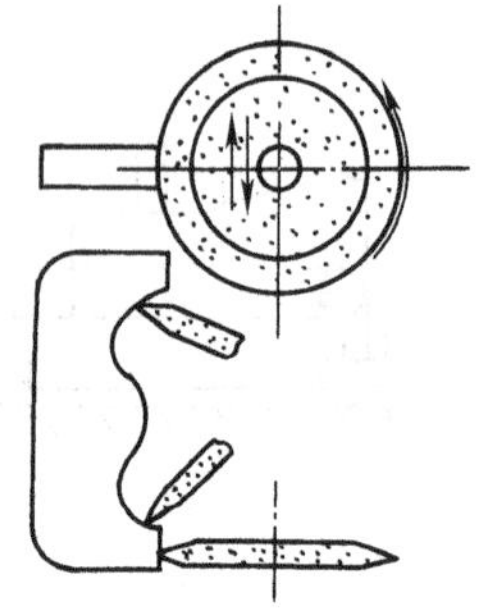
图 1-31　磨削曲线轮廓侧面

光学曲线磨床的光学投影放大系统原理如图 1-32 所示。光线从机床的下部光源 1 射出，通过砂轮 3 和工件 2，将两者的影像射入物镜。再经过棱镜和平面镜的反射，可在光屏上得到放大的影像。然后将该影像与光屏上的工件放大图进行比较。由于工件留有加工余量，放大影像轮廓将超出光屏上的放大图形。操作者即根据两者的比较结果操纵砂轮架在纵、横方向运动，使砂轮与工件的切点沿着工件被磨削轮廓线将加工余量磨去，完成仿形加工。

由于光屏尺寸为 500mm×500mm，经放大 50 倍的光学投影放大系统放大后，一次所能看到的投影区域范围为 10mm×10mm。当磨削的工件轮廓超出 10mm×10mm 时，应将被磨削表面的轮廓分段，如图 1-33a 所示。把每段曲线放大 50 倍绘图，如图 1-33b 所示。为了保证加工精度，放大图应绘制准确，其偏差不得大于 0.5mm，图线粗细为 0.1～0.2mm。

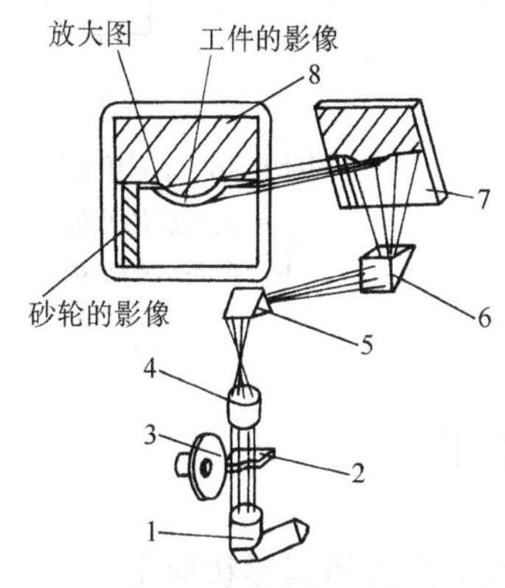

图 1-32　光学曲线磨床的光学放大原理

1—光源　2—工件　3—砂轮　4—物镜　5、6—三棱镜　7—平镜　8—光屏

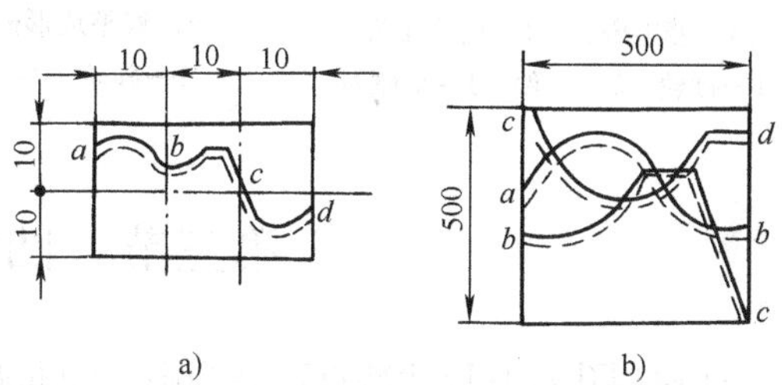

图 1-33　分段磨削

a）工件分段　b）放大图

磨削时先按放大图磨出曲线 *ab* 所对应的工件轮廓。由于放大图上曲线段 *ab* 的终点 *b* 和 *bc* 的起点所对应的都是工件上的同一点。点 *b* 在两段放大图上具有相同的纵坐标，沿水平方向两者却相距 500mm，所以在磨完 *ab* 段的形状后，必须借助量块和百分表使工作台向左移动 10mm，将工件上的分段点 *b* 移到放大图 *bc* 段的起点上，以便按 *bc* 段的放大图磨削工件。如此，逐段将工件的整个形状磨出。

在按工件轮廓分段绘制放大图时，对放大 50 倍的光学放大系统，其分段长度不能超过 10mm。但各分段的长短不一定相等，实际工作中应根据工件形状、方便操作等因素来确定。

在光学曲线磨床、成形磨床和平面磨床等机床上进行成形磨削，一般都是采用手动操作，其加工精度在一定程度上依赖于工人的操作技巧，且劳动强度大、生产效率低。为了提高模具的加工精度和便于采用计算机辅助设计与制造（即模具的 CAD/CAM），使模具制造朝着高效率和自动化的方向发展，目前，国内外已研制出数控成形磨床，而且在实际应用中已收到良好的效果。

在数控成形磨床上进行成形磨削的方式主要有三种：一种是利用数控装置控制安装在工作台上的砂轮修整装置，修整出需要的成形砂轮，用此砂轮磨削工件，磨削过程和一般的成形砂轮磨削法相同；另一种是利用数控装置把砂轮修整成圆弧形或双斜边圆弧形，如图 1-34a所示，然后由数控装置控制机床的垂直和横向进给运动，完成磨削加工，如图 1-34b

所示；第三种方式是前两种方法的组合，即磨削前用数控装置将砂轮修整成工件形状的一部分，如图 1-35a 所示，控制砂轮依次磨削工件的不同部位，如图 1-35b 所示，这种方法适合于磨削具有多处相同型面的工件，三种磨削方法加工的成形面都是直素线成形面。

最后应当指出，为了便于成形磨削，凸模不能带凸肩，如图 1-36a 所示。当凸模形状复杂，某些表面因砂轮不能进入无法直接磨削时，可考虑将凸模改成镶拼结构。

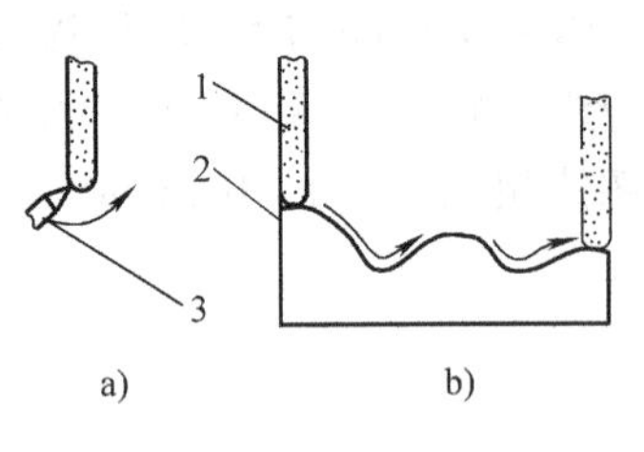

图 1-34　用仿形法磨削
a）修整砂轮　b）磨削工件
1—砂轮　2—工件　3—金刚石

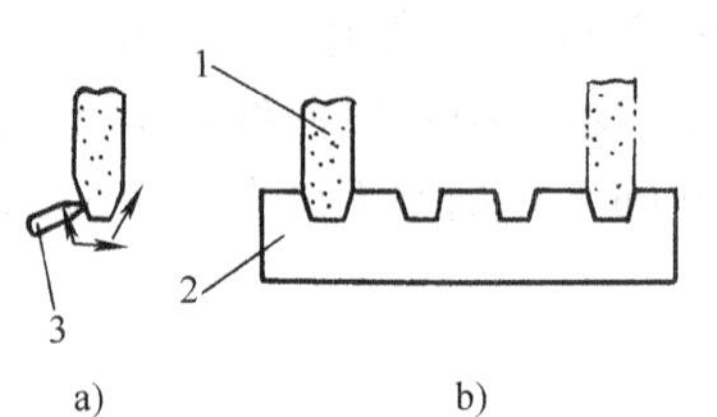

图 1-35　复合磨削
a）修整成形砂轮　b）磨削工件
1—砂轮　2—工件　3—金刚石

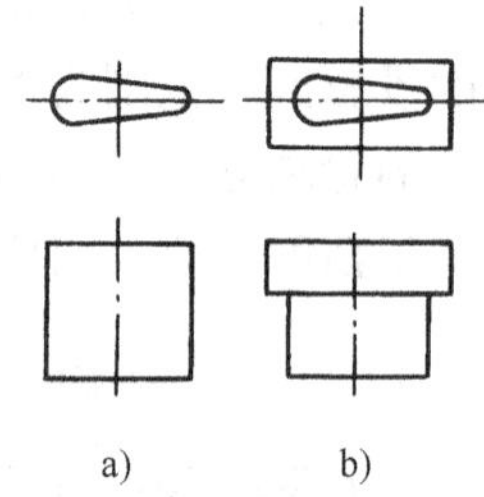

图 1-36　凸模结构
a）无凸肩的凸模
b）带凸肩的凸模

第三节　凹模型孔的加工

凹模型孔按其形状特点可分为圆形和非圆形两种，其加工方法随其形状而定。

一、圆形型孔

具有圆形型孔的凹模有单型孔凹模和多型孔凹模两种。

（1）单型孔凹模　这类凹模制造工艺比较简单，毛坯经锻造、退火后再进行车削（或铣削）及钻、镗型孔，并在上、下平面和型孔处留适当的磨削余量。然后由钳工划线，钻所有固定用孔，攻螺纹，铰销孔，最后进行淬火、回火。热处理后再磨削上、下平面及型孔。

（2）多型孔凹模　对于冲裁模中的连续模和复合模，其凹模有时会出现一系列圆孔。此情况下，各孔尺寸及相互位置都有较高的精度要求，这些孔称为孔系。为保持各孔的相互位置精度要求，常采用坐标法进行加工。

对于镶入式凹模，如图 1-37 所示，固定板 1 不进行淬火处理，凹模镶块 2 经淬火、回火和磨削后分别压入固定板的相应孔内。固定板上的镶件孔可在坐标镗床上加工。图 1-38 所示为立式双柱坐标镗床。机床的工作台、主轴能在纵、横移动方向上精确调整，大多数移动量读数值的最小单位为 0.001mm。机床定位精度一般可达 ±0.002～0.0025mm。移动值的读取方法可采用光学式或数字显示式。

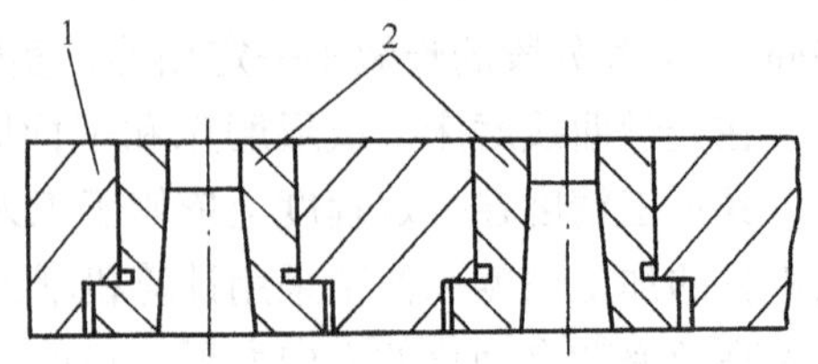

图 1-37　镶入式凹模
1—固定板　2—凹模镶块

在坐标镗床上使用坐标法镗孔时，是将各孔间的尺寸转化为直角坐标尺寸，如图 1-39 所示。加工时，将工件置于机床的工作台上，用百分表找正相互垂直的基准面 a 和 b，使其分别和机床的纵、横移方向平行后夹紧。然后使基准 a 与机床主轴的轴线对准，将工作台纵向移动 x_1。再将主轴轴线与基准 b 对准并横向移动 y_1。此时，主轴的轴线与孔Ⅰ的轴线重合，可将孔加工到所要求的尺寸。加工完孔Ⅰ后按坐标尺寸 x_2、y_2 及 x_3、y_3 调整工件，使孔Ⅱ及孔Ⅲ的轴线依次和机床主轴的轴线重合，镗出孔Ⅱ及孔Ⅲ。

在工件的安装调整过程中，为了使工件上的基准 a 或基准 b 对准主轴的轴线，可以采用的方法有很多种。图 1-40 是用定位角铁和光学中心测定器进行找正。其中，光学中心测定器 2 以其锥柄定位，安装在镗床主轴的锥孔内，在目镜 3 的视场内有两对十字线。定位角铁的两个工作表面互成90°，在它的上平面上固定着一个直径约7mm 的镀铬钮，钮上有一条与角铁垂直工作面重合的刻线。使用时将角铁的垂直工作面紧靠工件 4 的基准面（a 面或 b 面），移动工作台从目镜观察，使镀铬钮上的刻线恰好落在目镜视场内的两对十字线之间，如图 1-41 所示。此时，工件的基准面已对准机床主轴的轴线。

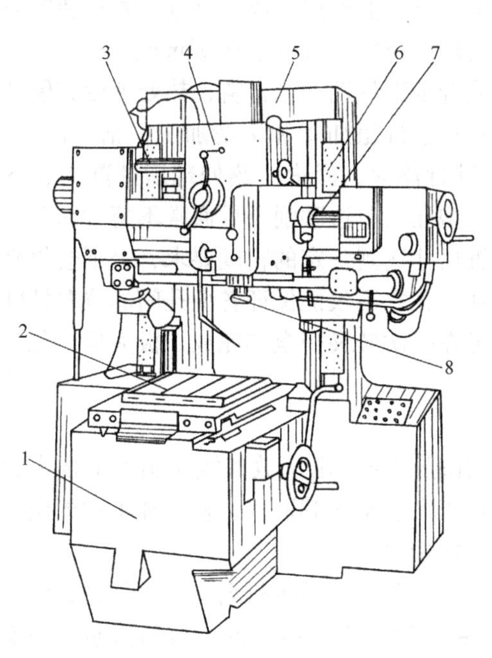

图 1-38　立式双柱坐标镗床

1—床身　2—工作台　3 、6—立轴　4—主轴箱　5—顶梁　7—横梁　8—主轴

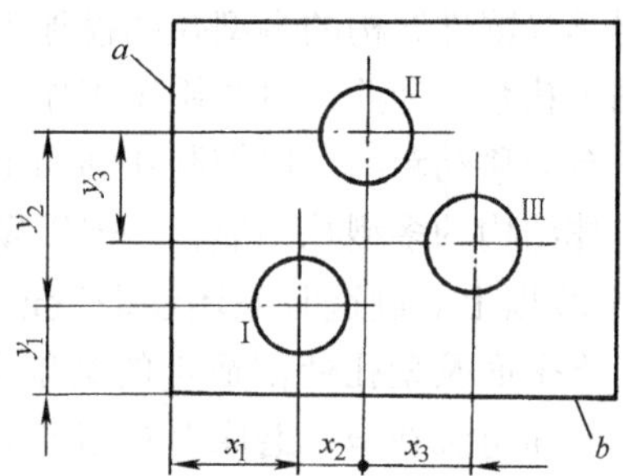

图 1-39　孔系的直角坐标尺寸

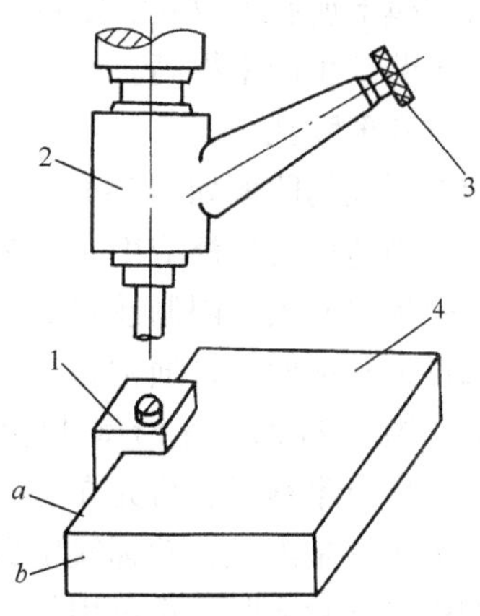

图 1-40　用定位角铁和光学中心测定器找正

1—定位角铁　2—光学中心测定器　3—目镜　4—工件

加工分布在同一圆周上的孔时，可以使用坐标镗床的机床附件——万能回转工作台，如图 1-42 所示。转动手轮 3，转盘 1 可绕垂直轴旋转 360°，旋转的读数精度为 1″。使用时将转台置于坐标镗床的工作台上。当加工同一圆周上的孔时应调整工件，使各孔所在圆的圆心与转盘 1 的回转轴线重合。转动手轮 2 能使转盘 1 绕水平轴在 0 ~ 90°的范围内倾斜某一角度，以加工工件上的斜孔。

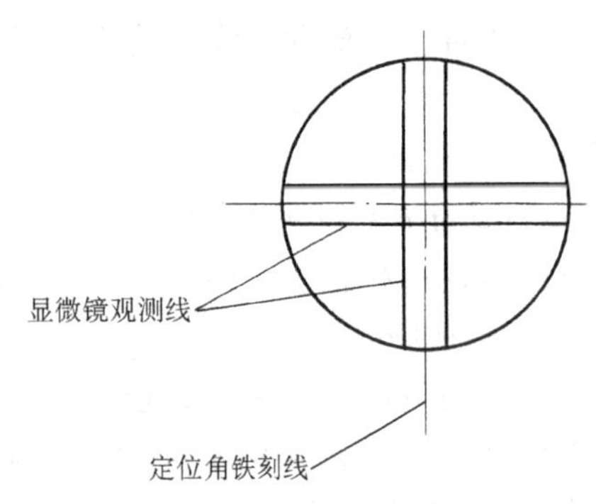

图 1-41 定位角铁刻线在显微镜中的位置

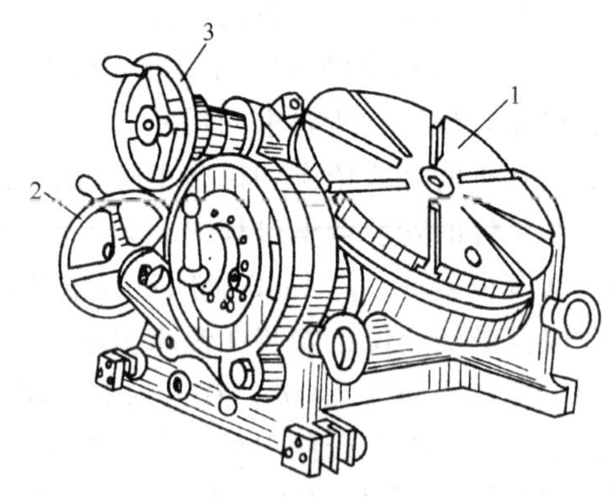

图 1-42 万能回转工作台
1—转盘 2、3—手轮

对具有镶件结构的多型孔凹模加工，在缺少坐标镗床的情况下，也可在立式铣床上用坐标法加工孔系。为此，可在铣床工作台的纵、横运动方向上附加量块、百分表测量装置来调整工作台的移动距离，以控制孔间的坐标尺寸，其距离精度一般可达 0.02mm。

整体结构的多型孔凹模，一般以碳素工具钢或合金工具钢为原材料，热处理后其硬度常在 60HRC 以上。制造时毛坯经锻造退火，对各平面进行粗加工和半精加工，钻、镗型孔。在上、下平面及型孔处留适当的磨削余量，然后进行淬火、回火。热处理后磨削上、下平面，以平面定位在坐标磨床上对型孔进行精加工。型孔的单边磨削余量通常不超过 0.2mm。

在对型孔进行镗孔加工时，必须使孔系的位置尺寸达到一定的精度要求，否则会给坐标磨床加工造成困难。最理想的方法是用加工中心加工，它不仅能保证各型孔间的位置精度要求，而且凹模上所有螺纹孔、定位销孔的加工都可在一次装夹中全部完成，极大地简化了操作，有利于劳动生产率提高。

二、非圆形型孔

非圆形型孔的凹模如图 1-43 所示，机械加工比较困难。由于数控线切割加工技术的发展和在模具制造中的广泛应用，许多传统的型孔加工方法都被其取代。机械加工主要用于线切割加工受到尺寸大小限制或缺少线切割加工设备的情况。

非圆形型孔的凹模，通常将毛坯锻造成矩形，加工各平面后进行划线，再将型孔中心的余料去除。图 1-44 所示是沿型孔轮廓线内侧顺次钻孔后，将孔两边的连接部凿断，去除余料。如果工厂有带锯机，可先在型孔的转折处钻孔后，用带锯机沿型孔轮廓线将余料切除，并按后续工序要求沿型孔轮廓线留适当加工余量。用带锯机去除余料生产效率高。

当凹模尺寸较大时，也可用气（氧-乙炔焰）割方法去除型孔内部的余料。切割时型孔应留有足够的加工余量。切割后的模坯应进行退火处理，以便进行后续加工。

切除余料后，可采用以下方法对型孔进行进一步加工。

1）仿形铣削。在仿形铣床上采用平面轮廓仿形，对型孔进行半精加工或精加工，其加工精度可达 0.05mm，表面粗糙度值为 $Ra1.5 \sim Ra2.5\mu m$。仿形铣削加工容易获得形状复杂的型孔，可减轻操作者的劳动强度，但需要制造靠模，使生产周期增长。靠模通常都用容易加工的木材制造，因受温度、湿度的影响极易变形，影响加工精度。

2）数控加工。用数控铣床加工型孔容易获得比仿形铣削更高的加工精度，且不需要制

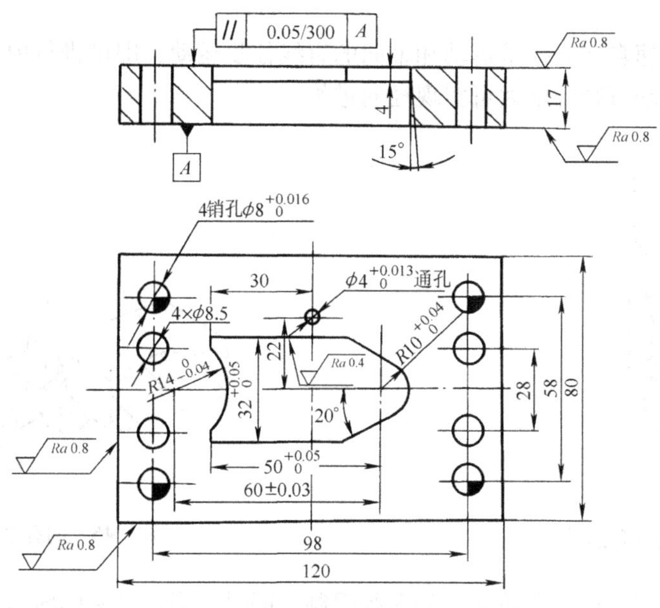

图 1-43　非圆形型孔凹模

造靠模。通过数控指令使加工过程实现自动化，可降低对操作工人的技能要求，提高生产效率。此外，还可采用加工中心对凹模进行加工。在加工中心上一次装夹不仅能加工非圆形型孔，还能加工固定螺孔和销孔。

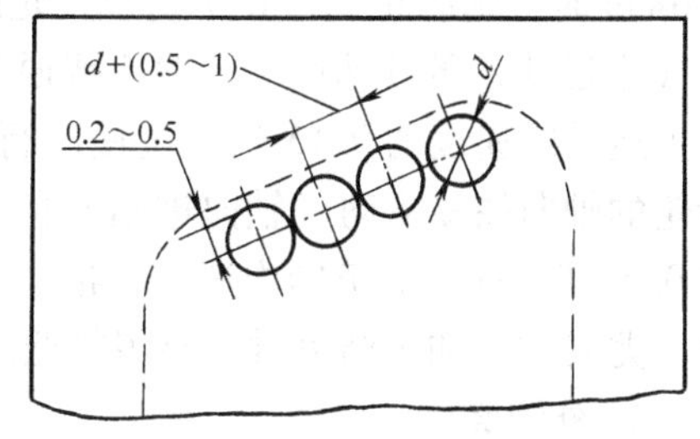

图 1-44　沿型孔轮廓线钻孔

在无仿形铣床和数控铣床时，也可在立式铣床或万能工具铣床上加工型孔。铣削时，按型孔轮廓线，手动操纵铣床工作台纵、横向运动进行加工。此方法对操作者的技术水平要求高，劳动强度大、加工精度低、生产效率低，加工后钳工修正工作量大。

用铣削方法加工型孔时，铣刀半径应小于型孔转角处的圆弧半径，这样才能将型孔加工出来。对于转角半径特别小的部位或尖角部位，只能用其他加工方法（如插削）或钳工进行修整来获得型孔，加工完毕后再加工脱模斜度。

三、坐标磨床加工

坐标磨床主要用于对淬火后的模具零件进行精加工。坐标磨床不仅能加工圆孔，也能对非圆形型孔进行加工；不仅能加工内成形表面，也能加工外成形表面。它目前是在淬火后进行孔加工的机床中精度最高的一种。

坐标磨床和坐标镗床相类似，也是用坐标法对孔系进行加工，其坐标精度可达 ±0.002 ~ ±0.003mm，只是坐标磨床用砂轮作切削工具。机床的磨削机构能完成三种运动，即砂轮的高速自转（主运动）、行星运动（砂轮回转轴线的圆周运动）及砂轮沿机床主轴轴线方向的直线往复运动，如图 1-45 所示。

在坐标磨床上进行磨削加工的方法有内孔磨削、外圆磨削、锥孔磨削、平面磨削和侧磨等。

1. 内孔磨削

利用砂轮的高速自转、行星运动和轴向的直线往复运动，即可进行内孔磨削，如图1-46所示。利用行星运动直径的增大可实现径向进给。

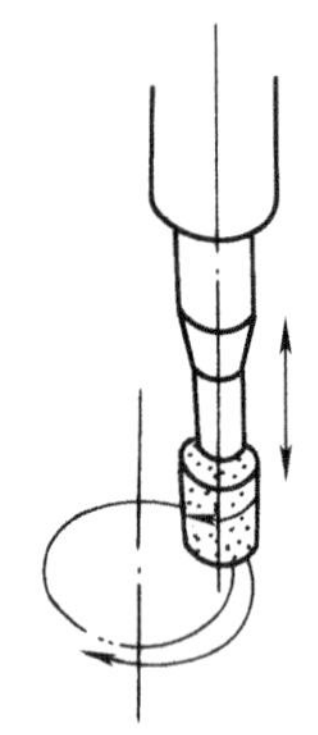

图 1-45　砂轮的三种运动

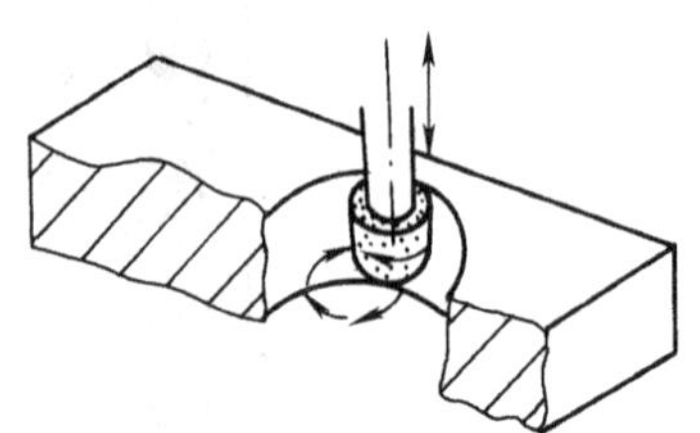

图 1-46　内孔磨削

进行内孔磨削时，由于砂轮直径受孔径限制，同时为降低磨头的转速，应使砂轮直径尽可能接近磨削的孔径，一般可取砂轮直径为孔径的 0.8 ~ 0.9 倍。但是，当磨孔直径大于 ϕ50mm 时，则砂轮直径要受到磨头允许安装砂轮最大直径（ϕ40mm）的限制。砂轮高速回转（主运动）的线速度，一般比普通磨削的线速度低。行星运动（圆周进给）的速度大约是主运动线速度的 0.15 倍。过慢的行星运动速度会使磨削效率降低，而且容易出现烧伤。砂轮的轴向往复运动（轴向进给）的速度与磨削的精度有关。粗磨时，往复运动的速度可在 0.5 ~ 0.8m/min 范围内选取；精磨时，往复运动的速度可在 0.05 ~ 0.25m/min 范围内选取。尤其在精加工结束时，要用很低的行程速度。

2. 外圆磨削

外圆磨削也是利用砂轮的高速自转、行星运动和轴向往复运动实现的，如图 1-47 所示。利用行星运动直径的缩小可实现径向进给。

3. 锥孔磨削

磨削锥孔时，由机床上的专门机构使砂轮在轴向作进给运动的同时，连续改变行星运动的半径。锥孔的锥顶角大小取决于两者变化的比值，所磨锥孔的最大锥顶角为 12°。

磨削锥孔的砂轮，应修出相应的锥角，如图 1-48 所示。

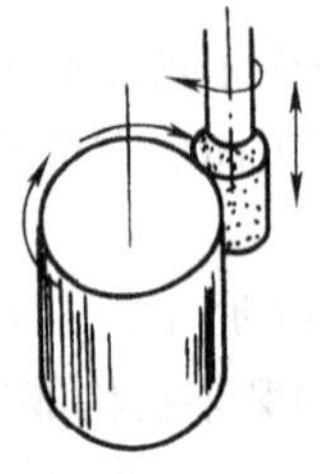

图 1-47　外圆磨削

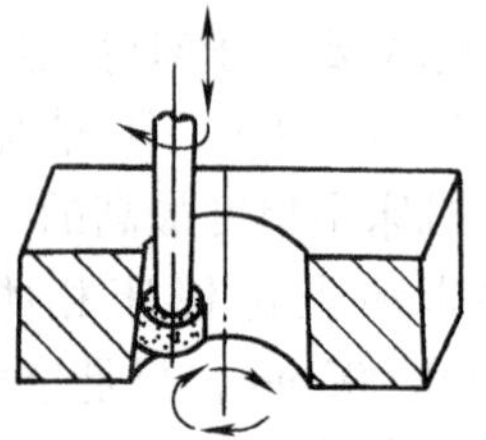

图 1-48　锥孔磨削

4. 平面磨削

平面磨削时，砂轮仅作自转而不作行星运动，工作台送进，如图 1-49 所示。平面磨削适合于平面轮廓的精密加工。

5. 侧磨

这种加工方法是使用专门的磨槽附件进行的，砂轮在磨槽附件上的装夹和运动情况如图1-50所示。它可以对槽及带清角的内表面进行加工。

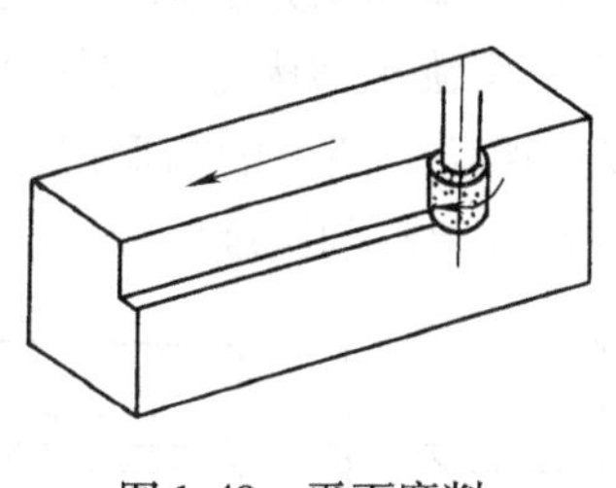

图1-49　平面磨削

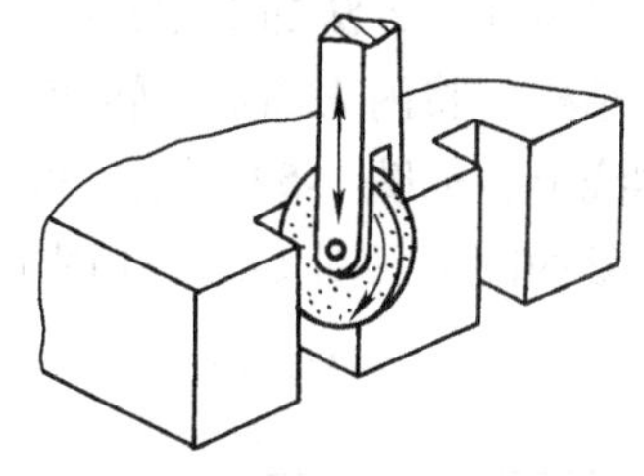

图1-50　侧磨

将基本磨削方法综合运用，可以对一些形状复杂的型孔进行磨削加工，如图1-51所示。磨削图1-51a所示的凹模型孔时，可先将圆形工作台固定在机床工作台上，用圆形工作台装夹工件，经找正使工件的对称中心与圆形工作台回转中心重合，调整机床使孔 O_1 的轴线与机床主轴轴线重合，用内孔磨削方法磨出 O_1 的圆弧线。再调整工作台使工件上 O_2 的轴线与机床主轴轴线重合，磨削该圆弧到要求尺寸。利用圆形工作台将工件回转180°，磨削 O_3 的圆弧到要求尺寸。

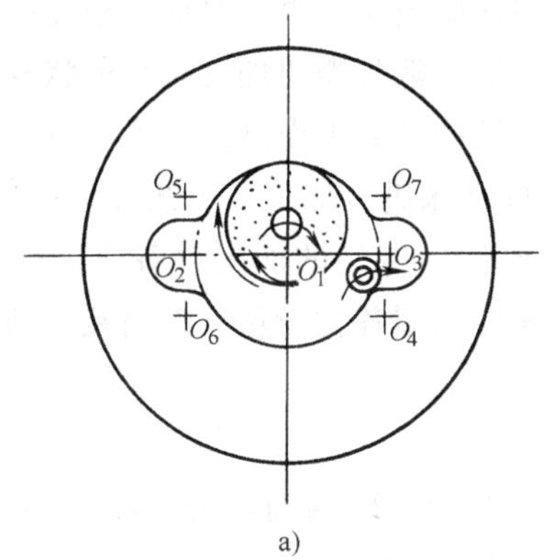

a)

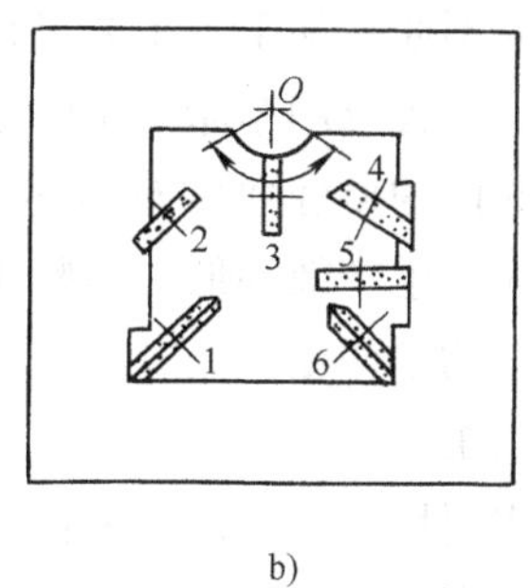

b)

图1-51　磨削异型孔

使 O_4 的轴线与机床主轴轴线重合，磨削时使行星运动停止，操纵磨头来回摆动磨削 O_4 的凸圆弧。砂轮的径向进给方向与磨削外圆相同。注意使凸、凹圆弧在连接处应平整光滑。利用圆形工作台换位逐次磨削 O_5、O_6 和 O_7 的圆弧，其磨削方法与磨削 O_4 相同。

图1-51b所示是利用磨槽附件对型孔进行磨削加工，1、4、6是采用成形砂轮进行磨削，2、3、5是用平砂轮进行磨削。磨削圆弧面时使中心 O 与主轴轴线重合，操纵磨头来回摆动磨削。要注意保证圆弧与平面在交点处衔接准确。

随着数控技术在坐标磨床上的应用，出现了点位控制坐标磨床和计算机数字控制连续轨迹坐标磨床，前者适用于加工对尺寸和位置精度要求高的多型孔凹模等零件，后者特别适合于加工某些精度要求高、形状复杂的内、外轮廓面。我国生产的数控坐标磨床，如MK2945

和 MK2932B 的数控系统均可作二坐标（X、Y）轴联动连续轨迹磨削。而 MK2932B 在磨削过程中，还能同时控制砂轮轴线绕着行星运动的回转中心转动，并与 X、Y 轴联动，使砂轮处在被磨削表面的法线方向。砂轮的工作素线始终处于磨床主轴的中心线上，而且可用同一穿孔纸带磨削内外轮廓。使用连续轨迹坐标磨床可以提高模具生产效率。

采用机械加工方法加工型孔时，当型孔形状复杂，使机械加工方法无法实现时，凹模可采用镶拼结构。将内表面加工转变成外表面加工。凹模采用镶拼结构时，应尽可能将拼合面选在对称线上，如图 1-52 所示，以便一次装夹加工多个镶块。凹模的圆形刃口部位应尽可能保持完整的圆形。图 1-53a 比图 1-53b 的拼合方式容易获得高的圆度精度。

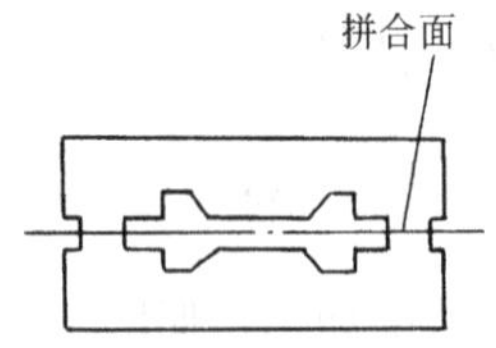

图 1-52　拼合面在对称线上

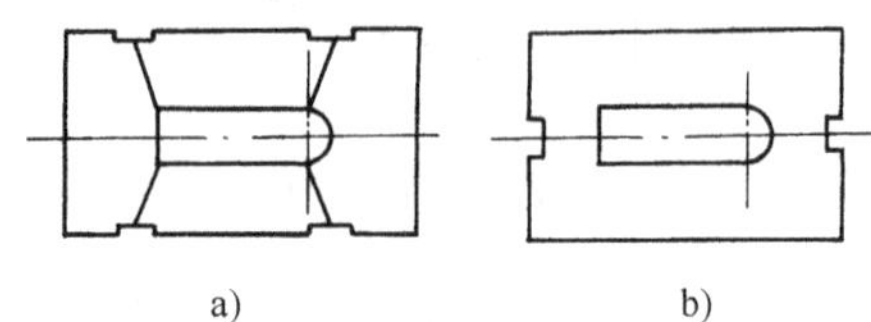

图 1-53　圆形刃口的拼合

第四节　型腔的加工

在各类型腔模中，型腔的作用是成形制件的外形表面。由于对加工精度和表面质量的要求一般较高，因此加工所消耗的劳动量也较大。型腔常常需要加工各种形状复杂的内成形面或花纹，且多为不通孔加工，工艺过程复杂。常见型腔的工作型面大致可分为回转曲面和非回转曲面两种。前者可用车床 、内圆磨床或坐标磨床进行加工，工艺过程一般都比较简单。而加工非回转曲面的型腔要困难得多。常常需要使用专门的加工设备或进行大量的钳工加工，劳动强度大，生产效率低。实际生产中应充分利用各种设备和附属装置的加工能力，尽可能地减少钳工的工作量。

一、车削加工

车削加工主要用于加工回转曲面的型腔或型腔的回转曲面部分。图 1-54 所示的拼式塑压模型腔，可用车削方法加工 ϕ44.7mm 的圆球面和 ϕ21.71mm 的圆锥面。

保证对拼式塑压模两拼块上的型腔相互对准是十分重要的。为此，在车削前对毛坯应预先完成下列加工，并为车削加工准备可靠的工艺基准。

1）将毛坯加工为平行六面体，5°斜面暂不加工。

2）在拼块上加工出导钉孔和工艺螺孔，如图 1-55 所示，为车削时装夹用。

3）将分型面磨平，在两拼块上装导钉，一端与拼块 A 过盈配合，一端与拼块 B 间隙配合，如图 1-55 所示。

4）将两块拼块拼合后磨平四个侧面及一个端面，保证垂直度（用 90°角尺检查），要求两拼块厚度保持一致。

5）在分型面上以球心为圆心，以 44.7mm 为直径划线，保证 $H_1 = H_2$，如图 1-56 所示。

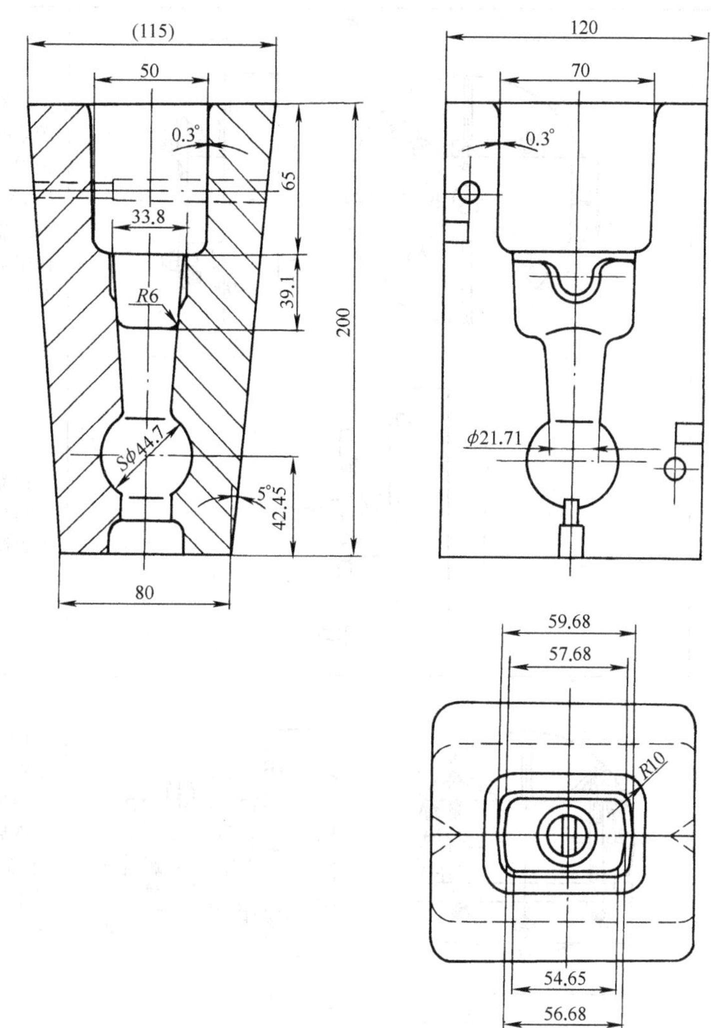

图 1-54　对拼式塑压模型腔

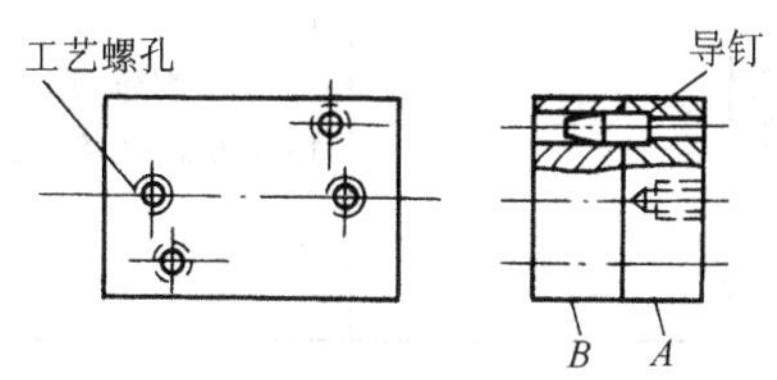

图 1-55　拼块上的工艺螺孔和导钉孔

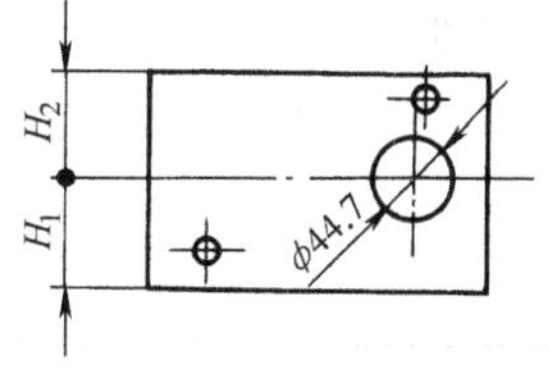

图 1-56　划线

塑压模的车削过程见表 1-12。

二、铣削加工

铣床种类很多，加工范围较广。在模具加工中应用最多的是立式铣床、万能工具铣床、仿形铣床和数控铣床。

表 1-12　拼式塑压模型腔的车削过程

顺序	工艺内容	简　图	说　明
1	装夹	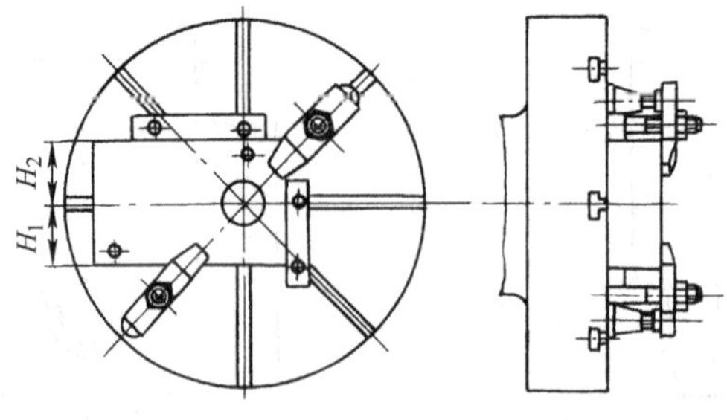 H_2 H_1	1)将工件压在花盘上，按 ϕ44.7mm 的线找正后，再用百分表检查两侧面使 H_1、H_2 保持一致 2)靠紧工件的一对垂直面压上两块定位块，以备车另一件时定位
2	车球面	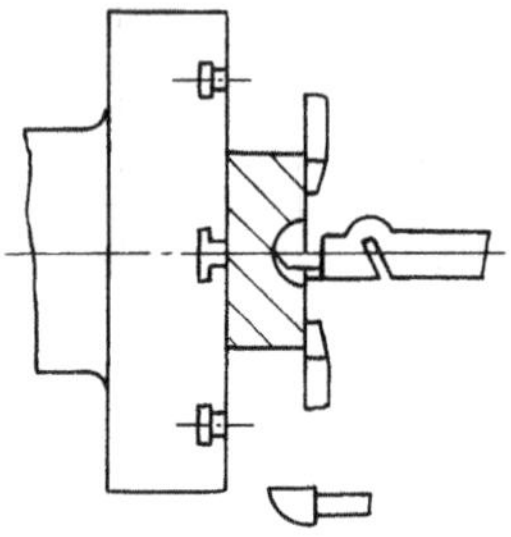	1)粗车球面 2)使用弹簧刀杆和成形车刀精车球面
3	装夹工件	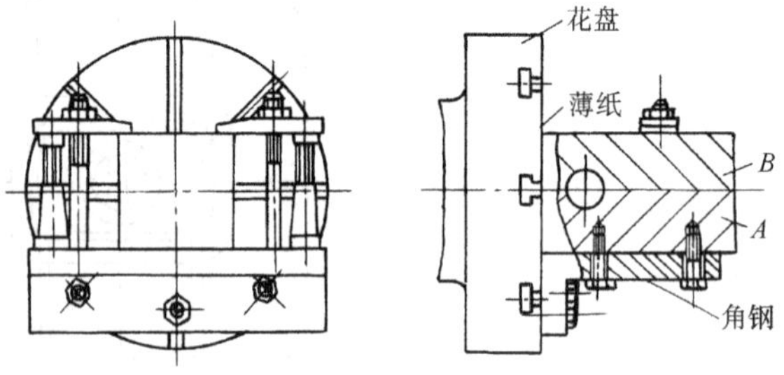 花盘 薄纸 B A 角钢	1)用花盘和角铁装夹工件 2)用百分表按外形找正工件后将工件和角铁压紧(在工件与花盘之间垫一薄纸的作用是便于卸开拼块)
4	车锥孔	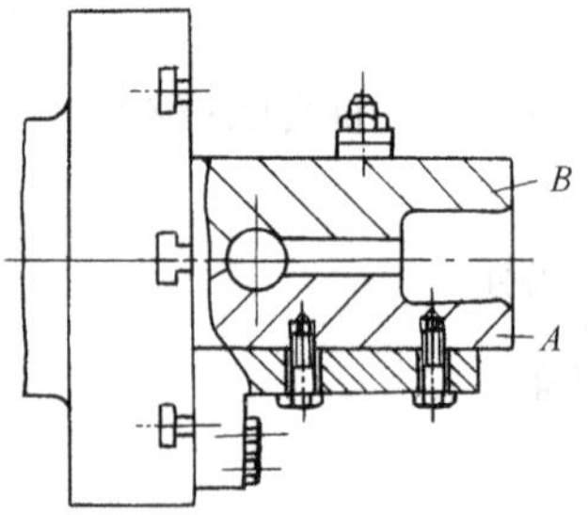 B A	1)钻、镗孔至 ϕ21.71mm(松开压板卸下拼块 B 检查尺寸) 2)车削锥度(同样卸下拼块 B 观察及检查)

1. 用普通铣床加工型腔

用普通铣床加工型腔时，使用最广的是立式铣床和万能工具铣床。加工时常常是按模坯上划出的型腔轮廓线，手动操作进行加工 。加工表面的粗糙度值一般为 $Ra1.6\mu m$，加工精度取决于操作者的技术水平。

加工型腔时，由于铣刀加长，当进给至型腔的转角处时，由切削力波动导致刀具倾斜变化而产生误差，如图 1-57 所示。当刀具半径与型腔圆角半径 R 相吻合时，刀具在圆角上的倾斜变化，导致加工部位的斜度和尺寸产生改变。为防止此种现象，应选用比型腔圆弧半径 R 小的铣刀半径进行加工。

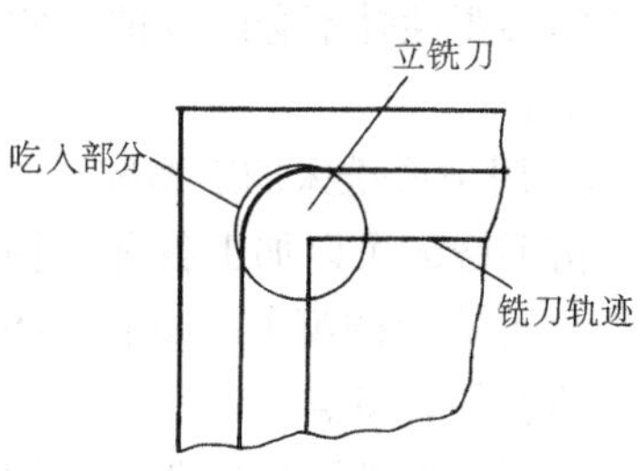

图 1-57 型腔圆角的加工

为了能加工出某些特殊的形状部位，必须准备各种不同形状和尺寸的铣刀。当没有适合的标准铣刀可选时，可采用图 1-58 所示的适合于不同用途的单刃指形铣刀。这种铣刀制造方便，且制造时间较短，可及时满足加工的需要。刀具的几何参数应根据型腔和刀具材料、刀具强度、使用寿命和其他切削条件合理选择，以获得较理想的生产效率和加工质量。

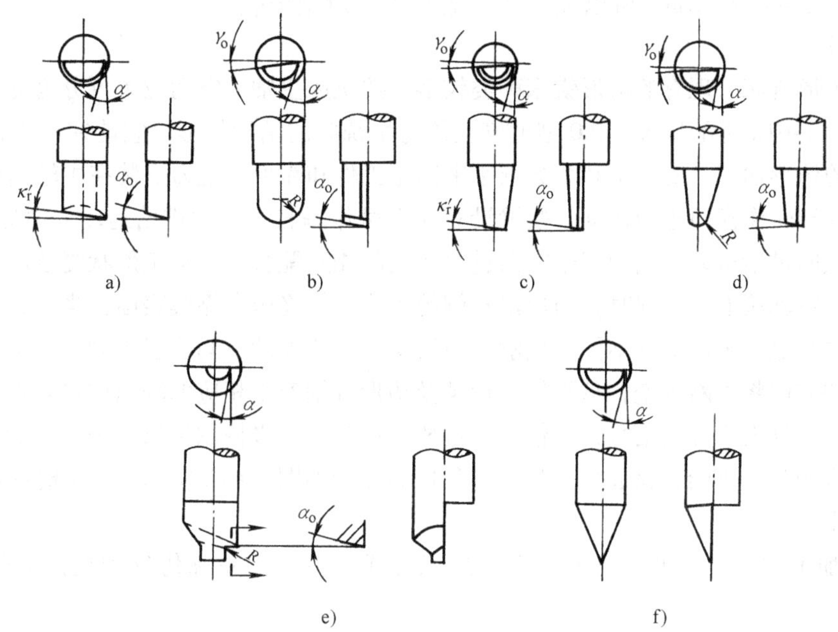
图 1-58 单刃指形铣刀

a）用于平底、侧面为垂直平面工件的铣削 b）用于加工半圆槽及侧面垂直、底部为圆弧工件的铣削 c）用于平底斜侧面的铣削 d）用于斜侧面、底部有圆弧槽工件的铣削 e）用于铣凸圆弧面 f）用于刻铣细小文字及花纹

为了提高铣削效率，对某些铣削余量较大的型腔，铣削前可在型腔轮廓线的内部连续钻孔，孔的深度和型腔的深度接近，如图 1-59 所示。先用圆柱立铣刀粗铣，去除大部分加工余量后，再采用特形铣刀精铣。铣刀的角度和端部形状应与型腔侧壁和底部转角处的形状相吻合。

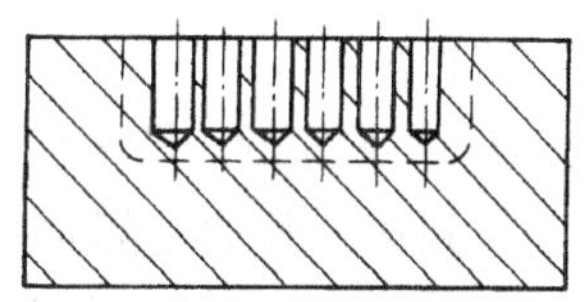
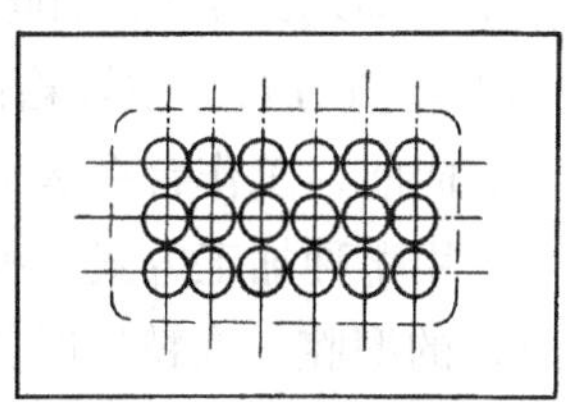
图 1-59 型腔钻孔

用普通铣床加工型腔时，劳动强度大，加工精度低，对操作者的技术水平要求高。随着数控铣床、数控仿形铣床和加工中心等设备的采用日趋广泛，用普通铣床加工的模具工作零件，大多要向加工中心等现代加工设备转移。但立式铣床加工平面的能力强，能提高生产效率，作为一种辅助加工

设备的必要性是不会改变的，它是模具车间中不可缺少的加工设备。

2. 用仿形铣床加工型腔

仿形铣床可以加工各种结构形状的型腔，特别适合加工具有曲面结构的型腔，如图 1-60 所示。与数控铣床加工相比，两者各有特点。

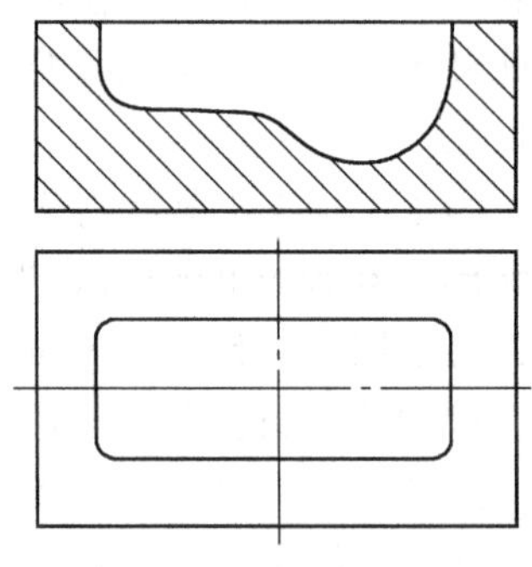

图 1-60　曲面结构型腔

使用仿形铣床是按照预先制好的靠模，在模坯上加工出与靠模形状完全相同的型腔，其自动化程度较高，能减轻工人的劳动强度，提高铣削加工的生产率，可以较容易的加工出形状复杂的型腔。型腔加工精度可达 0.05mm，表面粗糙度值为 $Ra1.5 \sim Ra2.5\mu m$，所以加工后一般都需要对型腔表面进行修整。

（1）仿形铣床　现有的仿形铣床种类较多，按机床主轴的空间位置可分为立式和卧式两种类型。图 1-61a 所示是 XB4480 型电气立体仿型铣床的结构外形，它能完成平面轮廓和立体曲面等的仿形加工。支架 1 和 2 分别用来固定工件和靠模。铣刀安装在主轴套筒内，可沿横梁 7 上的导轨作横向进给运动，横梁沿立柱 3 可作垂直方向的进给运动。滑座 12 可沿床身导轨作纵向进给运动。利用三个方向进给运动的相互配合，可加工形状复杂的型腔。仿形仪 5 安装在主轴箱上。铣削时，仿形仪左侧的仿形销始终压在靠模表面，当刀具进给时，仿形销将依次与靠模表面上的不同点接触，由于这些点所处的空间位置不同，仿形销所受作用力的大小和方向将不断改变，从而使仿形销及仿形仪轴产生相应的轴向位移和摆动，推动仿形仪的信号元件发出控制信号，该信号经过放大后就可用来控制进给系统的驱动装置，使刀具产生相应的随动进给，完成仿形加工。其控制原理如图 1-61b 所示。加工时纵向进给运动图中未绘出。

（2）加工方式　常见的仿形铣削的加工方式有按样板轮廓仿形和按照立体模型仿形两种。

1）按样板轮廓仿形。铣削时仿形销沿着靠模外形运动，不作轴向运动，铣刀也只沿工件的轮廓铣削，不作轴向进给，如图 1-62a 所示。这种加工方式可用来加工具有复杂轮廓形状，但深度不变的型腔或凹模的型孔、凸模的刃口轮廓等。

2）按照立体模型仿形。按照立体模型仿形时，按切削运动的路线分为水平分行和垂直分行两种。

① 水平分行。即工作台连续的水平进给，铣刀对型腔毛坯上一条水平的狭长表面进行加工，到达型腔的端部时工作台作反向进给。在工作台反向前，主轴箱在垂直方向作一次进给运动（周期进给）。如此反复进行，如图 1-62b 所示，直到加工出所要求的表面。

② 垂直分行。主轴箱作连续的垂直进给，当加工到型腔端部时主轴箱反向进给，在主轴箱反向前，工作台在水平方向作一次横向水平进给，如图 1-62c 所示。

选用哪种加工方式应根据型腔的形状特点和加工要求来决定。对于型面为圆柱面（或斜面）的型腔，在精铣时其周期进给的方向应沿柱面的轴线方向，这样铣削可使加工表面的表面粗糙度值减小。

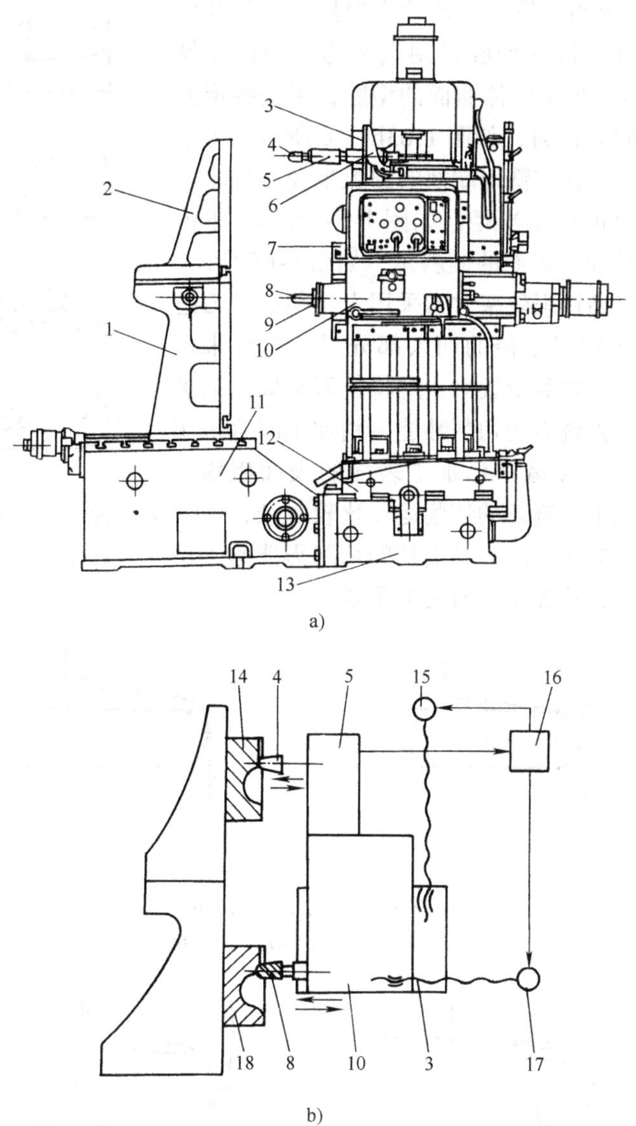

图 1-61　XB4480 型电气立体仿型铣床

a）结构外形　b）控制原理

1—下支架　2—上支架　3—立柱　4—仿形销　5—仿形仪　6—仿形仪座　7—横梁　8—铣刀　9—主轴　10—主轴箱　11—工作台　12—滑座　13—床身　14—靠模　15 、17—驱动装置　16—仿形信号放大装置　18—工件

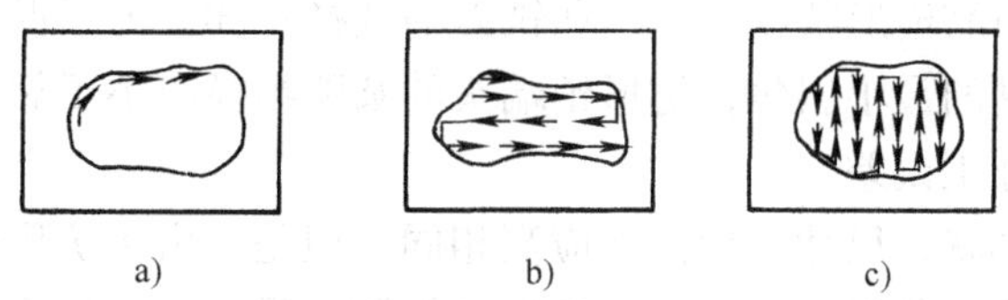

图 1-62　仿形铣削方式

a）按样板轮廓仿形　b）按立体轮廓水平分行仿形　c）按立体轮廓垂直分行仿形

（3）铣刀和仿形销　铣刀的形状应根据加工型腔的形状选择，加工平面轮廓的型腔可用端头为平面的立铣刀，如图1-63a所示。加工立体曲面的型腔，采用锥形立铣刀或端部为球形的立铣刀，如图1-63b、c所示。为了能加工出型腔的全部形状，铣刀端部的圆弧半径必须小于被加工表面凹入部分的最小半径，如图1-64所示。锥形铣刀的斜度应小于被加工表面的倾斜角，如图1-65所示。在粗加工时，为了提高铣削效率常常采用大半径的铣刀进行粗铣，工件上小于铣刀半径的凹入部分可由精铣来保证。由于粗加工时金属切除量较大，应将铣刀圆周齿的螺旋角做得大些，以改善铣刀的切削性能。精加工时宜采用齿数较多的立铣刀，以便减小已加工表面的表面粗糙度值。由于立体仿形加工，铣刀的切削运动比较复杂，因此应保证铣刀在任何方向切入时，其端部的切削刃能起到良好的钻削和铣削作用，这在粗铣时尤为重要。

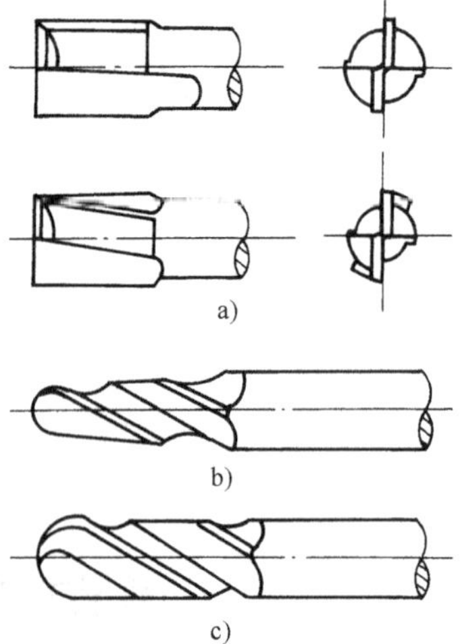

图1-63　仿形加工用的铣刀

a）平头立铣刀　b）圆头锥铣刀　c）圆头立铣刀

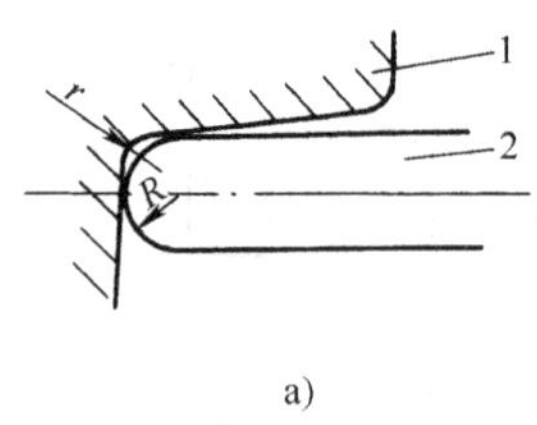

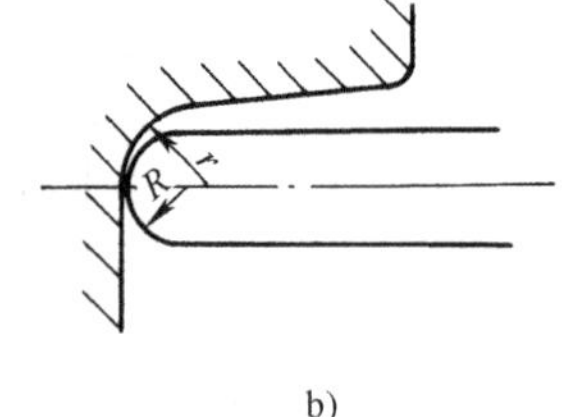

图1-64　铣刀端部圆角

a）$R>r$ 不正确　b）$r>R$ 正确

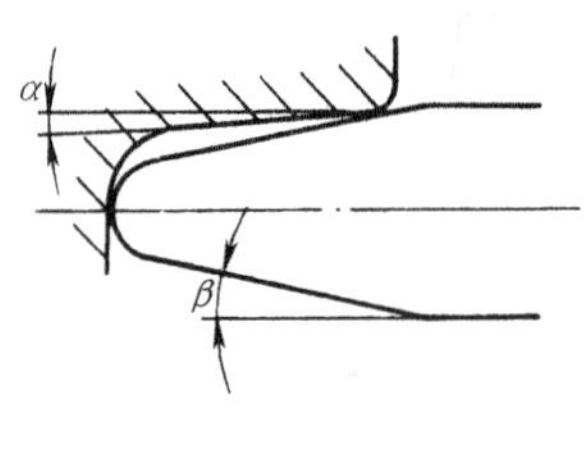

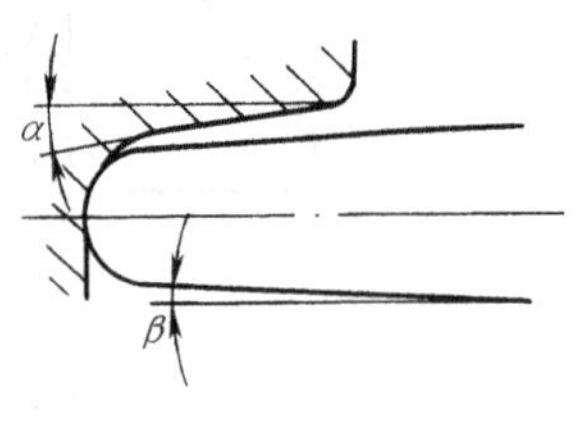

图1-65　铣刀斜度

a）$\beta>\alpha$ 不正确　b）$\beta<\alpha$ 正确

仿形销的形状应与靠模形状相适应，和铣刀的选择一样，为了保证仿形精度，仿形销的倾斜角应小于靠模型槽的最小斜角，仿形销端头的圆弧半径应小于靠模凹入部分的最小圆角半径，否则，将带来加工误差。

仿形销与铣刀的形状、尺寸，理论上应当相同。但是，由于仿形铣削是由仿形销受到径向和轴向力的作用，推动仿形仪的信号元件发出控制信号，使进给系统产生仿形运动。又由于仿形系统中有关元件的变形和惯性等因素的影响，常使仿形销产生“偏移”。所以对仿形销的直径应进行适当的修正，以保证加工精度。仿形销（图1-66）的直径可按下式计

算，即

$$D = d + 2(Z + e)$$

式中　d——铣刀直径（mm）；

D——仿形销直径（mm）；

e——仿形销偏移的修正值（mm）；

Z——型腔加工后留下的钳工修正余量（mm）。

由于仿形销的修正量 e 受设备、铣削用量和仿形销结构尺寸等多种因素的影响，因此可靠、正确的修正值应通过机床的实际调试测得。

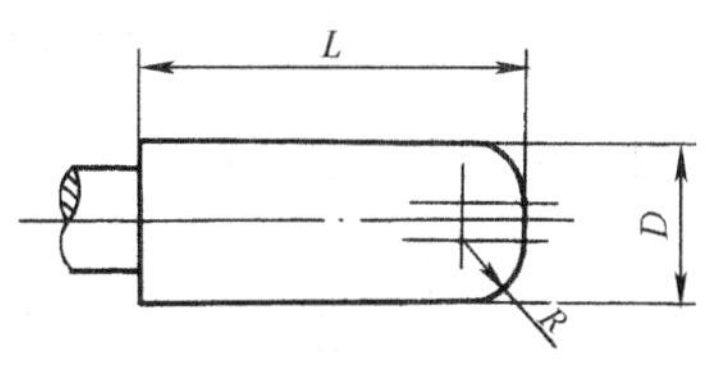

图 1-66　仿形销

仿形销常采用钢、铝、黄铜和塑料等材料制造，工作表面的表面粗糙度值小于 $Ra0.8\mu m$，因此，常需进行抛光。仿形销的重量不宜过大，过重的仿形销会使机床的随动系统工作不正常。仿形销装到仿形仪上时，要用百分表进行检查，使仿形销对仿形仪轴的同轴度误差不大于 0.05mm。

（4）仿形靠模　仿形靠模是仿形加工的主要装置，靠模工作表面除保证一定的尺寸、形状和位置精度外，应具有一定的强度和硬度，以承受仿形销施加给靠模表面的压力。根据模具形状和机床构造不同仿形销施加给靠模表面的压力也大小不等，所以根据具体情况可采用石膏、木材、塑料、铝合金、铸铁或钢板等材料制作靠模，靠模工作表面应光滑，工作时应施润滑剂。为方便装夹，在靠模上必须设置装夹部位。

例 1-2　用仿形铣床加工图 1-67 的锻模型腔。

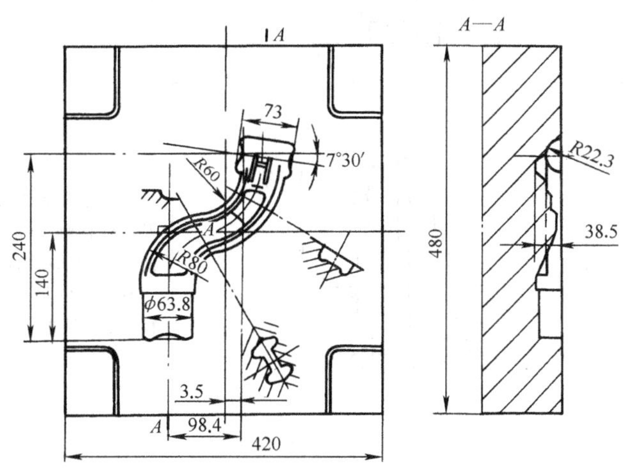

图 1-67　锻模型腔（飞边槽未表示）

在仿形铣削前模坯应完成前段工序的加工，为型腔加工准备可靠的安装定位基准，在分型面上划出中心线。锻模型腔仿形铣削的过程见表 1-13。

用仿形铣床加工型腔时，被加工表面有刀痕、不十分平滑，型腔的窄槽和某些转角部位还需钳工加以修整。由于不同的制件需要制造相应的靠模，因此模具的生产周期长，且靠模易变形，影响加工精度。

表 1-13　锻模型腔仿形铣削的过程

顺序	工艺内容		简图	说　　明
1	工件靠模装夹及调整	找正工件水平位置	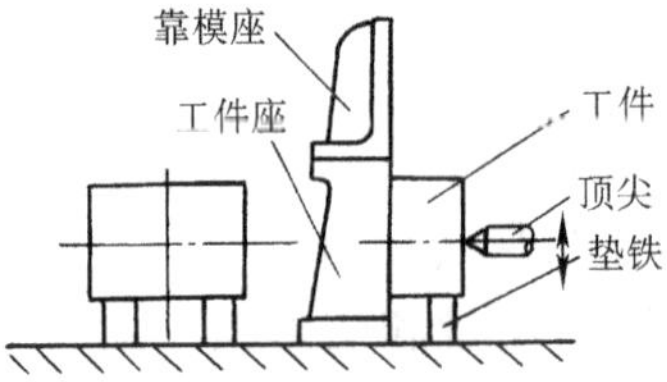	工件用平行垫铁初步定位于工件座的中央，用压板初步压紧 在主轴上装顶尖，调整主轴上、下位置使顶尖对准工件中心线 移动滑座，用顶尖找正工件的水平位置将工件紧固
		找正靠模水平位置	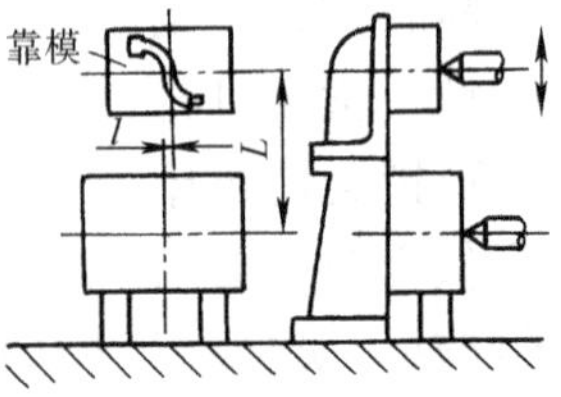	初步安装靠模于靠模座上，使靠模与工件的中心距离 L 在机床的允许调节范围内 在靠模仪触头轴内安装顶尖，调整靠模仪垂直滑板，使顶尖与靠模中心线对准 移动滑座用顶尖找正靠模的水平位置加以紧固
		调整靠模销与铣刀相对位置	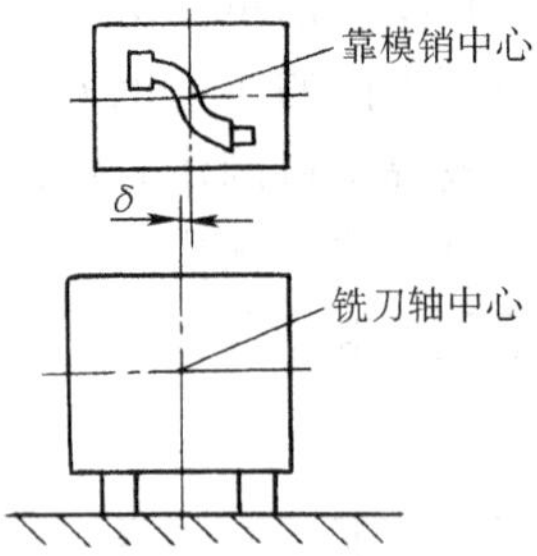	工件与靠模安装后，中心位置在水平方向的偏差为 δ（此值应小于靠模仪滑板水平方向的可调范围值） 移动机床滑座使铣刀轴中心对准工件中心，然后调整靠模仪水平滑板，使靠模销的轴线对准靠模中心，以保证两轴中心偏差值为 δ
		安装靠模销及铣刀调整深度位置	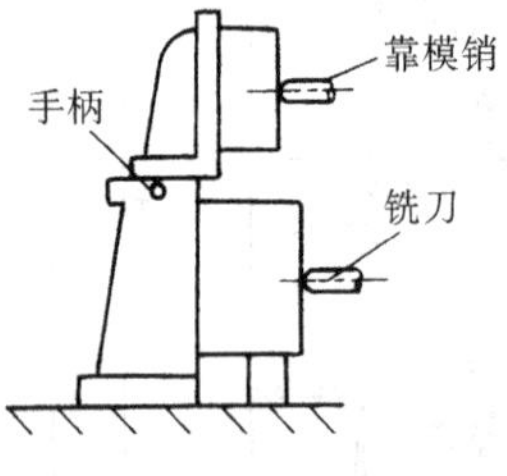	装上靠模销及 ϕ32mm 铣刀，分别与靠模及工件接触，通过手柄依靠齿轮、齿条调整两者深度的相对位置 在以后的加工中，凡每换一次铣刀或靠模销，都需进行一次调整
2	粗加工	钻毛坯孔	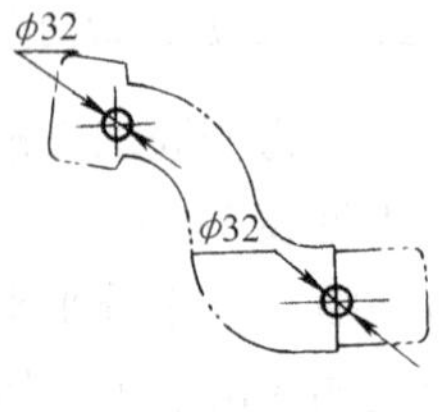	按图示位置钻 ϕ32mm 毛坯沉孔

（续）

顺序	工艺内容		简图	说　　明
2	粗加工	梳状加工	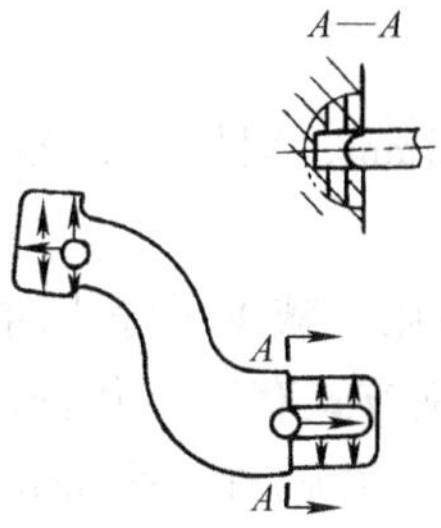 A—A A A	用 ϕ32mm 铣刀进入 ϕ32mm 孔内，按水平方向铣完深槽，铣刀返回原来位置，再进入槽内按垂直分行开始周期进给切除余量 每边留余量 1mm
		粗铣整个型腔	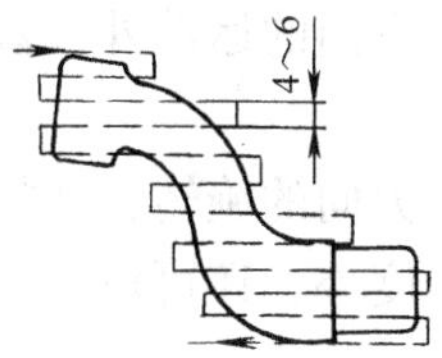 4~6	用 ϕ20mm 圆头铣刀，每边留余量 0.25mm 仿形加工整个型腔，周期进给量 4～6mm，手动行程控制
		粗加工凹槽及底部	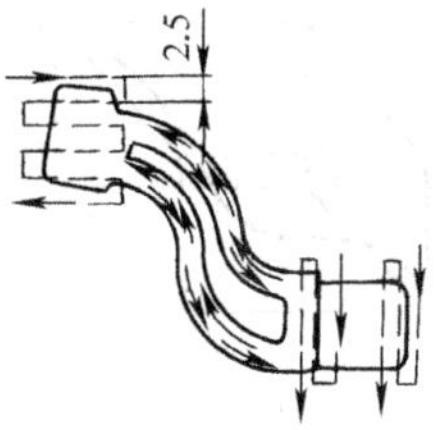 2.5	用 ϕ32mm 圆头铣刀粗加工，周期进给量为 2.5mm 换用 R2.5mm（此尺寸根据靠模销能进入凹槽为准）圆头锥铣刀加工凹槽底部及型腔底脚，周期进给量 1mm 加工凹槽时可采用轮廓仿形形式
3	精加工	精铣整个型腔	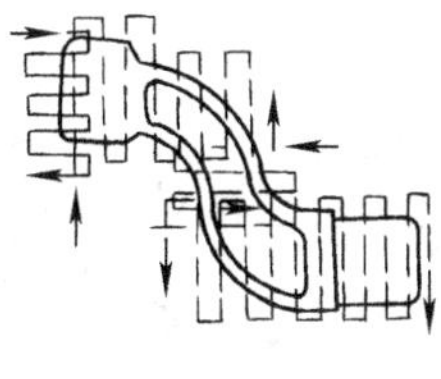	用 R2.5mm 圆头锥度铣刀精铣 根据型腔形状分四个区域采用不同周期的进给方向 周期进给量取 0.6mm，型腔侧壁与工作台轴线成角度时，周期进给量应减小，取 0.3mm
		补铣底脚圆角	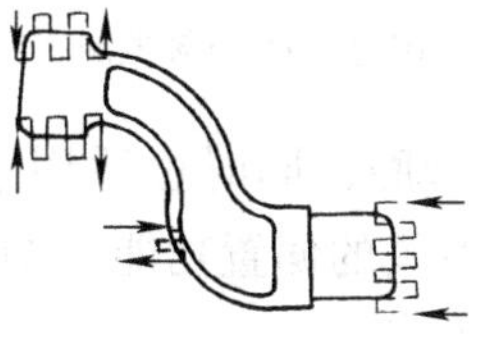	精铣时型腔壁部底脚铣削的周期进给方向与壁部垂直 为了减小底脚的表面粗糙度值，改变周期进给方向进行补铣

3. 数控机床加工

（1）数控铣床　数控铣床利用数字表示的加工指令来控制机床的加工过程。和仿形铣床相比，数控铣床有以下特点。

1）不需要制造仿形靠模。

2）加工精度高，一般可达0.02～0.03mm，对同一形状进行重复加工，具有可靠的再现性。其加工精度不靠工人的技能来保证。

3）通过数控指令实现了加工过程自动化，减少了停机时间，提高了生产效率。

采用数控铣床进行三维形状加工的控制方式有以下几种。

1）两轴半控制。这种方法是控制X、Y两轴进行平面加工，高度（Z轴）方向只移动一定数量作等高线加工，如图1-68a所示。

2）三轴控制。同时控制X、Y、Z三个方向的运动进行轮廓加工，如图1-68b所示。

3）五轴控制。除控制X、Y、Z三个方向的运动外，铣刀轴还作两个方向的旋转，如图1-68c所示。

由于五轴同时控制时，铣刀可作两个方向的旋转，在加工过程中可使铣刀轴线与加工表面成直角状态，除了可大幅度提高加工精度外，还可对加工表面的凹入部分进行加工，如图1-69所示。

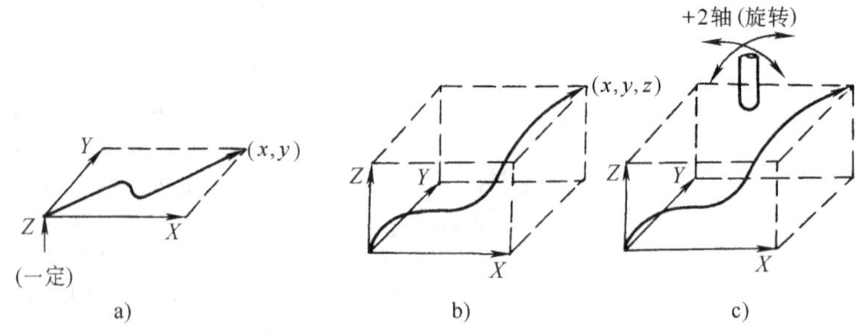

图1-68　加工三维形状的控制方法

a）两轴半控制　b）三轴控制　c）五轴控制

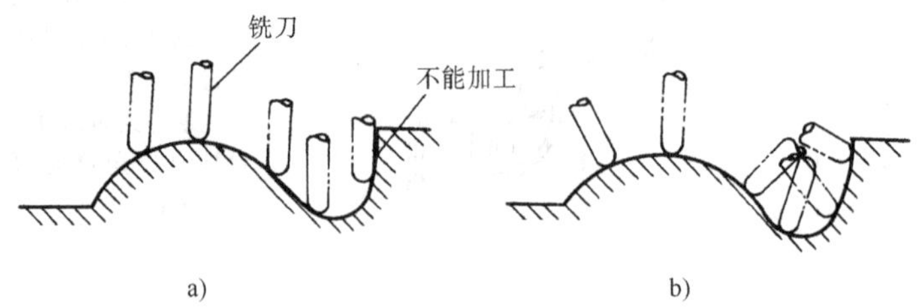

图1-69　五轴控制与三轴控制比较

a）三轴控制　b）五轴控制

数控铣床不仅适用于加工各种模具型腔，同时也适用于加工型芯、冷冲模的凸模、凹模、固定板和卸料板等零件，还可利用刀具的偏置功能，调整各相关零件的尺寸差。用数控铣床加工型腔时，加工精度比仿形铣高得多。

（2）加工中心　加工中心一般是具有快速换刀功能，能进行铣削、钻削、镗削和攻螺纹等加工，一次装夹工件后能自动地完成工件的大部分或全部加工的数控机床。加工中心的品种颇多，性能各异，使用方法不尽相同，使用效果也有很大的差别。所用机床的功能和使用目的如果不相对应，则不能发挥机床的效能。

加工中心大致可分为主轴垂直的立式加工中心和主轴横置的卧式加工中心。两者用于模具加工各有利弊。从实际使用情况看，以立式加工中心占多数。按其换刀方式的不同，加工中心可分为不带自动换刀装置的加工中心和带自动换刀装置的加工中心。

带自动换刀装置由换刀装置、刀库和刀具传送装置组成。

1）换刀装置。其功能是将夹持在机床主轴上的刀具和刀具库或刀具传送装置上的刀具进行交换。每次换刀的工作循环为：卸刀→换刀→ 装刀。为了实现快速换刀，机床主轴上必须具备迅速将刀具松开和固定的装置（一般为弹簧夹头夹紧或拉杆拉紧），以及键锁紧装置。

2）刀库。刀库是储存所需各种刀具的仓库，其功能是接受刀具传送装置送来的刀具以及把刀具给予刀具传送装置。刀库有不同的种类，一般以储存刀具的数量（容量）、传送刀具的时间或储存刀具的直径和重量来显示其特性。

3）刀具传送装置。其功能是在换刀装置与刀具库之间快速而准确地传送刀具。有些加工中心的换刀是把刀库中的刀具与机床主轴上的刀具直接交换，在这种情况下就不需要刀具传送装置。

使用加工中心加工型腔或其他模具零件时，只要有自动编程装置和CAD/CAM提供的三维形状信息，即可进行三维形状的加工。从粗加工到精加工都可设置刀具和切削条件，因而使加工过程可连续进行。

在模具制造中常常要在同一个零件上加工不同尺寸和精度要求的圆孔，有些复杂结构的模具其加工孔的数量可达数十个，甚至上百个，如果在普通机床上加工往往要经过数道工序，动用多台机床（如铣床、钻床、坐标镗床等），而用一台加工中心即可加工出其中的大部分孔，而且可进行自动加工。但是，加工中心是一种价格昂贵的设备。在实际应用中应充分考虑其经济性。

为了使加工中心在模具制造中有效地发挥作用，应注意做好以下工作。

1）模具设计标准化。为了有效地使用加工中心，从模具设计开始就应注意实施标准化，可大幅度减少编程时间。

2）加工形状的标准化。对模具中孔的形状按用途归类，我们会发现很少出现特别不同的情况。因此，将这些孔按标准化加工形状进行归类，并对加工程序、刀具种类及加工尺寸等分组汇总，就可以灵活应用自动编程装置和机床的存储器。

3）对工具系统加以设计。将使用的刀具及夹具进行归类、配合并标准化。

4）规范加工范围和切削条件。

5）重视切屑处理。

6）加强生产管理，提高机床的运转率。

4. 高速铣削

高速切削加工一般指切削速度高于常规切削速度5～10倍条件下进行的切削加工。在实际生产中，高速切削的速度范围随加工方法和加工条件不同而异，高速铣削的速度一般为300～6000m/min。高速切削时切削力小，传入工件的热量少，加工质量高，加工效率高。

目前高速切削在航天、汽车、模具和仪表等领域得到广泛应用。用高速铣削代替电火花进行成形加工，可使模具制造效率提高 3 ~5 倍。对于复杂型面的模具，其精加工费用往往占到模具总费用的 50% 以上，采用高速切削加工可使模具精加工的费用大为减少，从而降低模具生产成本。

（1）高速铣削对机床的要求　进行高速铣削需要有性能与之相适应的机床。在模具工作型面的加工中，常常要用到直径小的铣刀。为实现高速铣削，要求机床主轴有极高的转速，有的甚至要求每分钟高达数万转（r/min）。这样高的转速受到主轴轴承的限制，目前使用较多的是热压氮化硅（Si_3N_4）陶瓷滚动轴承和液体动静压轴承。采用磁力轴承支撑、内装式电动机驱动主轴，转速可达 20000 ~40000r/min。

在高速铣削中以高出传统 5 ~10 倍的切削速度进行加工，为保证所要求的切削层厚度和理想的切削状态，也要求有高的进给速度与之相适应。此外，还要在进给中保持精确的刀具轨迹，不能有过切或延迟发生。机床的进给系统采用传统的回转伺服电动机是不能满足以上要求的，必须采用全闭环位置伺服电动机直接驱动，并配备能快速处理 NC 数据和高速切削控制算法的 CNC 系统。

高速铣床的床身和立柱等支承部件应有很好的动、静刚度和热稳定性。可采用聚合物混凝土制造，其阻尼系数比铸铁高 1.9 ~2.6 倍。

高速铣削机床除满足上述要求外，还必须有精密高速的检测传感技术对加工位置、刀具状态、工作状态和机床运行状态进行监测，以保证设备、刀具能正常工作和保证加工质量。

（2）高速铣削刀具　高速铣削用刀具材料除具有一般刀具应满足的硬度、强度、耐磨性和高的耐热性能外，还必须有良好的抗冲击、抗热疲劳和对被加工材料有较小的化学亲和力。高速铣削的刀具材料应根据被加工的模具材料和加工性质来选择。表 1-14 是典型的高速铣削刀具和工艺参数。

表 1-14　典型的高速铣削刀具和工艺参数

加工材料	切削速度/(m/min)	进给速度/(m/min)	刀具/刀具涂层
铝	2000	12 ~20	整体硬质合金/无涂层
铜	1000	6 ~12	整体硬质合金/无涂层
钢(42 ~52HRC)	400	3 ~7	整体硬质合金/TiCH-TiAlCN 涂层
钢(54 ~60HRC)	250	3 ~4	整体硬质合金/TiCH-TiAlCN 涂层

（3）高速铣削工艺　在进行高速铣削时一般按粗加工→半精加工→清根加工→精加工等工艺顺序进行。

1）粗加工。粗加工主要去除毛坯表面的大部分余量，要求高的加工效率，一般采用大直径刀具、大切削间距进行加工。

2）半精加工。半精加工的目的是进一步减少模具型面上的加工余量，为精加工作准备，一般采用较大直径的刀具、合理的切削间距和公差值进行加工。半精加工后的模具型面余量应较为均匀、表面粗糙度值较小，在保证公差和表面粗糙度的前提下保持尽可能高的加工效率。

3）清根加工。清根加工的目的是切除被加工型面上某些凹向交线部位的多余材料。它对高速铣削是非常重要的，一般应采用系列刀具从小到大分次加工，直至达到模具所需尺寸。因为模具表面经半精加工后，在曲率半径大于刀具半径的凹向交线处留下的加工余量是均匀的，但当被加工零件的凹向交线处曲率半径小于刀具半径时，型面的加工余量比其他部位的加工余量要大得多，在模具精加工时此处刀具所承受的切削力会突然增大而损坏。从分析中可以看出，清根加工所需刀具的半径应小于或等于精加工时所采用刀具的半径。

经过清根加工后，再进行精加工，当刀具进给到工件凹向交线处时，刀具处于不参与切削的空切状态。这就极大改善了刀具在工件凹向交线处的受力状况，为模具精加工的高速度、高精度提供了良好的切削条件。

4）精加工。精加工一般采用小直径刀具、小切削间距、小公差值进行切削加工。

表 1-15 是某塑料模具加工的工艺顺序和相应的工艺参数。

表 1-15　塑料模具加工的工艺顺序和工艺参数

加工顺序	刀具/mm	主轴转速/(r/min)	进给速度/(mm/min)	切削公差/mm	背吃刀量/mm	切削间距/mm	加工余量/mm
粗加工	ϕ60(R30)	800	400	0.20	1.5	20.0	1.0
半精加工	ϕ50(R25)	1500	1000	0.05	1.2	2.0~5.0	0.2
清根加工	ϕ2(R1)~ϕ10(R5)	10000~40000	2000~4000	0.01	0.2~0.5	0.1~0.3	0
精加工	ϕ6(R3)~ϕ16(R8)	10000~20000	6000~8000	0.01	0.2~0.5	0.1~0.3	0

三、型腔的抛光和研磨

模具型腔（型芯）经切削加工后，在其表面上会残留有切削的痕迹，为了去除切削加工痕迹就需对其进行抛光。抛光的程度包括各种等级，从修去切削痕迹到加工成镜面状态的研磨等。抛光和研磨在型腔中所占工时的比例很大，特别是那些形状复杂的塑料模型腔，其抛光工时的比例可达 45% 左右。

抛光工序在模具制造中非常重要，它不仅对成形制件的尺寸精度、表面质量影响很大，也影响模具的使用寿命。

根据加工方法的不同，抛光可分为手工抛光和采用抛光机具进行抛光。

1. 手工抛光

（1）用砂纸抛光　手持砂纸，压在加工表面上作缓慢运动，以去除机械加工的切削痕迹，使表面粗糙度值减小，这是一种常见的抛光方法。操作时，也可用软木压在砂纸上进行。根据不同的抛光要求可采用不同粒度号数的氧化铝、碳化硅及金刚石砂纸。抛光过程中必须经常对抛光表面和砂纸进行清洗，并按照抛光的程度依次改变砂纸的粒度号数。

（2）用油石抛光　油石抛光的操作方法与用砂纸抛光相似，只是抛光工具由砂纸换成了油石。油石抛光主要用于型腔的平坦部位和槽的直线部分的抛光。抛光前应做好以下准备工作。

1）选择适当种类的磨料、粒度、形状和尺寸大小的油石。油石的硬度可参考图 1-70 选用。

2）根据抛光面的大小选择适当大小的油石，以使油石能纵横交错运动。当油石形状与加工部位的形状不相吻合时，需用砂轮修整器对油石形状进行修整。图 1-71 所示是修整后用于加工狭小部位的油石。

抛光过程中，由于油石和工件紧密接触，油石的平面度将因磨损而变差，对磨损变钝的油石应即时在铁板上用磨料加以修整。

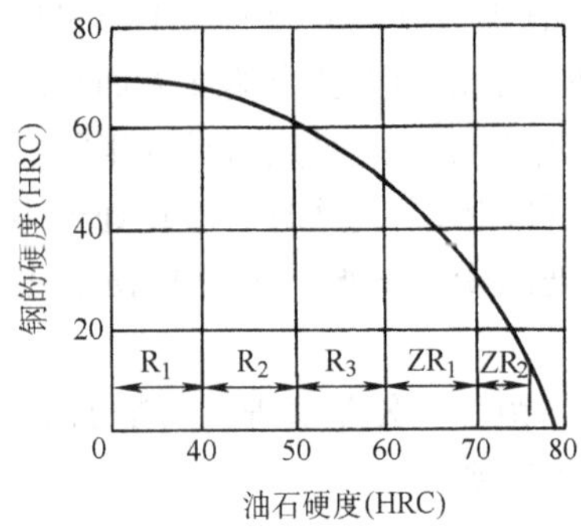

图 1-70　油石硬度的选用

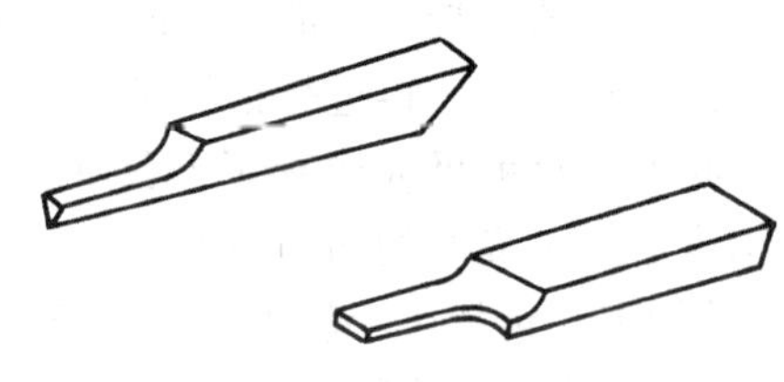

图 1-71　经过修整的油石

用油石抛光时，为获得一定的润滑冷却作用，常用 L-AN15 全损耗系统用油作抛光液。精加工时，可用 1 份 L-AN15 全损耗系统用油、3 份煤油，再加入少量透平油或锭子油和适量的轻质矿物油或变压器油，做成抛光液。

在加工过程中要经常用清洗油对油石和加工表面进行清洗。否则，会因油石气孔堵塞而使加工速度下降。

（3）研磨　研磨是在工件和工具（研具）之间加入研磨剂，在一定压力下由工具和工件间的相对运动，驱动大量磨粒在加工表面上滚动或滑擦，切下微细的金属层而使加工表面的表面粗糙度值减小。同时，研磨剂中加入的硬脂酸或油酸与工件表面的氧化物薄膜产生化学作用，使被研磨表面软化，从而促进了研磨效率的提高。

研磨剂由磨料、研磨液（煤油或煤油与全损耗系统用油的混合液）及适量辅料（硬脂酸、油酸或工业甘油）配制而成。研磨钢时，粗加工用碳化硅或白刚玉，淬火后的精加工则使用氧化铬或金刚石粉作磨料，磨料粒度可按表 1-16 选择。

表 1-16　磨料的粒度选择

粒度	能达到的表面粗糙度值 $Ra/\mu m$	粒度	能达到的表面粗糙度值 $Ra/\mu m$
F100 ~ F120	0.8	F360 ~ F500	0.1 ~ 0.2
F120 ~ F320	0.2 ~ 0.8	≥F500	≤0.1

研磨工具根据不同情况可用铸铁、铜或铜合金等制作。对一些不便进行研磨的细小部位，如凹入的文字、花纹可将研磨剂涂于这些部位用铜刷反复刷擦进行加工。

2. 机械抛光

由于手工抛光消耗的加工时间很长，劳动强度高，因而对抛光的机械化、自动化要求非常强烈。随着现代技术的发展，在抛光加工中相继出现了电动抛光、电解抛光、气动抛光、超声波抛光及机械-超声波抛光、电解-机械-超声抛光等复合抛光。应用这些工艺可以减轻劳动强度，提高抛光的速度和质量。

（1）圆盘式抛光机　图 1-72 所示是一种常见的电动工具，用手握住对一些大型模具去除仿形加工后的走刀痕迹及倒角。抛光精度不高，其抛光程度接近粗磨。

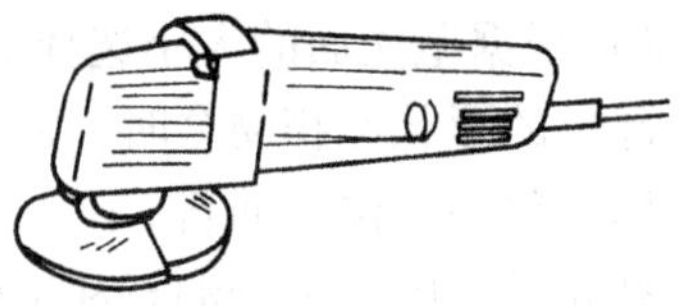

图 1-72　圆盘式磨光机

（2）电动抛光机　电动抛光机主要由电动机、传动软轴及手持式研抛头组成。使用时传动电动机挂在悬挂架上，电动机起动后通过软轴传动手持抛光头产生旋转或往复运动。

这种抛光机备有三种不同的研抛头，以适应不同的研抛工作。

1）手持往复研抛头。手持往复研抛头工作时一端连接软轴，另一端安装研磨工具或油石、锉刀等。在软轴传动下研抛头产生往复运动，可适应不同的加工需要。研抛头工作端还可按加工需要，在270°范围内调整。这种研抛头装上球头杆，配上圆形或方形铜（塑料）环作研具，手持研抛头沿研磨表面不停地均匀移动，可对某些小曲面或复杂形状的表面进行研磨，如图1-73所示。研磨时常采用金刚石研磨膏作研磨剂。

2）手持直式旋转研抛头。手持直式旋转研抛头可装夹 $\phi2 \sim \phi12$mm 的特形金刚石砂轮，在软轴传动下作高速旋转运动。加工时，操作人员就像握笔一样握住研抛头进行操作，可对型腔细小复杂的凹弧面进行修磨，如图1-74所示。取下特形砂轮，装上打光球用的轴套，用塑料研磨套可研抛圆弧部位。装上各种尺寸的羊毛毡抛光头可进行抛光工作。

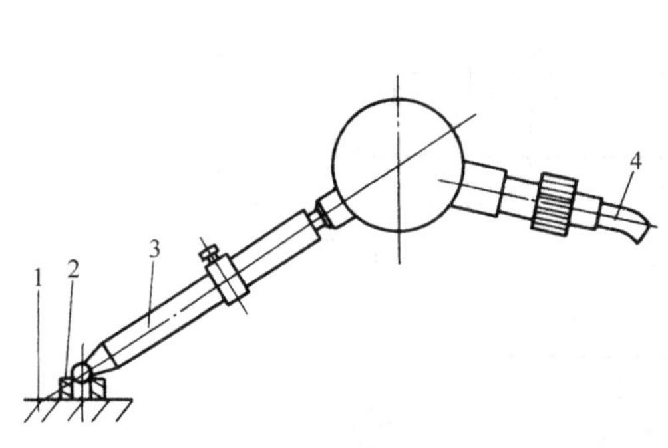

图1-73　手持往复式研抛头
1—工件　2—研磨环　3—球头杆　4—软轴

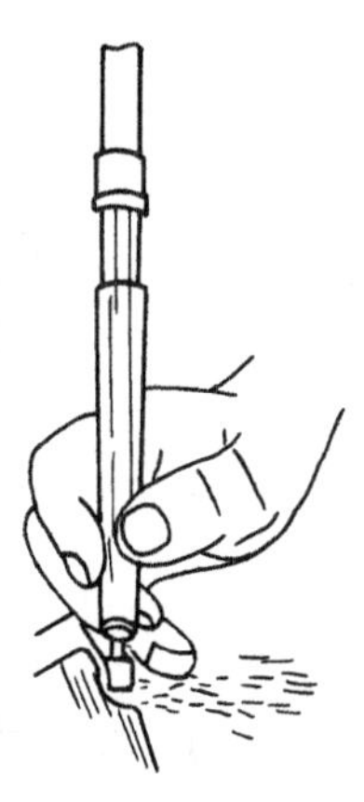

图1-74　用直式研抛头进行加工

3）手持角式旋转研抛头。与手持直式研抛头相比，手持角式旋转研抛头的砂轮回转轴与研抛头的直柄部成一定夹角，便于对型腔的凹入部分进行加工。与相应的抛光及研磨工具配合，可进行相应的研磨和抛光工序。

使用电动抛光机进行抛光或研磨时，应根据被加工表面原始的表面粗糙度和加工要求，选用适当的研抛工具和研磨剂，由粗到细逐步加工。在进行研磨操作时，移动要均匀，在整个表面不能停留。研磨剂涂布不宜过多，要均匀散布在加工表面上。采用研磨膏时，必须添加研磨液。每次改变研磨剂的粒度时，都必须将研磨工具及加工表面清洗干净。

第五节　模具工作零件的工艺路线

由于模具种类繁多，工作零件形状各不相同，加工要求和加工条件也不完全一样，因此不可能制订一个适合于所有形状和要求的凸模和凹模的工艺路线，现以图1-75所示的凸模和图1-76的凹模为例，介绍模具工作零件的工艺路线，并作简要分析。

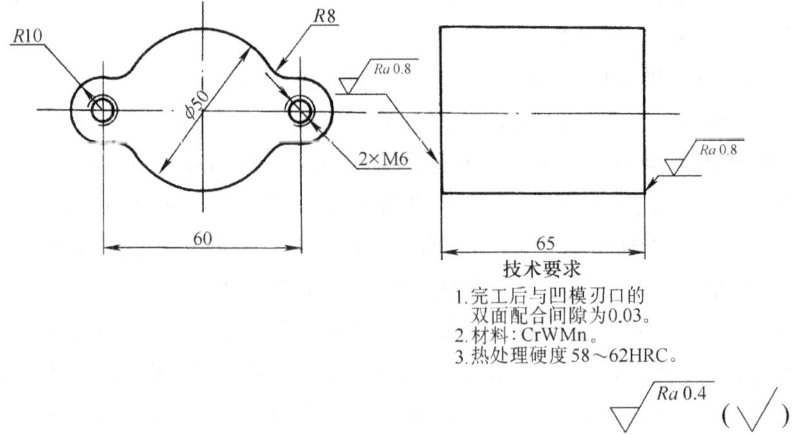

图 1-75　凸模

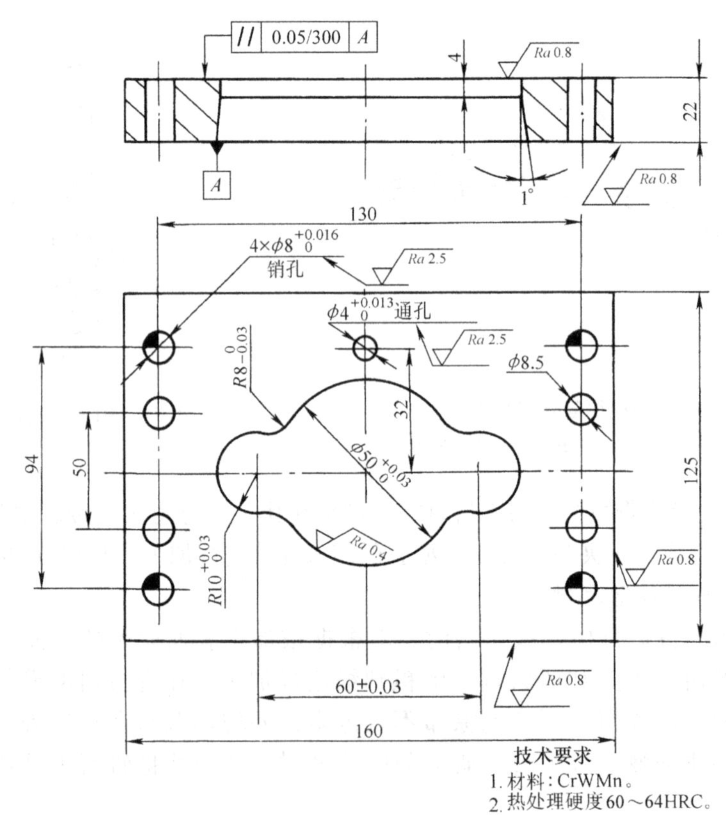

图 1-76　凹模

图 1-75 和图 1-76 所示凸模和凹模，工作表面的表面粗糙度值为 $Ra0.4\mu m$，冲裁间隙 $Z=0.03mm$。由于冲裁模刃口尺寸精度要求高，配合间隙小，且为整体结构，因此，凹模淬火后用坐标磨床精加工型孔。凸模采用成形磨削进行精加工。凸模、凹模均采用锻件作为毛坯。凹模、凸模的工艺路线分别见表 1-17 和表 1-18。

表 1-17　凹模的工艺路线

工序号	工序名称	工 序 内 容	设备	工 序 简 图
1	备料	将毛坯锻成 166mm × 132mm × 28mm 的长方体		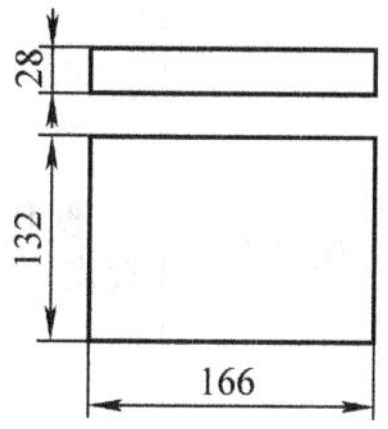 28 132 166
2	热处理	退火		
3	粗刨	刨平面至尺寸 160.4mm × 125.4mm × 22.6mm	刨床	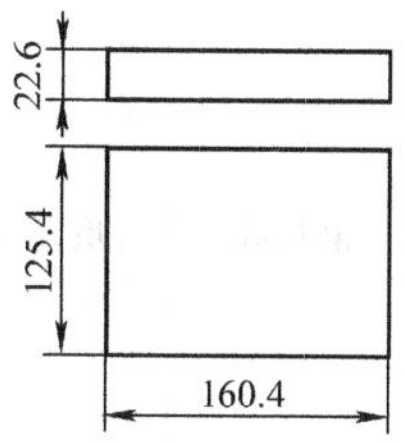 22.6 125.4 160.4
4	磨平面	磨上、下平面（留余量 0.4mm）和相邻两侧面，保证各面相互垂直（用 90°角尺检查）	平面磨床	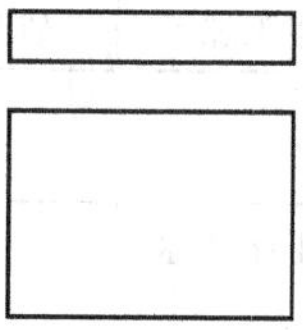
5	钳工划线	划出型孔中心线和各孔位置线及型孔轮廓线		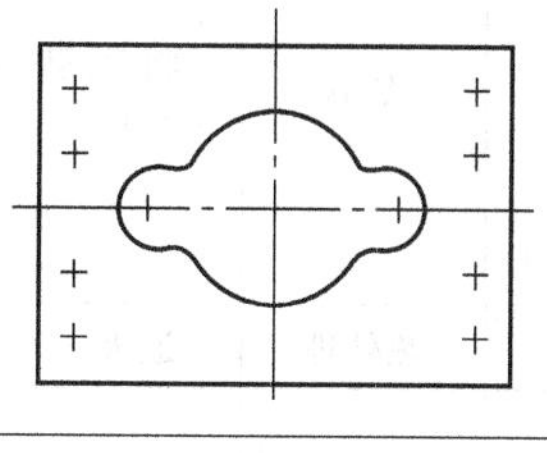
6	型孔加工	在型孔轮廓线内钻孔，铣型孔，留单面余量 0.15mm	立式铣床	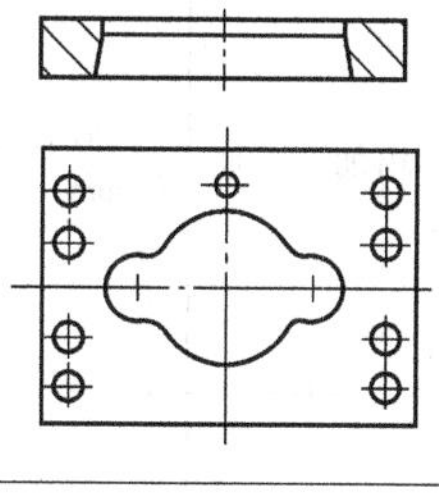
7	钳工加工	钳工锉修型孔及漏料斜度 加工螺孔和销孔	钻床	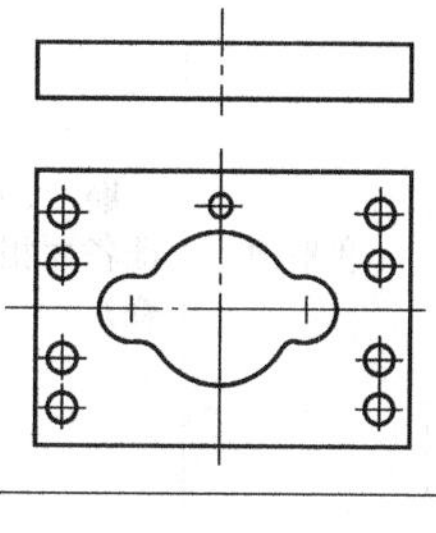
8	热处理	按热处理工艺保证 60 ~ 64HRC		

（续）

工序号	工序名称	工 序 内 容	设备	工 序 简 图
9	磨平面	磨上下平面及两侧，达设计要求	平面磨床	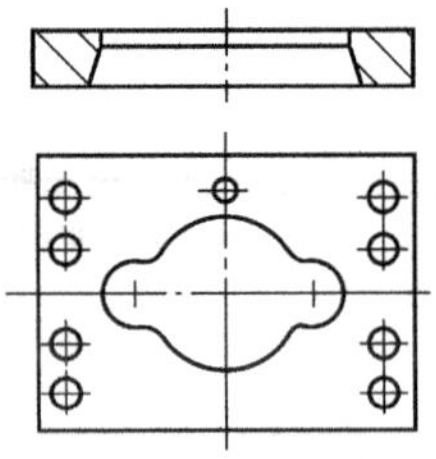
10	磨型孔	磨型孔、留研量0.01mm	坐标磨床	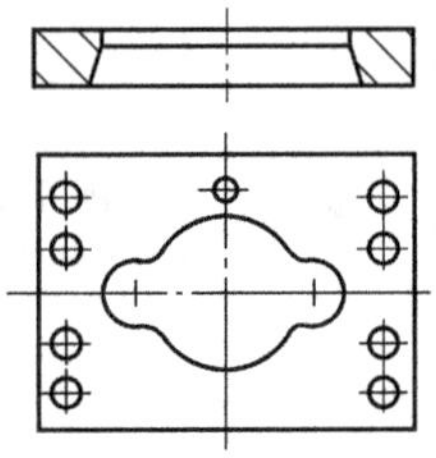
11	钳工加工	研磨型孔		

表1-18　凸模的工艺路线

工序号	工序名称	工 序 内 容	设备	工 序 简 图
1	备料	将毛坯锻成86mm×72mm×56mm		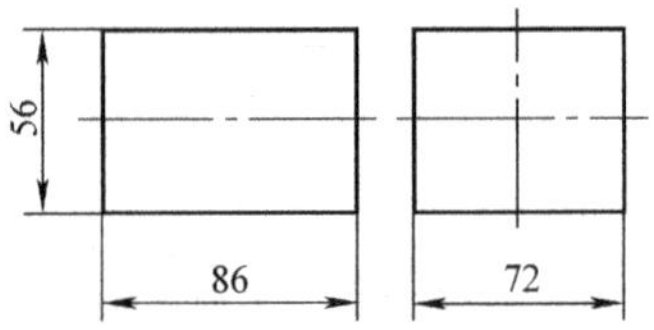 56 86　72
2	热处理	退火		
3	粗加工毛坯	刨六面至尺寸82mm×66mm×52mm	牛头刨床	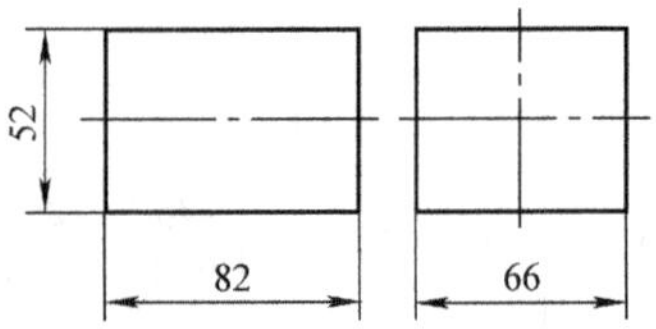 52 82　66
4	磨平面	磨上、下平面及相邻两侧面，保证各面相互垂直（用90°角尺检查）	平面磨床	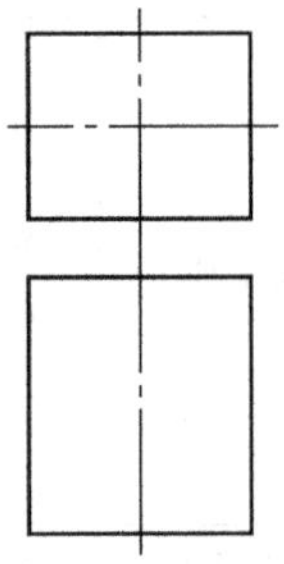

（续）

工序号	工序名称	工 序 内 容	设备	工 序 简 图
5	钳工划线	划出螺孔位置及刃口轮廓线		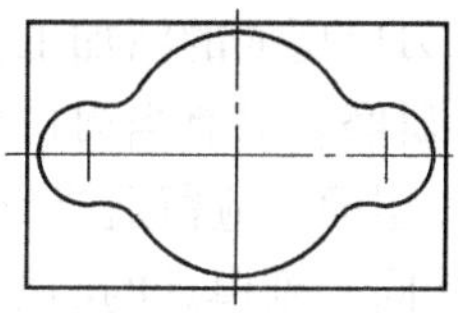
6	刨刃口形状	按线刨刃口形状，留单面余量0.2mm	刨床	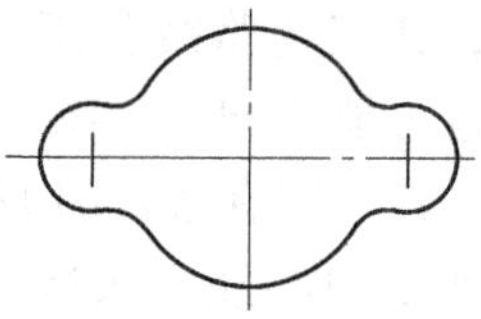
7	钳工加工	修锉圆弧部位，使余量均匀 钻孔，攻螺纹	钻床	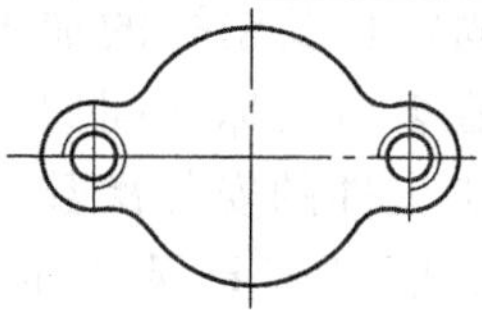
8	热处理	按热处理工艺，保证硬度58～62HRC		
9	磨端面	磨两端面（注意保证端面和侧面的垂直度）	平面磨床	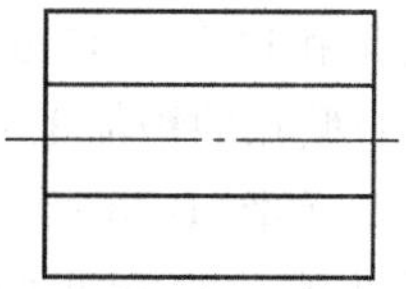
10	磨	磨刃口轮廓，保证与型孔的配合间隙达设计要求	成形磨床	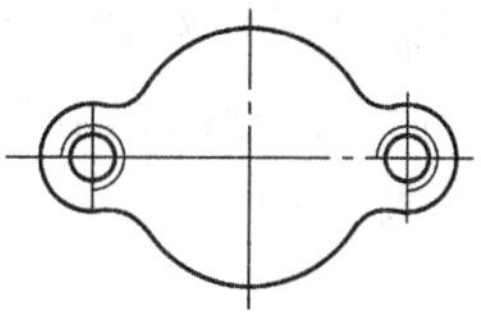

表1-17和表1-18所列工艺路线可概括为以下形式。

备料→毛坯外形的加工→划线→刃口型面的粗加工→螺孔和销孔的加工→热处理→平面的精加工→刃口型面的精加工→研磨 。

1）备料。根据凸模、凹模的尺寸大小和结构形状，准备合适的毛坯。对锻件毛坯进行锻造、退火和清理等。为了便于机械加工和划线，在表1-17和表1-18中将凹模和凸模毛坯都锻造成平行六面体。

2）毛坯外形加工。毛坯外形的加工包括粗加工和精加工两个步骤。粗加工的主要目的是去除毛坯的锻造外皮，使平面平整，为毛坯的精加工作准备。精加工一般都采用磨削加工，主要目的是为钳工划线作准备，为后续工序提供合格的工艺基准。

3）划线。划出凸模和凹模的刃口轮廓线（根据条件可采用样板划线）、螺孔线、销孔线，为以后的机械加工提供依据。

4）刃口轮廓的粗加工。按刃口轮廓线粗加工凸模和凹模型孔，留适当的余量。为凸模和型孔的精加工作准备。按照凸、凹模的结构复杂程度和生产条件可采用不同的加工方法。

5）螺孔和销孔的加工。钻螺纹底孔并攻螺纹，钻、铰销孔（按线加工或配作）。

6）热处理。包括淬火、回火等，使凸、凹模达到规定的硬度要求。

7）平面的精加工。磨上、下平面（端面）达设计要求，并为后续工序提供基准。

8）刃口型面的精加工。磨削刃口型面达设计要求。

9）研磨。只有当刃口型面精加工的表面质量不能满足设计要求时才安排研磨工序。在磨削刃口型面时应留适当研磨余量。

对于同一副模具的凸模或凹模，在制造过程中由于生产条件不同，采用的工艺方法不一定相同，其工艺路线和所安排工序的数目也可能不同。如图1-76所示的凹模，若工厂有适合的加工中心，可采用加工中心经一次装夹后完成型孔、固定孔及销孔的加工。使工件不必在多台机床之间周转，这样不但减少工件的安装次数，省去划线工序，而且容易保证加工精度。这时凹模的工艺路线可概括为：

备料→加工毛坯外形→加工型孔、固定孔和销孔→热处理→平面的精加工→型孔的精加工→研磨。

图1-77和图1-78所示分别是电动机定子冲槽凸模和凹模镶块。由于该模具制造精度较高，为了延长其使用寿命，冲槽凸模和凹模镶块均使用硬质合金材料。它们的加工工艺过程分别见表1-19和表1-20。

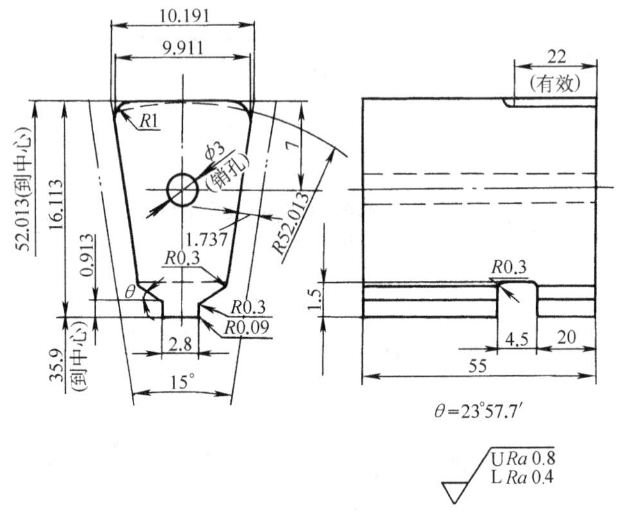

图1-77　定子冲槽凸模

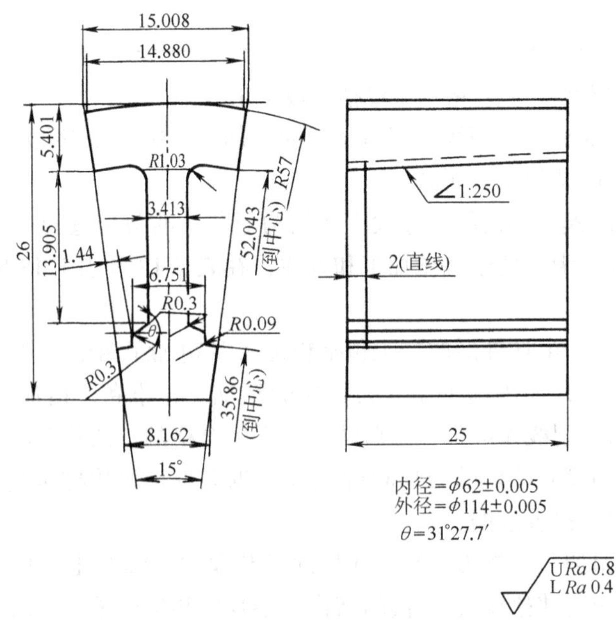

图1-78　定子冲槽凹模镶块

表 1-19　定子冲槽凸模的工艺过程

工序号	工序名称	工 序 内 容	设备	加工示意图
1	准备毛坯	按加工示意图的要求留适当的余量		
2	检验毛坯	尺寸、形状和加工余量的检验		
3	平面磨削	粗磨两侧面(将电磁吸盘倾斜15°,工件周围用辅助块加以固定) 磨削上、下平面达到要求(用量块定位)并保证各镶块高度一致 精磨两侧面(方法如前) 磨削两端面使总长(55.5mm)达到一致 磨槽(4.5mm)	平面磨床	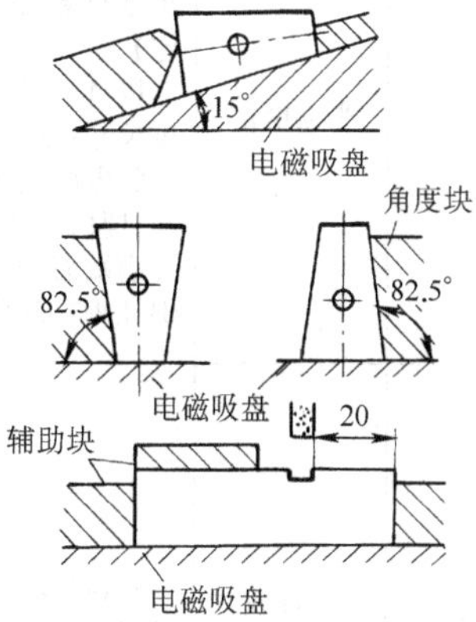
4	磨削外径	磨 *R*52.014mm 的圆弧达精度要求	外圆磨床	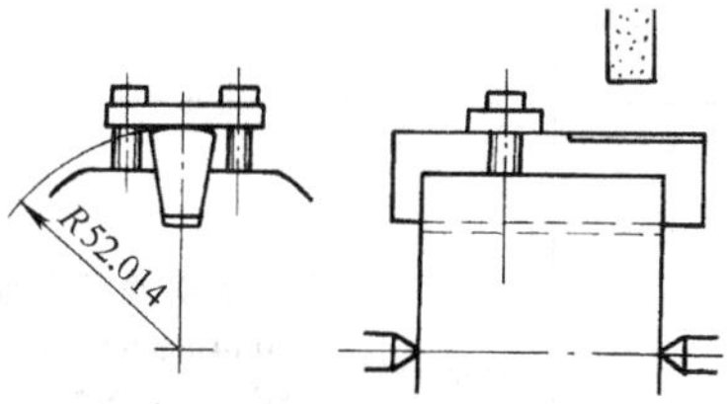
5	磨槽及圆弧	按放大图对拼块进行精磨 按同样方法对反面圆弧进行精磨	光学曲线磨床	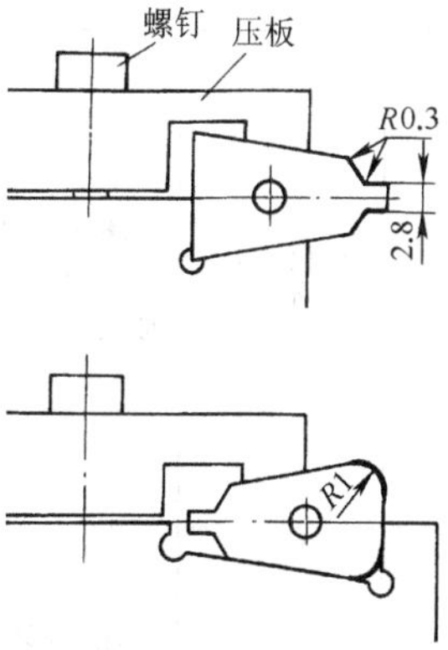
6	检验	测量各部分尺寸 形式检验 硬度检验		

表1-20　定子冲槽凹模镶块的工艺过程

工序号	工序名称	工 序 内 容	设备	加工示意图
1	坯料准备	按图样要求留适当的加工余量		
2	坯料检验	检验尺寸，形状和加工余量		
3	平面磨削	以A'面为基准面磨A面 将电磁吸盘倾斜15°，对侧面B、B'进行粗加工（周围用辅助块固定） 以A面为基准面磨A'面保证高度尺寸一致 将电磁吸盘倾斜15°，精磨B、B'面，留修配余量0.01mm 磨端面（对所有拼块同时磨削），保证垂直及总长（25mm）	平面磨床	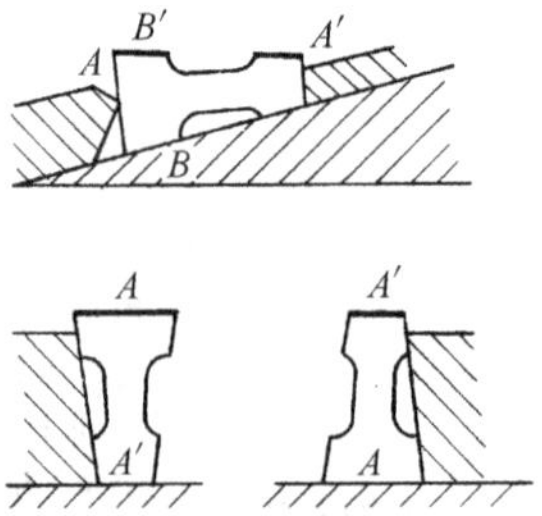 A B′ A′ B A A′ A′ A
4	磨外径	将拼块准确地固定在夹具上，磨外径	外圆磨床	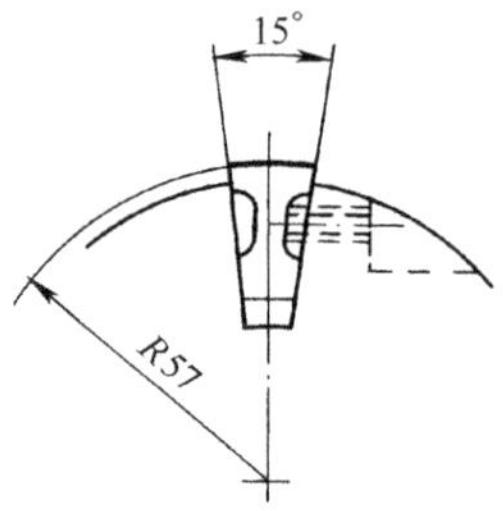 15° R57
5	平面磨削	依次修整各镶块，镶入内径为ϕ114mm的环规中，要求配合可靠，镶入前对各拼块的拼合面应均匀地进行磨削	平面磨床	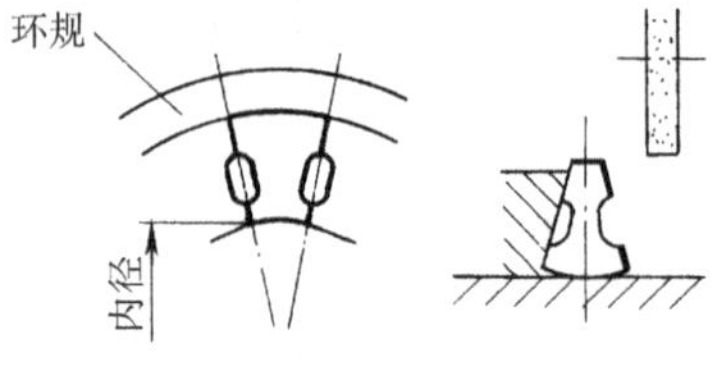 环规 内径
6	磨削刃口部位	将工件装夹在夹具上找正 按放大图对工件进行粗加工和精加工	光学曲线磨床	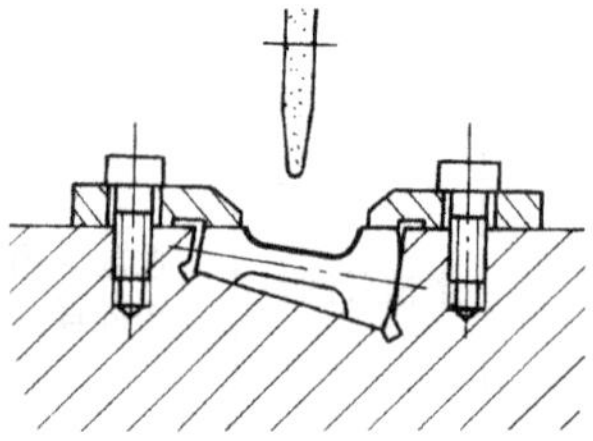
7	检验	用投影仪检验槽形 将拼块压入环规内（见工序5）测量槽径，内径，后角和型孔的径向性等 硬度检验		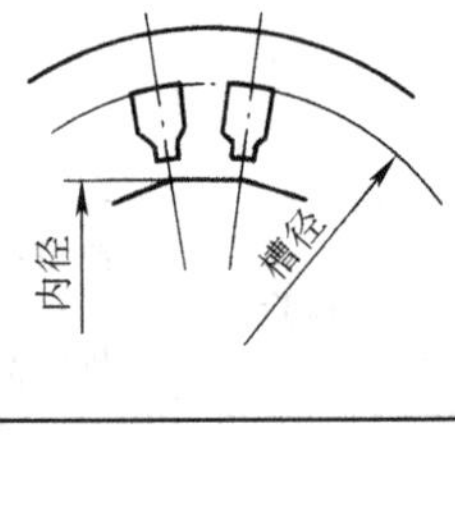 内径 槽径

思考与练习

1-1　在模具加工中制订模具零件工艺规程的主要依据是什么？

1-2　在导柱的加工过程中，为什么粗（半精）、精加工都采用中心孔作定位基准？

1-3　在磨削导柱的外圆柱面之前，为什么要先修正中心孔？

1-4　请制订图 1-79 所示导柱的加工工艺路线，并选择合理的机械加工设备。

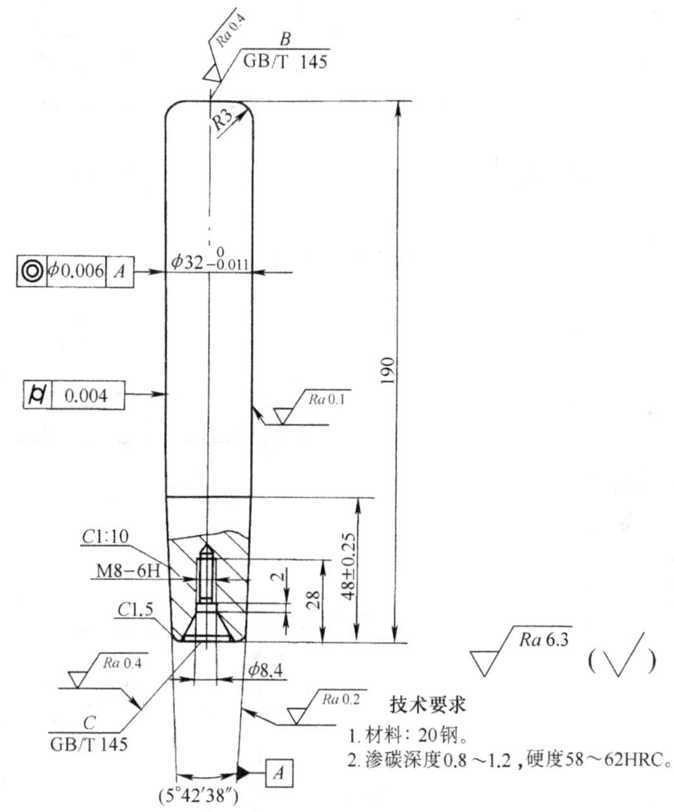

图 1-79　可卸导柱

1-5　导套加工时，怎样保证配合表面间的位置度要求？

1-6　在机械加工中非圆形凸模的粗（半精）、精加工可采用哪些方法？试比较这些加工方法的优缺点。

1-7　成形磨削适于加工哪些模具零件？常采用哪些磨削方法？

1-8　图 1-80 所示零件采用成形磨削进行精加工。试确定：

1. 磨削方法及装夹方式。
2. 成形磨削的工序尺寸。
3. 磨削顺序。

1-9　对具有圆形型孔的多型孔凹模，在机械加工时怎样保证各型孔间的位置度？

1-10　对具有非圆形型孔的凹模和型腔，在机械加工时常采用哪些方法？试比较其优缺点。

1-11　请制订图 1-81 所示凸模和凹模的加工工艺路线，并选择合理的加工设备。

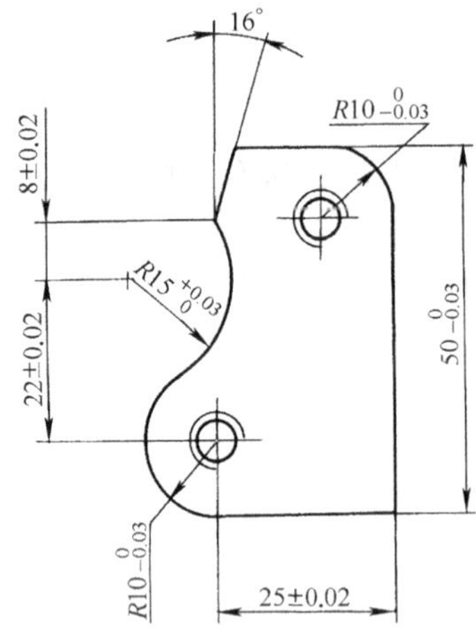

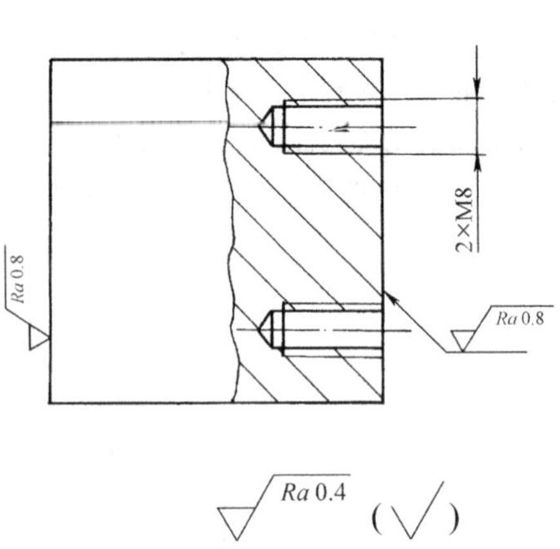

图 1-80　凸模

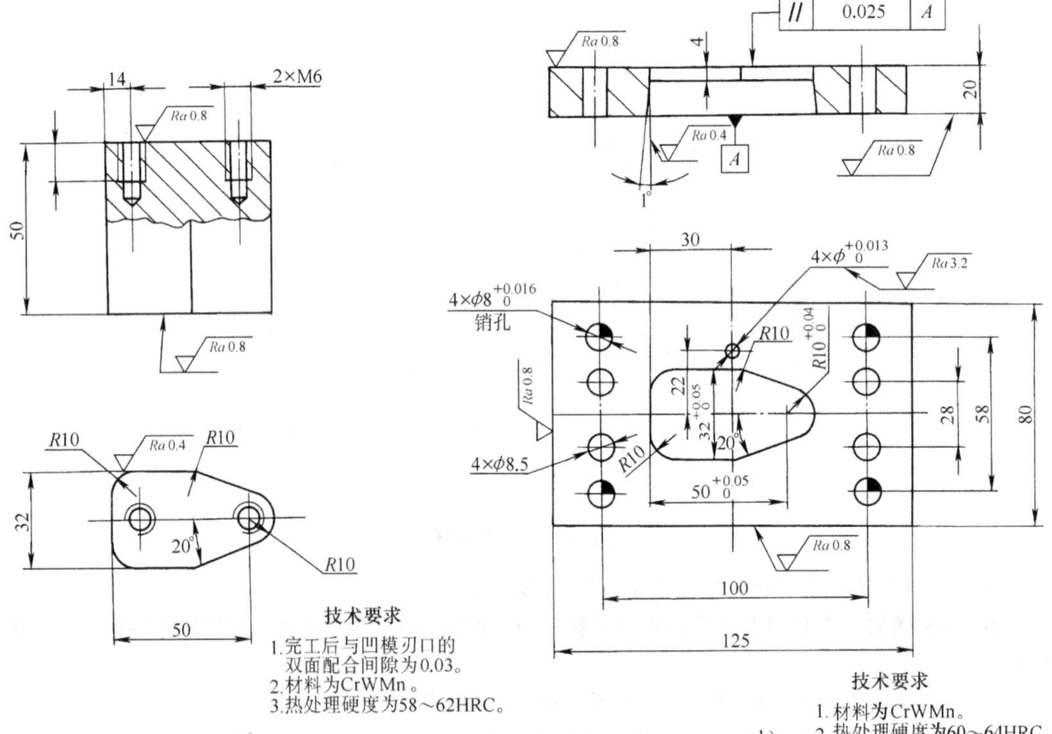

图 1-81　凸模、凹模

a）凸模　b）凹模

第二章　特种加工

与传统的切削加工相比，特种加工的原理已完全不同。特种加工是利用电能、热能、化学能、电化学能、声能或光能等进行加工的工艺方法。特种加工主要用于加工难切削材料，如高强度、高硬度、高韧性、高脆性和耐高温材料，以及精密 、细小和形状复杂的零件。在模具制造中主要用于加工形状复杂的型腔、凸模和凹模型孔等。目前在生产中应用的有电火花加工、电解加工、电铸加工、超声加工和化学加工等。

第一节　电火花加工

电火花加工是在一定介质中，通过工具电极和工件电极之间脉冲放电时的电腐蚀作用，对工件进行加工的工艺方法 。它可以加工各种高熔点、高硬度、高强度、高纯度和高韧性材料，并在生产中显示出很多优越性，因此得到了迅速的发展和广泛的应用。在模具制造中被用于凹模型孔和型腔加工。

一、加工原理和特点

早在一百多年前人们就发现，电器开关在断开或闭合时，往往会产生火花而把触点腐蚀成粗糙不平的凹坑，并逐渐损坏。这是一种有害的电腐蚀现象。随着人们对电腐蚀现象的深入研究，认识到在液体介质内进行重复性脉冲放电，能对导电材料进行尺寸加工，因而创立了电火花加工方法。

图2-1 所示是电火花加工的原理。自动进给调节装置能使工件和工具电极（以下简称电极）经常保持一定的间隙（放电间隙为0.01 ~0.1mm)，脉冲电源输出的脉冲电压加在工件和电极上。会使附近的液体介质逐步被电离。当电压升高到间隙中介质的击穿电压时，介质在绝缘强度最低处被击穿，形成放电通道，产生火花放电。两电极间所聚积的能量瞬时在工件和电极之间放出，形成脉冲电流，如图2-2 所示。由于放电时间极短（10^{-7} ~ 10^{-5}s)，且发生在工件和电极间距离最近的小点（放电区）上，所以能量高度集中。放电区的电流强度可达 10^{5} ~ 10^{6} A/cm^{2}，温度高达10000 ~12000℃，引起金属材料的熔化或汽化。在放电区的液体介质，除一部分汽化外，另一部分被高温分解。上述放电过程是在极短时间内完成的，具有突然膨胀、爆炸的特性。爆炸力将熔化和汽化了的金属抛入附近的液体介质中冷却，凝固成细小的圆球状颗粒（其直径为0.1 ~500μm)。放电状况微观图如图2-3 所示。循环流动的液体介质将电蚀产物从放电间隙中排除，并对电极表面进

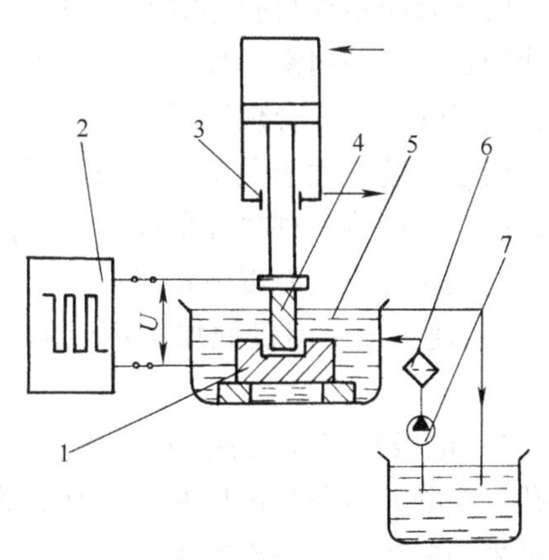

图2-1　电火花加工原理

1—工件　2—脉冲电源　3—自动进给调节装置　4—工具电极　5—工作液　6—过滤器　7—泵

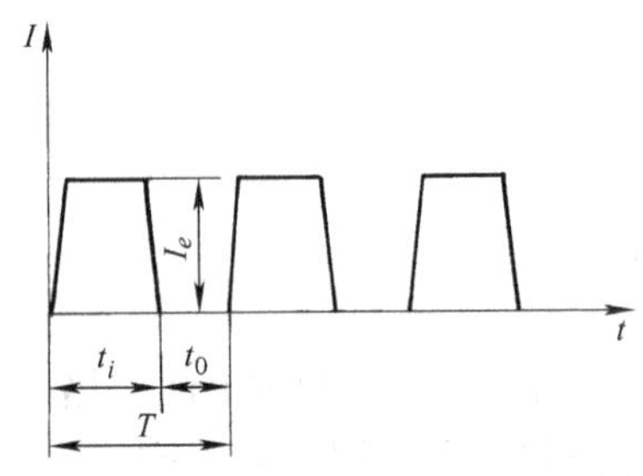

图 2-2　脉冲电流波形

t_i—脉冲宽度　t_0—脉冲间隔

T—脉冲周期　I_e—电流峰值

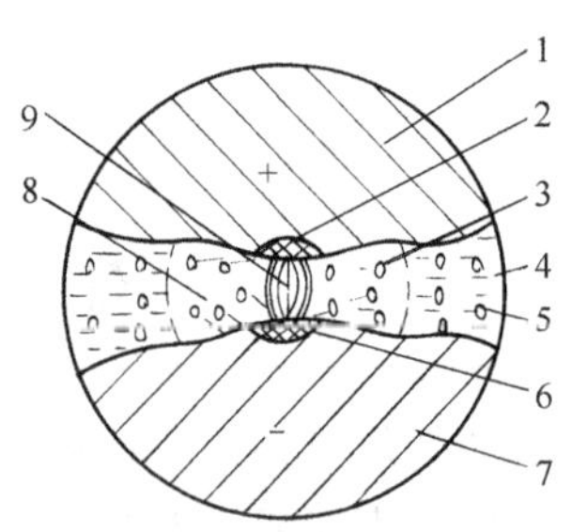

图 2-3　放电状况微观图

1—阳极　2—阳极汽化、熔化区　3—熔化的金属微粒　4—工作介质　5—凝固的金属微粒　6—阴极汽化、熔化区　7—阴极　8—气泡　9—放电通道

行较好的冷却。

一次脉冲放电之后，两极间的电压急剧下降到接近于零，间隙中的电介质立即恢复到绝缘状态。此后，两极间的电压再次升高，又在另一处绝缘强度最小的地方重复上述放电过程。多次脉冲放电的结果，使整个被加工表面由无数小的放电凹坑构成，如图 2-4所示。工具电极的轮廓形状便被复制在工件上，达到加工的目的。

电极

工件

图 2-4　加工表面局部放大图

在一次脉冲放电后的脉冲间隔时间内，应使间隙内的介质有足够的时间来消除电离，恢复绝缘强度（这一过程称为消电离），以实现下一次脉冲放电。如果电蚀产物和气泡来不及排除，就会改变间隙内介质的成分和绝缘强度，破坏消电离过程，易使脉冲放电转变为连续电弧放电，影响加工。

在脉冲放电过程中，工件和电极都要受到电腐蚀，但正、负两极的蚀除速度不同，这种两极蚀除速度不同的现象称为极性效应。

极性效应不仅与脉冲宽度有关，而且还受电极及工件材料、加工介质、电源种类、单个脉冲能量等多种因素的综合影响。在电火花加工过程中极性效应越显著越好。因此，必须充分利用极性效应，合理选择加工极性，以提高加工速度，减少电极的损耗。在实际生产中，当正极蚀除速度大于负极时，应将工件接在正极加工，此方法称为正极性接法或正极性加工；反之，则将工件接在负极加工，称为负极性接法或负极性加工。

电火花加工具有以下特点：

1）便于加工用机械加工难以加工或无法加工的材料，如淬火钢、硬质合金和耐热合金等。

2）电极和工件在加工过程中不接触，两者间的宏观作用力很小，所以便于加工小孔、深孔、窄缝，且不受电极和工件刚度的限制；对于各种型孔、立体曲面、复杂形状的工件，均可采用成形电极一次加工。

3）电极材料不必比工件材料硬。

4）直接利用电能、热能进行加工，便于实现加工过程的自动控制。

由于电火花加工有其独特的优点，加上电火花加工工艺技术的不断提高，数控电火花机床的普及，其应用领域日益扩大，已在模具制造、机械、航天、航空、电子、仪器和轻工等部门用来解决各种难加工的材料和复杂形状零件的加工问题。

二、影响加工质量及生产率的因素

加工质量包括电蚀表面的加工精度及表面质量。

1. 影响加工精度的因素

影响加工精度的因素很多，除受机床精度、工件的装夹精度、电极的制造及装夹精度影响之外，还受下述因素影响。

（1）侧面间隙的变化　恒定的放电间隙不影响加工精度，但在加工过程中有关工艺因素可能发生变化，特别是由于排屑因素引起的侧面间隙中电蚀产物浓度增大，导致电极侧面和已加工面间产生放电现象（称为二次放电），造成侧面间隙不均匀，影响加工精度。另外，当加工深度增大时，二次放电的次数增多，使被加工孔入口处的间隙大于出口处的间隙，出现加工斜度，如图2-5所示。二次放电次数越多，单个脉冲的能量就越大，则加工斜度也越大。因此，应从工艺上采取措施及时排除电蚀产物，使加工斜度减小。在生产中采用定时抬刀（将电极逆进给方向提起）、振动电极，在可能的条件下还可将工作液从孔的下方抽出，以降低侧面间隙中电蚀产物的浓度。目前精加工时加工斜度可控制在10′以下。

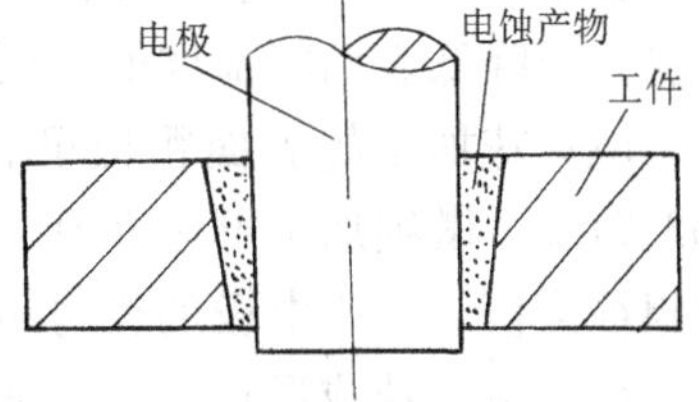

图2-5　产生加工斜度的状况

（2）电极损耗　在电火花加工过程中，电极会受到电腐蚀而损耗。电极损耗是影响加工精度的一个重要因素，因此，掌握电极损耗的规律，合理采取措施减小电极损耗，对保证加工精度是很重要的。

一般用电极损耗率来衡量电极的损耗程度。

型腔加工时，常用体积损耗率，即

$$C_V = \frac{V_E}{V_W} \times 100\% \tag{2-1}$$

式中　C_V——电极的体积损耗率；

V_E——电极损耗的体积（mm^3）；

V_W——工件的蚀除体积（mm^3）。

型孔加工时，常用长度损耗率，即

$$C_L = \frac{h_E}{h_W} \tag{2-2}$$

式中　C_L——电极的长度损耗率；

h_E——电极长度方向的损耗尺寸（mm）；

h_W——工件上已加工出的深度尺寸（mm）。

在加工过程中，电极的损耗是不均匀的，电极尖角、棱边等凸起部位的电场强度较强，易形成尖端放电，所以，这些部位损耗较快。电极的不均匀损耗必然使加工精度下降。

电极损耗受诸多因素的综合影响。例如，电极材料的熔点、沸点、比热容和熔化潜热越高，则电极的耐腐蚀性越好，损耗越小；在相同的加工条件下，导热系数大的材料，能较多地把瞬时产生的热量从放电区传导出去，使热损耗相对增大，同样可以减少电极损耗；一般常用的电极材料有钢、铸铁、石墨、黄铜、纯铜、铜钨合金和银钨合金等。

电极损耗还受脉冲电源的电参数、加工极性、加工面积等诸多工艺因素的综合影响。因此，在电火花加工中应正确选择脉冲电源的电参数和加工极性；用耐腐蚀性好的材料作电极；改善工艺条件，以减小电极损耗对加工精度的影响。一般把电极损耗小于1%的加工称为低耗加工。由于电火花加工设备和工艺水平的不断提高，目前已使成形加工的精度超过0.01mm。

2. 影响表面质量的因素

（1）表面粗糙度　电火花加工后的表面，是由脉冲放电时所形成的大量凹坑排列重叠而形成的。在一定条件下，脉冲宽度和电流峰值增大使单个脉冲能量增大，电蚀凹坑的断面尺寸也增大，所以，表面粗糙度主要取决于单个脉冲的能量。单个脉冲能量越大，则表面越粗糙。要降低表面粗糙度值，就必须减小单个脉冲的能量。

电火花加工的表面粗糙度，粗加工一般可达 Ra12.5 ~ Ra25μm，精加工可达 Ra0.8 ~ Ra3.2μm；微细加工可达 Ra0.2 ~ Ra0.8μm。加工熔点高的硬质合金等可获得比钢更小的表面粗糙度值。由于电极的相对运动，侧壁的表面粗糙度值比底面小。近年来研制的超光脉冲电源已使电火花成形加工的表面粗糙度值达到 Ra0.10 ~ Ra0.20μm。

（2）表面变化层　经电火花加工后的表面产生包括凝固层和热影响层的表面变化层，它的化学（工作介质和石墨电极的碳元素渗入工件表层）、物理、力学性能均有所变化。

凝固层是工件表层材料在脉冲放电的瞬时高温作用下熔化后未能抛出，在脉冲放电结束后迅速冷却、凝固而保留下来的金属层。其晶粒非常细小，有很强的耐腐蚀性能。

热影响层位于凝固层和工件基体材料之间，该层金属受到放电点传来的高温影响，使材料的金相组织发生了变化。对未淬火钢，热影响层就是淬火层。对经过淬火的钢，热影响层是重新淬火层。由于所采用的电参数、冷却条件及工件材料原来的热处理状况不同，变化层的硬度变化情况也不一样。图2-6所示为未淬火钢经过电火花加工后的表层显微硬度变化情况。图2-7所示为已淬火钢的情况。

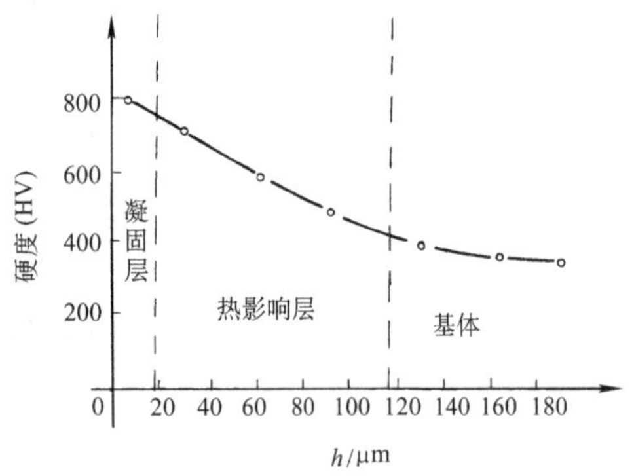

图2-6　未淬火T10钢经电火花加工后表面层显微硬度

电规准：t_i=120μS，I_e=16A

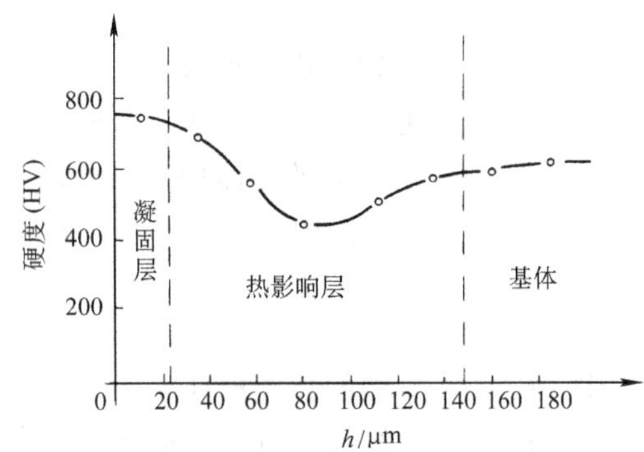

图2-7　已淬火T10钢经电火花加工后的表面层显微硬度

电规准：t_i=280μS，I_e=50A

表面变化层的厚度与工件材料及脉冲电源的电参数有关，它随着脉冲能量的增加而增厚。粗加工时，变化层一般为0.1 ~ 0.5mm；精加工时，变化层一般为0.01 ~ 0.05mm。凝固层的硬度一般比较高，故电火花加工后的工件耐磨性比机械加工好。但是，随之而来的是增加了钳工研磨、抛光的困难。

3. 影响生产率的因素

单位时间内从工件上蚀除的金属量称为电火花加工的生产率 。生产率的高低受加工极性、工件材料的热学物理常数、脉冲电源和电蚀产物的排除情况等因素的影响。

在一定的加工条件下增加单个脉冲能量，能增大金属的蚀除量，使生产率提高。但单个脉冲的能量增大，使电蚀凹坑的断面尺寸也增大，将使表面粗糙度值增大。另外，提高脉冲频率，使单位时间内的放电次数增多，也能提高电火花加工的生产率。提高脉冲频率将使脉冲宽度、脉冲间隔时间缩短，会降低单个脉冲的能量。太小的脉冲间隔会使工作液来不及消电离恢复绝缘状态，使间隙经常处于击穿状态，形成连续电弧放电，破坏电火花加工的稳定性，影响加工质量。所以，选择脉冲电源的电参数，应根据加工要求进行考虑。一般粗加工对表面粗糙度的要求不高，可选用较宽的脉冲，以提高单个脉冲的能量，提高生产率，并用较低的脉冲频率进行加工。精加工对表面粗糙度的要求较高，宜选用较窄的脉冲宽度，并用较高的脉冲频率进行加工，使之在保证加工表面粗糙度的前提下能获得较高的生产率。

此外，合理选用电极材料和工作液，改善工作液的循环方式，及时排除放电间隙中的电蚀产物等都会对电火花加工的生产率产生影响。

三、凹模型孔加工

用电火花加工方法加工通孔称电火花穿孔加工，它在模具制造中主要用于加工用切削加工方法难于加工的凹模型孔。

对于型孔形状复杂的凹模，采用电火花加工，可以不用镶拼结构，而采用整体式结构，这样既可节约模具设计和制造工时，又能提高凹模的强度。用电火花加工的冲模，容易获得均匀的冲裁间隙和所需的落料斜度，且刃口平直耐磨，可以相应地提高冲件质量和模具的使用寿命。但加工中电极的损耗影响加工精度，难以达到小的表面粗糙度值，要获得小的棱边和尖角也比较困难。随着电火花加工技术日臻完善，这些问题也会逐步得到解决。

1. 保证凸、凹模配合间隙的方法

冷冲模的配合间隙是个很重要的技术指标，在电火花加工中常用的保证配合间隙要求的工艺方法有直接法、混合法、修配凸模法和二次电极法。

（1）直接法　直接法是用加长的钢凸模作电极加工凹模的型孔，加工后将凸模上的损耗部分截去。凸、凹模的配合间隙靠控制脉冲放电间隙来保证。用这种方法可以获得均匀的配合间隙，模具质量高，不需另外制造电极，工艺简单。但是，钢凸模电极加工速度慢，在直流分量的作用下易磁化，使电蚀产物被吸附在电极放电间隙的磁场中形成不稳定的二次放电。此方法适用于形状复杂的凹模或多型孔凹模，如电动机定子、转子硅钢片冲模等。

（2）混合法　混合法是将凸模加长，其加长部分选用与凸模不同的材料，如铸铁等粘接或钎焊在凸模上，与凸模一起加工。以加长部分作穿孔电极的工作部分。加工后，再将电极部分去除。此方法电极材料可选择，因此，电加工性能比直接法好。电极与凸模连接在一起加工，电极形状、尺寸与凸模一致，加工后凸、凹模配合间隙均匀。

无论直接法还是混合法，都是靠调节放电间隙来保证凸、凹模的配合间隙。当凸、凹模配合间隙很小时，就必须保证放电间隙也很小，但过小的放电间隙会使加工困难。在这种情况下，可将电极的工作部分用化学浸蚀法蚀除一层金属，使断面尺寸均匀缩小 $\delta-(Z/2)$

(Z 为凸、凹模双边配合间隙，δ 为单边放电间隙)，以利于放电间隙的控制。反之，凸、凹模的配合间隙较大，可以用电镀法将电极工作部位的断面尺寸均匀扩大 $(Z/2)-\delta$，以满足加工时的间隙要求。

(3) 修配凸模法　凸模和工具电极分别制造，在凸模上留一定的修配余量，按电火花加工好的凹模型孔修配凸模，达到所要求的凸、凹模配合间隙，此方法称为修配凸模法。修配凸模法的优点是电极可以选用电加工性能好的材料。由于凸、凹模的配合间隙是靠修配凸模来保证，所以，无论凸、凹模的配合间隙大小均可采用这种方法。其缺点是增加了制造电极和钳工修配的工作量，而且不易得到均匀的配合间隙。因此，修配凸模法只适合于加工形状比较简单的冲模。

(4) 二次电极法　二次电极法是利用一次电极制造出二次电极，再分别用一次和二次电极加工出凹模和凸模，并保证凸、凹模配合间隙达到要求。使用二次电极法有两种情况：一种是一次电极为凹型，用于凸模制造有困难者；另一种一次电极为凸型，用于凹模制造有困难者。图 2-8 所示为二次电极为凸型电极时的加工方法，其工艺过程为：根据模具尺寸要求设计并制造一次凸型电极→用一次电极加工出凹模，如图 2-8a 所示→用一次电极加工出凹型二次电极，如图 2-8b 所示→用二次电极加工出凸模，如图 2-8c 所示→凸、凹模配合，保证配合间隙，如图 2-8d 所示。图中 δ_1、δ_2、δ_3 分别为加工凹模、二次电极和凸模时的放电间隙。

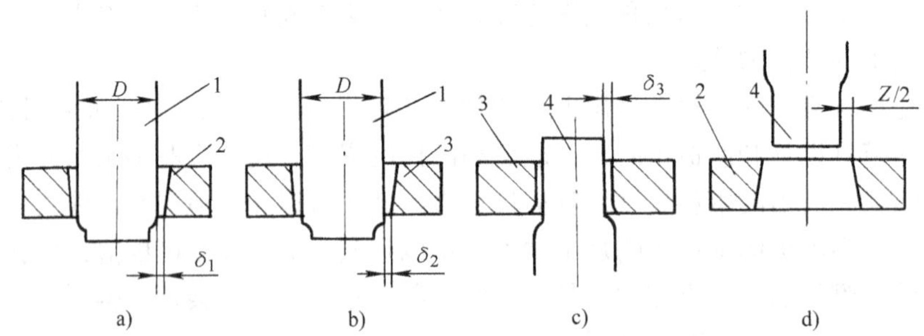

图 2-8　二次电极法

a) 加工凹模　b) 制造二次电极　c) 加工凸模　d) 凸、凹模配合

1—一次电极　2—凹模　3—二次电极　4—凸模

在以上加工过程中各次加工所获得的加工尺寸如下：

凹模的型孔尺寸：　$D+2\delta_1$

二次电极的型孔尺寸：　$D+2\delta_2$

凸模的刃口尺寸：　$(D+2\delta_2)-2\delta_3$

凸、凹模配合的配合间隙：

$$Z=(D+2\delta_1)-[(D+2\delta_2)-2\delta_3]=2\delta_1-2\delta_2+2\delta_3$$

用二次电极法加工，操作过程较为复杂，一般不常采用。但此法能合理调整放电间隙 δ_1、δ_2 和 δ_3，可加工无间隙或间隙极小的精密冲裁模。对于硬质合金模具，在无成形磨削设备时可采用二次电极法加工凸模。

由于电火花加工要产生加工斜度，型孔加工后其孔壁要产生倾斜，为防止型孔的工作部分产生反向斜度影响模具正常工作，在穿孔加工时应将凹模的底面向上，如图 2-8a 所示。

加工后将凸模、凹模按照图 2-8d 所示的方式进行装配。

2. 电极设计

凹模型孔的加工精度与电极的精度与穿孔时的工艺条件密切相关。为了保证型孔的加工精度，在设计电极时必须合理选择电极材料和确定电极尺寸。此外，还要使电极在结构上便于制造和安装。

（1）电极材料　根据电火花加工原理，理论上讲，任何导电材料都可以用来制作电极。但在生产中应选择损耗小、加工过程稳定、生产率高、机械加工性能良好、来源丰富、价格低廉的材料作电极材料。常用电极材料的种类和性能见表 2-1。选择时应根据加工对象、工艺方法、脉冲电源类型等因素综合考虑。

表 2-1　常用电极材料的种类和性能

电极材料	电火花加工性能		机械加工性能	说　　明
	加工稳定性	电极损耗		
钢	较差	中等	好	在选择电参数时应注意加工的稳定性，可以凸模作电极
铸铁	一般	中等	好	
石墨	尚好	较小	尚好	机械强度较差，易崩角
黄铜	好	大	尚好	电极损耗太大
纯铜	好	较小	较差	磨削困难
铜钨合金	好	小	尚好	价格贵，多用于深孔、直壁孔、硬质合金穿孔
银钨合金	好	小	尚好	价格贵，用于精密及有特殊要求的加工

（2）电极结构　电极的结构形式应根据电极外形尺寸的大小与复杂程度、电极的结构工艺性等因素综合考虑。

1）整体式电极。整体式电极是用一块整体材料加工而成的，是最常用的结构形式。对于横截面积及重量较大的电极，可在电极上开孔以减轻电极重量。但孔不能开通，孔口向上，如图 2-9 所示。

2）组合式电极。当同一凹模上有多个型孔时，在某些情况下可以把多个电极组合在一起，如图 2-10 所示，一次穿孔可完成各型孔的加工，这种电极称为组合式电极。组合式电极加工的生产效率高，其各型孔间的位置精度取决于各电极的位置精度。

3）镶拼式电极。对于形状复杂的电极，整体加工有困难时，常将其分成几块，分别加工后再镶拼成整体，这样既节省材料又便于电极制造，如图 2-11 所示。

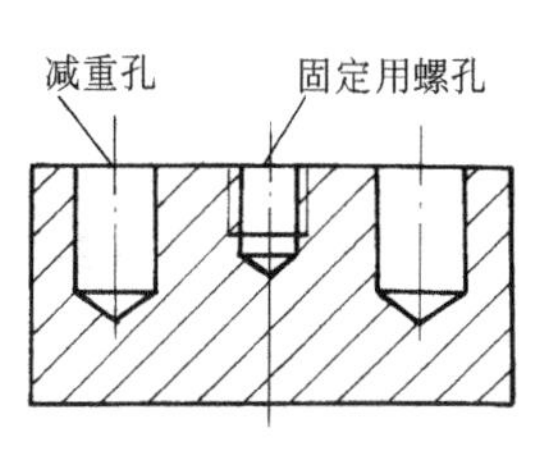

图 2-9　整体电极

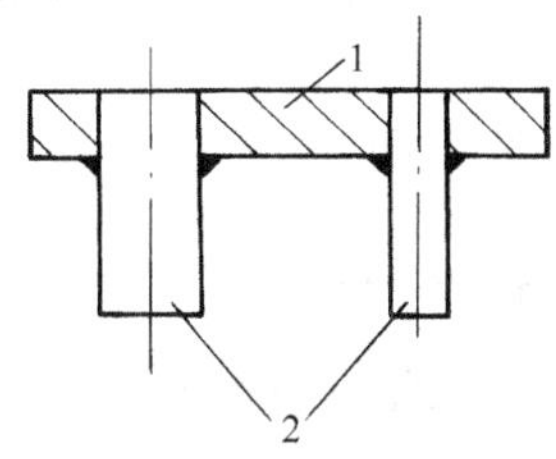

图 2-10　组合式电极

1—固定板　2—电极

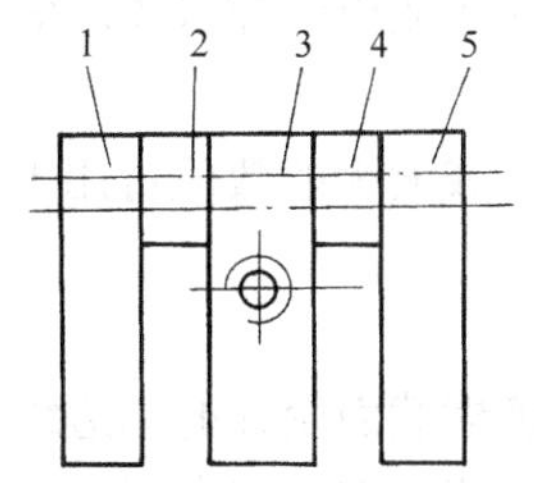

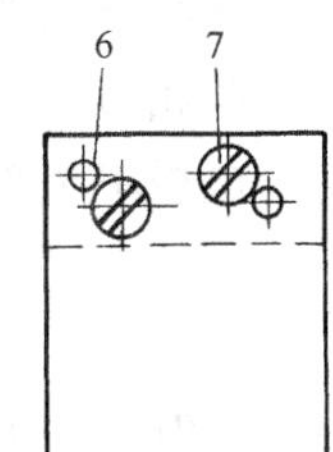

图 2-11　镶拼式电极

1、2、3、4、5—电极拼块　6—定位销　7—固定螺钉

无论电极采用哪种结构都应有足够的刚度，以利于提高加工过程的稳定性。对于体积小、易变形的电极，可将电极工作部分以外的截面尺寸增大以提高刚度。对于体积较大的电

极，要尽可能减轻电极的重量，以减小机床的变形。电极与主轴连接后，其重心应位于主轴中心线上，这对于较重的电极尤为重要。否则会产生附加偏心力矩，使电极轴线偏斜，影响模具的加工精度。

（3）电极尺寸

1）电极横截面尺寸的确定。垂直于电极进给方向的电极截面尺寸称为电极的横截面尺寸。在凸、凹模图样上的公差有不同的标注方法。当凸模与凹模分开加工时，在凸、凹模图样上均标注公差；当凸模与凹模配合加工时，落料模将公差注在凹模上，冲孔模将公差注在凸模上，另一个只注公称尺寸。因此，电极截面尺寸分别按下述两种情况计算。

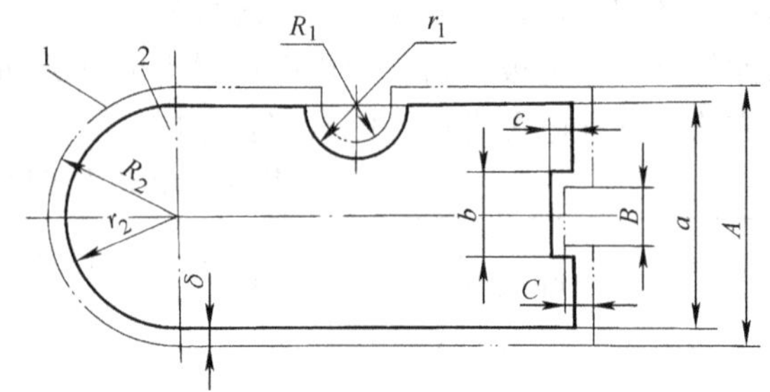

图 2-12　按型孔尺寸计算电极横截面尺寸

1—型孔轮廓　2—电极横截面

① 当按凹模型孔尺寸及公差确定电极的横截面尺寸时，则电极的轮廓应比型孔均匀地缩小一个放电间隙值。如图 2-12 所示，与型孔尺寸相对应的电极尺寸为

$$
\begin{aligned}
a &= A - 2\delta \\
b &= B + 2\delta \\
c &= C \\
r_1 &= R_1 + \delta \\
r_2 &= R_2 - \delta
\end{aligned}
\tag{2-3}
$$

式中　A、B、C、R_1、R_2——型孔的公称尺寸（mm）；

a、b、c、r_1、r_2——电极横截面的公称尺寸（mm）；

δ——单边放电间隙（mm）。

② 当按凸模尺寸和公差确定电极的横截面尺寸时，则随凸模、凹模配合间隙 Z（双面）的不同，分为三种情况。

- 配合间隙等于放电间隙（$Z = 2\delta$）时，电极与凸模横截面基本尺寸完全相同。
- 配合间隙小于放电间隙（$Z < 2\delta$）时，电极轮廓应比凸模轮廓均匀地缩小一个数值，但形状相似。
- 配合间隙大于放电间隙（$Z > 2\delta$）时，电极轮廓应比凸模轮廓均匀地放大一个数值，但形状相似。

电极单边缩小或放大的数值可用下式计算，即

$$
a_1 = \frac{1}{2} \left| Z - 2\delta \right| \tag{2-4}
$$

式中　a_1——电极横截面轮廓的单边缩小或放大量（mm）；

Z——凸、凹模双边配合间隙（mm）；

δ——单边放电间隙（mm）。

2）电极长度尺寸的确定。电极的长度取决于凹模结构形式、型孔的复杂程度、加工深度、电极材料、电极使用次数、装夹形式及电极制造工艺等一系列因素，可按图 2-13 进行计算，即

$$L = Kt + h + l + (0.4 \sim 0.8)(n-1)Kt$$

式中　t——凹模有效厚度（电火花加工的深度）（mm）；

h——当凹模下部挖空时，电极需要加长的长度（mm）；

l——为夹持电极而增加的长度（10～20mm）（mm）；

n——电极的使用次数；

K——与电极材料、型孔复杂程度等因素有关的系数。K值选用的经验数据：纯铜2～2.5，黄铜为3～3.5，石墨为1.7～2，铸铁为2.5～3，钢为3～3.5。当电极材料损耗小、型孔简单、电极轮廓无尖角时，K取小值，反之取大值。

图2-13　电极长度尺寸

加工硬质合金时，由于电极损耗较大，电极长度应适当加长，但其总长度不宜过长，太长会带来制造上的困难。

在生产中为了减少脉冲参数的转换次数，使操作简化，有时将电极适当增长，并将增长部分的截面尺寸均匀减少，做成阶梯状，此种电极称为阶梯电极，如图2-14所示。阶梯部分的长度L_1约为凹模加工厚度的1.5倍；阶梯部分的均匀缩小量h_1 = 0.1～0.15mm。对阶梯部分不便进行切削加工的电极，常用化学浸蚀方法将断面尺寸均匀缩小。

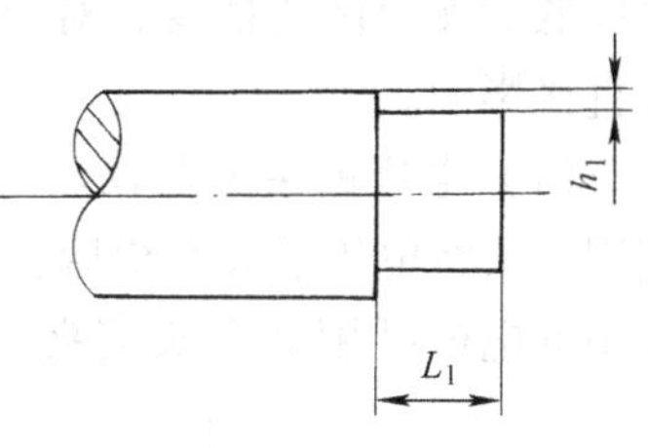

图2-14　阶梯电极

3）电极横截面的尺寸公差取模具刃口相应公差的1/2～2/3。电极在长度方向上的尺寸公差没有严格要求。电极侧面的平行度误差在100mm长度上不超过0.01mm。电极工作表面的表面粗糙度值不大于型孔的表面粗糙度值。

3. 模坯的准备加工

模坯的准备加工是凹模电火花加工前的全部加工。常用的凹模模坯准备工序见表2-2。

表2-2　常用的凹模模坯准备工序

序号	工序名称	加工内容及技术要求
1	下料	用锯床割断所需的材料，包括需切除的材料
2	锻造	锻造所需的形状，并改善其内部组织
3	退火	消除锻造后的内应力，并改善其加工性能
4	刨（铣）	刨（铣）四周及上、下平面，厚度留余量0.4～0.6mm
5	平磨	磨上、下平面及相邻两侧面，对角尺，表面粗糙度值 Ra0.63～Ra1.25μm
6	划线	钳工按型孔及其他安装孔划线
7	钳工	钻排孔，除掉型孔废料
8	插（铣）	插（铣）出型孔，单边留余量0.3～0.5mm
9	钳工	加工其余各孔
10	热处理	按图样要求淬火
11	平磨	磨上、下面，为使模具光整，最好再磨四侧面
12	退磁	退磁处理（目前因机床性能提高，大多可省略）

为了提高电火花加工的生产率和便于工作液强迫循环，凹模模坯应去除型孔废料，只留适当的余量作为电火花穿孔余量。余量大小直接影响加工效率与加工精度。余量小加工的生

产率及形状精度高。但因余量过小，热处理时容易变形而产生废品，对电极定位也将增加困难。因此，应根据型孔形状及精度确定其余量大小。一般留单边余量 0.25 ~ 0.5mm，形状复杂的型孔可适当增大，但不超过1mm。余量分布应均匀。为了避免淬火变形的影响，电火花穿孔加工应在淬火后进行。

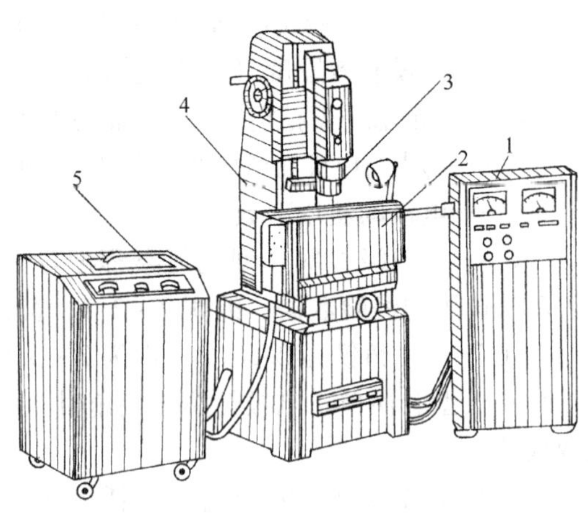

图 2-15　电火花加工机床

1—电源　2—工作液箱（包括工作台）　3—主轴　4—床身　5—工作液系统

4. 电极、工件的装夹与调整

在电火花加工前，必须将电极和工件分别装夹到机床的主轴和工作台上，并将其找正、调整到正确位置如图 2-15 所示。电极、工件的装夹及调整精度，对模具的加工精度有直接影响。

（1）电极的装夹及找正　整体电极一般使用夹头将电极装夹在机床主轴的下端。图2-16所示是用标准套筒装夹的圆柱形电极。直径较小的电极可用钻夹头装夹，如图 2-17 所示。尺寸较大的电极用标准螺栓夹头装夹，如

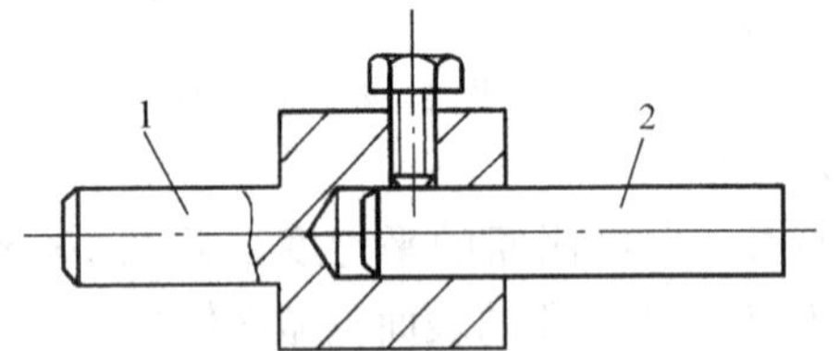

图 2-16　标准套筒装夹电极

1—标准套筒　2—电极

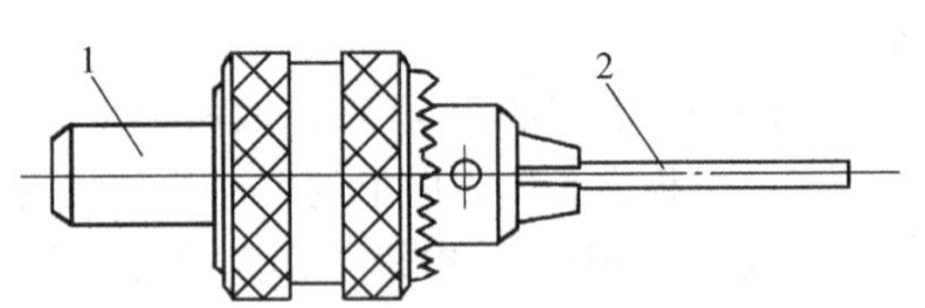

图 2-17　钻夹头装夹电极

1—钻夹头　2—电极

图 2-18所示。镶拼式电极一般采用一块连接板，将几个电极拼块连接成一个整体后，再装到机床主轴上找正。加工多型孔凹模的多个电极可在标准夹具上加定位块进行装夹，或用专用夹具进行装夹。

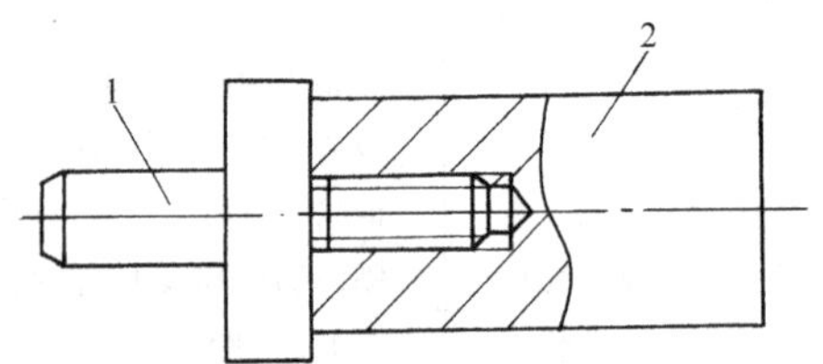

图 2-18　标准螺栓夹头装夹电极

1—标准螺栓夹头　2—电极

电极装夹时必须进行找正，使其轴线或电极轮廓的素线垂直于机床工作台面。有些情况下，电极横截面上的基准，还应与机床工作台滑板的纵横运动方向平行。

找正电极的方法较多。其中，图2-19 所示是用90°角尺观察它的测量边与电极侧面的一条素线间的间隙，在相互垂直的两个方向上进行观察和调整，直到两个方向观察到的间隙上下都均匀一致时，电极与工作台的垂直度即被找正。这种方法比较简便，找正精度也较高。

图 2-20 所示是用千分表找正电极的垂直度。将主轴上下移动，在相互垂直的两个方向上用千分表找正，其误差可直接由千分表显示。这种找正方法可靠，精度高。

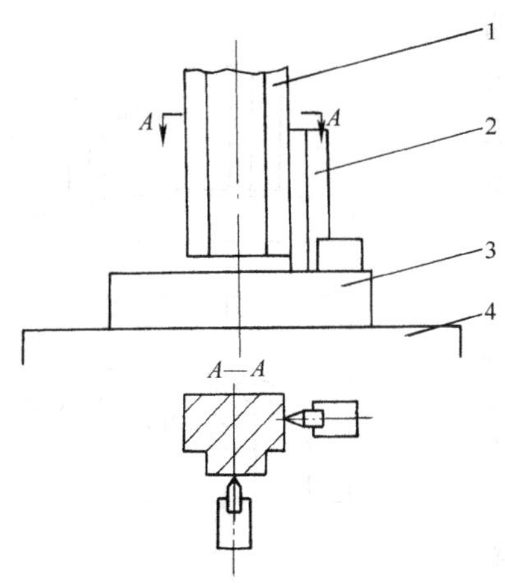

图 2-19 用精密角尺找正电极垂直度
1—电极 2—角尺 3—凹模 4—工作台

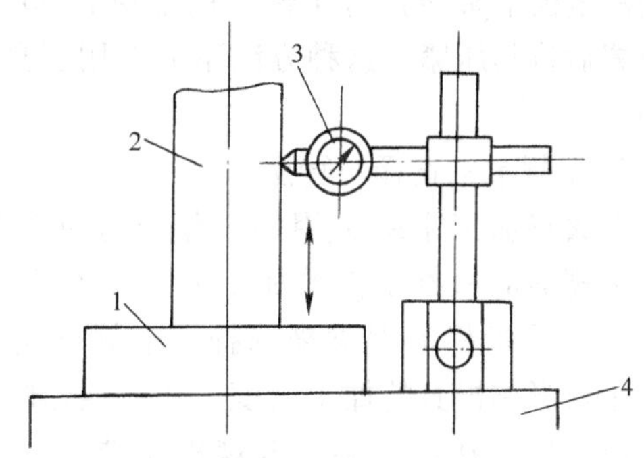

图 2-20 用千分表找正电极
1—凹模 2—电极 3—千分表 4—工作台

为使电极找正方便，可采用图 2-21 所示带角度调整的钢球铰链式调节装置 。使用时将夹具体 1 固定在机床的主轴孔内，电极装夹在电极装夹套 5 内。调整电极角度时松开压板螺钉 2，由于碟形弹簧 3 的压力，使夹具体 1 与外壳 4 的平面间出现间隙，转动两个调整螺钉 6，使电极转动到所要求位置后用压板螺钉 2 将其固定。调整范围为 ±15°。电极的垂直度用 4 个调整螺钉 7 进行调整。

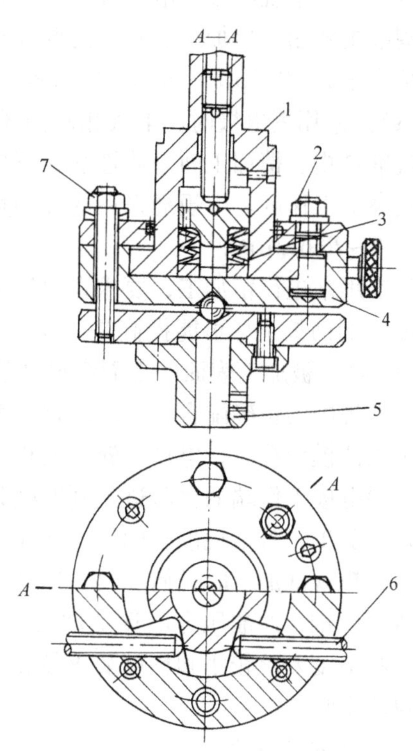

图 2-21 带角度调整的钢球铰链式调节装置
1—夹具体 2—压板螺钉 3—碟形弹簧 4—外壳
5—电极装夹套 6、7—调整螺钉

(2) 工件的装夹 一般情况下，工件装夹在机床的工作台上。用压板和螺钉夹紧。

装夹工件时应使工件相对于电极处于一个正确的相对位置，以保证所需的位置精度要求。使工件在机床上相对于电极具有正确位置的过程称为定位。在电火花加工中根据加工条件可采用不同的定位方法。划线法和量块角尺法是最常见的定位方法。

1) 划线法。按加工要求在凹模的上、下平面划出型孔轮廓，工件定位时将已安装正确的电极垂直下降至工件表面，观察并移动工件，使电极对准工件上的型孔线后将其压紧。试加工后观察定位情况，并用纵中滑板作补充调整。这种方法定位精度不高，且凹模的下平面不能有台阶。

2）量块角尺法。量块角尺法如图 2-22 所示，按加工要求计算出型孔至两基准面之间的距离 x、y。将安装正确的电极下降至接近工件，用量块和 90°角尺确定工件位置后将其压紧。这种方法不需专用工具，操作简单方便。

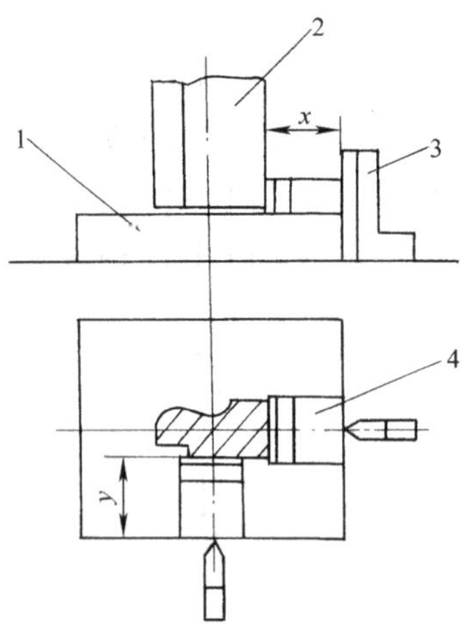

图 2-22　量块角尺法
1—凹模　2—电极　3—角尺　4—量块

5. 电规准的选择与转换

电火花加工中所选用的一组电脉冲参数称为电规准。电规准应根据工件的加工要求、电极和工件材料、加工的工艺指标等因素来选择。电规准选择得是否恰当，不仅影响模具的加工精度，还直接影响加工的生产率和经济性。在生产中，电规准主要通过工艺试验确定。通常要用几个规准才能完成凹模型孔加工的全过程。电规准分为粗规准、中规准和精规准三种。从一个规准调整到另一个规准称为电规准的转换。

粗规准主要用于粗加工。对它的要求是生产率高，工具电极损耗小。被加工表面的表面粗糙度值小于 $Ra12.5\mu m$。所以，粗规准一般采用较大的电流峰值，较长的脉冲宽度（t_i = 20 ~ 60μs）。采用钢电极时，电极相对损耗应低于 10%。

中规准是粗、精加工间过渡性加工所采用的电规准，用以减小精加工余量，促进加工稳定性和提高加工速度。中规准采用的脉冲宽度一般为 6 ~ 20μs。被加工表面的表面粗糙度值可达 $Ra3.2$ ~ $Ra6.3\mu m$。

精规准用来进行精加工，要求在保证冲模各项技术要求（如配合间隙、表面粗糙度和刃口斜度）的前提下尽可能提高生产率。故多采用小的电流峰值、高频率和短的脉冲宽度（t_i = 2 ~ 6μs）。被加工表面的表面粗糙度值可达 $Ra0.8$ ~ $Ra1.6\mu m$。

粗、精规准的正确配合，可以较好地解决电火花加工的质量和生产率之间的矛盾。用阶梯电极加工凹模型孔时，电规准转换的程序如下：

当阶梯电极工作端的台阶进给到凹模刃口处时，转换成中规准过渡加工 1 ~ 2mm 后，再转入精规准加工，若精规准有两档，还应依次进行转换。在规准转换时，其他工艺条件也要适当配合，粗规准加工时排屑容易，冲油压力应小些；转入精规准后加工深度增大，放电间隙小，排屑困难，冲油压力应逐渐增大；当穿透工件时，冲油压力应适当降低。对加工斜度、表面粗糙度要求较小和精度要求较高的冲模加工，要将上部冲油改为下端抽油，以减小二次放电的影响。

6. 冲裁模加工实例

图 2-23 所示为电动机定子凸凹模。凹模型孔有 24 个槽，冲件厚度为 0.5mm，配合间隙为 0.03 ~ 0.07mm（双边），模具材料为 Cr12MoV，硬度为 60 ~ 62HRC。

由于配合间隙较小，对凸模和相应的凹模型孔的制造公差要求比较严格，使用常规的配作存在一定的难度。采用凸模（图 2-24）作电极对凹模型孔（异形槽）进行电火花加工，既简单又能保证配合间隙要求。其工艺过程如下。

1）电极（凸模）加工工艺。锻造→ 退火→粗、精刨→淬火与回火→成形磨削；或锻造→退火→刨（或铣）削平面→淬火与回火→磨上、下平面→线切割加工。

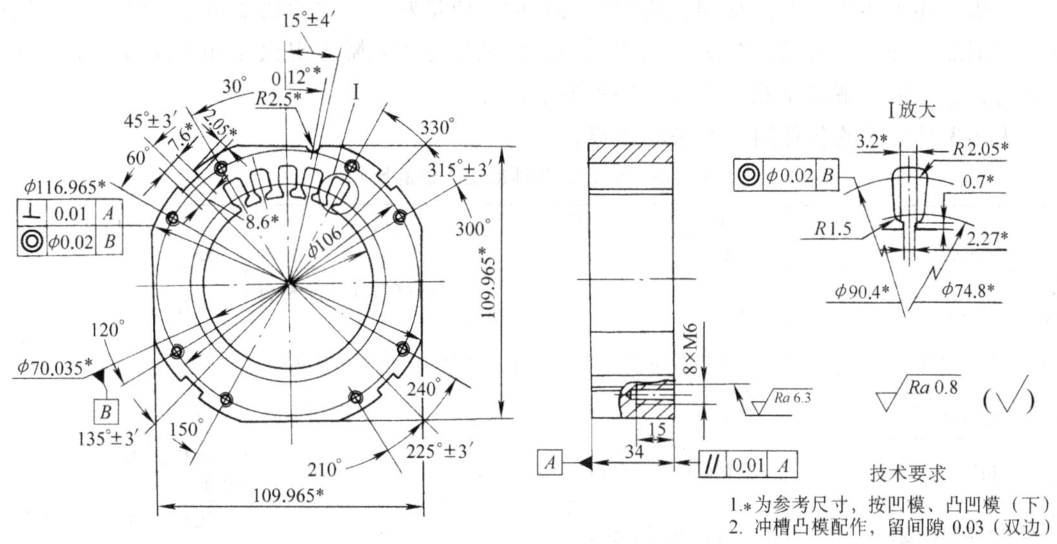

图 2-23　电动机定子凸凹模零件图

凸模长度应加长一段作为电火花加工的电极，其长度根据凹模刃口高度而定。

2）电极（凸模）固定板的加工工艺。锻造→退火→粗、精车→划线→加工孔（孔比凸模单边放大 1～2mm 作为浇注合金间隙）→磨平面。

3）电极（凸模）的固定。在专用分度坐标装置（万能回转台）上分别找正各凸模位置，用锡基合金（固定电极用合金）将凸模固定在固定板上，达到各槽位置精度要求。

4）凸凹模加工工艺。锻造→退火→粗、精车（上、下面）→样板划线→加工螺钉孔，在各槽位钻冲油孔，在中心位置钻穿丝孔→淬火与回火→磨平面→退磁→线切割内孔及外形→用组合后的凸模作电极，电火花加工各槽。

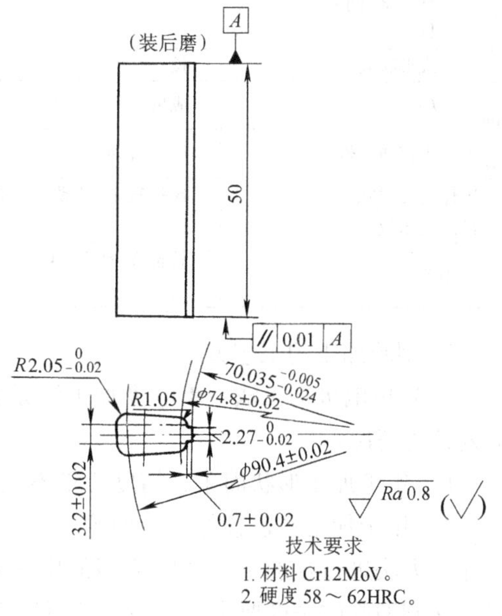

图 2-24　电动机定子冲槽凸模

凸凹模各槽与凸模间隙大小靠电火花加工时所选的电规准控制。如果配合间隙不在放电间隙内，则对凸模电极部分采用化学浸蚀或镀铜方法适当减小或增大。

四、型腔加工

用电火花加工方法进行型腔加工比加工凹模型孔困难得多。型腔加工属于不通孔加工，金属蚀除量大，工作液循环困难，电蚀产物排除条件差，电极损耗不能用增加电极长度和进给来补偿；加工面积大，加工过程中要求电规准的调节范围也较大；型腔形状复杂，电极损耗不均匀，影响加工精度。因此，型腔加工要从设备、电源、工艺等方面采取措施来减小或补偿电极损耗，以提高加工精度和生产率。

与机械加工相比，电火花加工的型腔具有加工质量好，表面粗糙度值小等优点，而且减少了切削加工和手工劳动，缩短了生产周期。特别是近年来随着电火花加工设备和工艺的日臻完善，它已成为解决型腔加工的一种重要手段。

表 2-3 是型腔的各种加工方法的比较。

表 2-3　型腔的各种加工方法的比较

		机加工(立铣,仿型铣)	冷　挤　压	电火花加工
对各类型腔的适应性	大型腔	较好	较差	好
	深型腔	较差	低碳钢等塑性好的材料尚好	较好
	复杂型腔	立铣稍差,仿型铣较好	较差,有些需要分次挤压	较好
	文字图案	差	较好	好
	硬材料	较差	差	好
加工质量	精度	立铣较高,仿铣较差	较高	比机械加工高,比冷挤压低
	表面粗糙度值	立铣较小,仿形铣大	小	比机械加工小,比冷挤压大
	后工序抛光量	立铣较小,仿形铣大	小	较小
效率	辅助时间(包括二类工具)	长	较长	较短
	成形时间	长	很短	较短
辅助工具	种类	成形刀具、靠模等	挤出机头、套圈等	电极、装夹工具等
	重复使用性	可多次使用	可使用几次	一般不能多次使用
操作与劳动强度		操作复杂,劳动强度高	操作简单,强度低	操作简单,强度低
经济技术效益		低	高	高
适用范围		较简单型腔,并在淬火前加工	小型型腔,塑性好的材料在退火状态下加工	各种材料,大、中、小均可。淬火后也能加工

1. 型腔加工的工艺方法

（1）单电极加工法　单电极加工法是指用一个电极加工出所需型腔的加工方法。用于下列几种情况。

1）用于加工形状简单、精度要求不高的型腔。

2）用于加工经过预加工的型腔。为了提高电火花加工效率，型腔在电加工之前采用切削加工方法进行预加工，并留适当的电火花加工余量，在型腔淬火后用一个电极进行精加工，达到型腔的精度要求。一般型腔可用立式铣床进行预加工；复杂型腔或大型型腔可先用立式铣床去除大量的加工余量，再用仿形铣床精铣。在能保证加工成形的条件下，电加工余量越小越好。一般情况下，型腔侧面余量单边留 0.1 ~ 0.5mm，底面余量留 0.2 ~ 0.7mm。如果是多台阶复杂型腔则余量应适当减小。电加工余量应分布均匀、合理，否则将使电极损耗不均匀，影响成形精度。

3）用平动法加工型腔。对有平动功能的电火花机床，在型腔不预加工的情况下也可用一个电极加工出所需的型腔。在加工过程中，先采用低损耗、高生产率的电规准对型腔进行粗加工，然后起动平动头带动电极（或数控坐标工作台带动工件）作平面圆周运动，同时按粗、中、精的加工顺序逐级转换电规准，并相应加大电极作平面圆周运动的回转半径，将型腔加工到所规定的尺寸及表面粗糙度要求。

平动头是用平动法加工型腔所必需的机床附件，有多种结构类型。图 2-25 所示的平动头，使用时通过壳体 14、15 的上端面与机床主轴部分的液压头用螺纹连接。螺旋齿轮 11 与螺纹齿轮 18 啮合，当转动手轮 17 使螺旋齿轮 11 旋转时，螺杆 13 产生升降运动，迫使偏心轴 8 相对于偏心套 9 旋转一定角度而产生偏心量（最大偏心量 3.7mm）。调节时不需要停车，同时可用百分表 19 直接显示平动量。

由伺服电动机 1 带动蜗杆 10 及蜗轮 12 旋转，经键带动偏心套 9 及偏心轴 8 转动，同时带动绝缘垫板 16 和电极卡头 2、3 作平面圆周运动，从而实现电极的侧面进给。

支承板 6 是为使平面圆周运动的移动平稳而与连接板 7 联动，从而使电极按轨迹运动，保证模具的加工精度。

卡盘 5 和螺钉 4 用于找正电极的垂直度。

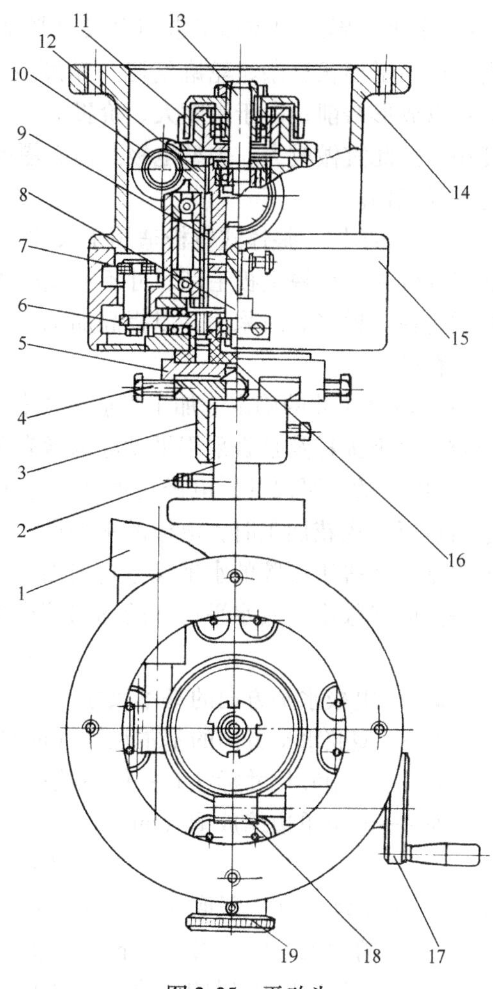

图 2-25 平动头

1—伺服电动机 2、3—电极卡头 4—螺钉 5—卡盘 6—支承板 7—连接板 8—偏心轴 9—偏心套 10—蜗杆 11—螺旋齿轮 12—蜗轮 13—螺杆 14、15—壳体 16—绝缘垫板 17—手轮 18—螺纹齿轮 19—百分表

（2）多电极加工法　多电极加工法是用多个电极，依次更换加工同一型腔，如图 2-26所示。每个电极都要对型腔的整个被加工表面进行加工，但电规准各不相同。因此，设计电极时必须根据各电极所用电规准的放电间隙来确定电极尺寸。每次更换电极后，都必须把被加工表面上由前一个电极加工所产生的电蚀痕迹完全去除。

用多电极加工法加工的型腔精度高，尤其适用于加工尖角、窄缝多的型腔 。其缺点是需要设计制造多个电极，并且对电极的制造精度要求很高，更换电极需要保证高的定位精度。因此，这种方法一般只用于精密型腔加工。

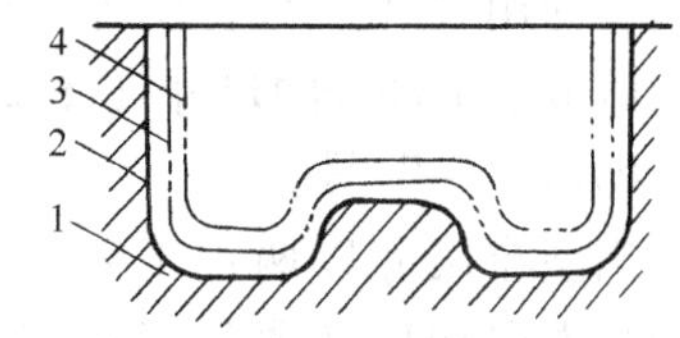

图 2-26 多电极加工

1—模块 2—精加工后的型腔 3—中加工后的型腔 4—粗加工后的型腔

（3）分解电极法　分解电极法是根据型腔的几何形状，把电极分解成主型腔电极和副型腔电极并分别制造。先用主型腔电极加工出型腔的主要部分，再用副型腔电极加工型腔的尖角、窄缝等部位。此方法能根据主、副型腔的不同加工条件，选择不同的电规准。有利于提高加工速度和加工质量，使电极易于制造和修整。但主、副型腔电极的安装精度要求高。

2. 电极设计

（1）电极的材料和结构选择

1）电极材料。型腔加工常用电极材料主要是石墨和纯铜，其性能见表2-1。纯铜组织致密，适用于形状复杂、轮廓清晰、精度要求较高的塑料成形模和压铸模等，但可加工性差，难以成形磨削；由于密度大、价贵，因此不宜做成大、中型电极。石墨电极容易成形，密度小，因此宜做成大、中型电极。但石墨的机械强度较差，在采用宽脉冲大电流加工时容易起电弧烧伤。

2）电极结构。整体式电极适用于尺寸大小和复杂程度一般的型腔。镶拼式电极适用于型腔尺寸较大、单块电极毛坯尺寸不够或电极形状复杂，只有将其分块才易于制造。组合式电极适合在一模多腔时采用，以提高加工速度，简化各型腔之间的定位工序，易于保证型腔的位置精度。

（2）电极尺寸的确定　加工型腔的电极，其尺寸大小与型腔的加工方法、加工时的放电间隙、电极损耗及是否采用平动等因素有关。电极设计时需确定的电极尺寸如下。

1）电极的水平尺寸。电极在垂直于主轴进给方向上的尺寸称为水平尺寸。当型腔采用单电极进行电火花加工时，电极的水平尺寸确定与穿孔加工相同，只需考虑放电间隙，即电极的水平尺寸等于型腔的水平尺寸均匀缩小一个放电间隙。当型腔采用单电极平动加工时，需考虑的因素较多，其水平尺寸的均匀缩小量按以下公式计算，即

$$a = A \pm kb \tag{2-5}$$

式中　a——电极水平方向的基本尺寸（mm）；

A——型腔水平方向的基本尺寸（mm）；

k——与型腔尺寸标注有关的系数；

b——电极单边缩放量（mm）。

$$b = e + \delta_j - \gamma_j \tag{2-6}$$

式中　e——平动量（一般取0.5～0.6mm）（mm）；

δ_j——精加工最后一档电规准的单边放电间隙（最后一档电规准通常指表面粗糙度值$<Ra0.8\mu m$时的δ_j值，一般为0.02～0.03mm）（mm）。

γ_j——精加工（平动）时电极侧面损耗（单边）（一般不超过0.1mm，通常忽略不计）（mm）。

式（2-6）中的“±”号及k值按下列原则确定：如图2-27所示，与型腔凸出部分相对应的电极凹入部分的尺寸（图2-27中r_2、a_2）应放大，即用“+”号；反之，与型腔凹入部分相对应的电极凸出部分的尺寸（图2-27中r_1、a_1）应缩小，即用“-”号。

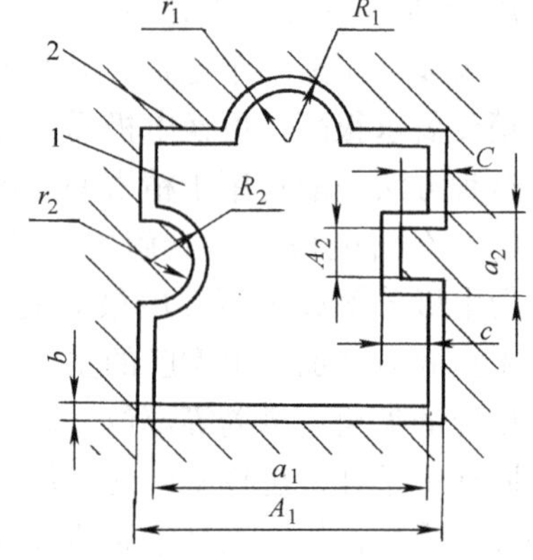

图2-27　电极水平截面尺寸的缩放
1—电极　2—型腔

当型腔尺寸以两加工表面为尺寸界线标注时，若蚀除方向相反（图2-27中A_1）取$k=2$；若蚀除方向相同（图2-27中C），取$k=0$。当型腔尺寸以中心线或非加工面为基准标注（图2-27中R_1、R_2）时，$k=1$；凡型腔中心线之间的位置尺寸以及角度尺寸相对应的电极尺寸不缩不放，取$k=0$。

2）电极垂直方向尺寸。电极在平行于主轴轴线方向上的尺寸，如图2-28所示。可按下式计算，即

$$h = h_1 + h_2 \tag{2-7}$$

$$h_1 = H_1 + C_1H_1 + C_2S - \delta_j \tag{2-8}$$

式中 h——电极垂直方向的总高度（mm）；

h_1——电极垂直方向的有效工作尺寸（mm）；

H_1——型腔垂直方向的尺寸（型腔深度）（mm）；

C_1——粗规准加工时，电极端面相对损耗率（其值小于1%，C_1H_1 只适用于未预加工的型腔）；

C_2——中、精规准加工时电极端面相对损耗率（其值一般为20%～25%）；

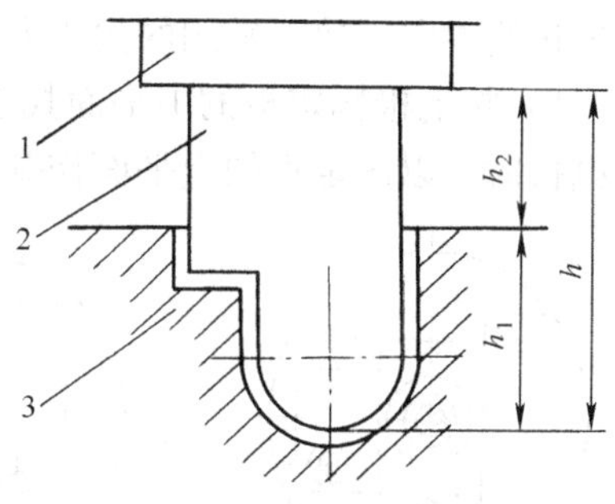

图 2-28 电极垂直方向尺寸

1—电极固定板 2—电极 3—工件

S——中、精规准加工时端面总的进给量（一般为0.4～0.5mm）（mm）；

δ_j——最后一档精规准加工时端面的放电间隙（一般为0.02～0.03mm，可忽略不计）（mm）；

h_2——加工结束时，为避免电极固定板和模块相碰，同一电极能多次使用等因素而增加的高度（一般取5～20mm）（mm）。

（3）排气孔和冲油孔 由于型腔加工的排气、排屑条件比穿孔加工差，为防止排气、排屑不畅，影响加工速度、加工稳定性和加工质量，设计电极时应在电极上设置适当的排气孔和冲油孔。一般情况下，冲油孔要设计在难于排屑的拐角和窄缝等处，如图 2-29 所示；排气孔要设计在蚀除面积较大的位置和电极端部有凹入的位置，如图 2-30 所示。

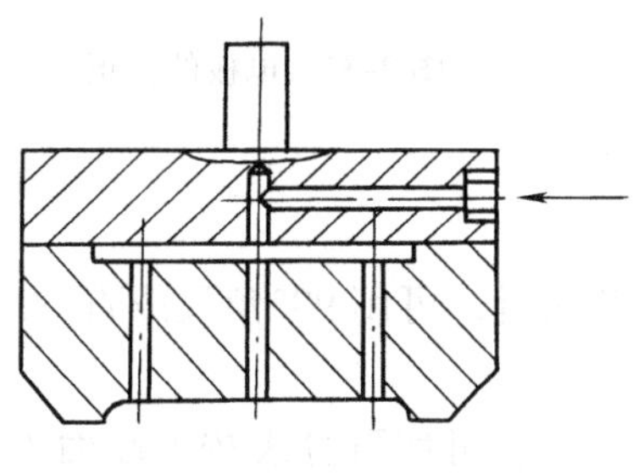

图 2-29 冲油孔的设计

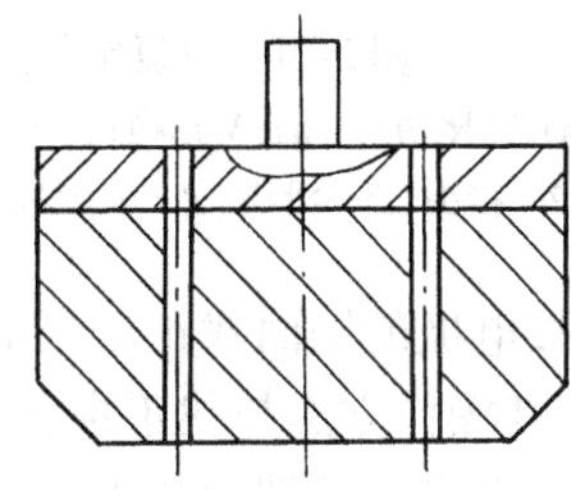

图 2-30 排气孔的设计

冲油孔和排气孔的直径应小于平动偏心量的 2 倍，一般为 1～2mm。过大则会在电蚀表面形成凸起，不易清除。各孔间的距离为 20～40mm，以不产生气体和电蚀产物的积存为原则。

3. 电极、工件的装夹和调整

型腔在进行电火花加工前，应分别将加工电极和型腔模坯装夹到机床上，并调整到正确的加工位置。

（1）电极的装夹 电火花加工时，用夹具将电极装夹到机床主轴的下端。电火花加工过程中，粗、中、精加工分别使用不同的电极，即采用多个电极加工时电极要进行多次更换和装夹。每次更换，电极都必须具有唯一确定的位置。要采用专门的夹具来安装电极，以保证高的重复定位精度。图 2-31 所示是几种用于电极安装的重复定位夹具的定位方式。

如果电火花加工只使用一个电极（如平动法加工）完成型腔的全部（粗、中、精）加工时，则电极的装夹比多电极加工简单，只需根据电极的结构和尺寸大小选用相应夹具进行装夹即可。

（2）电极的找正 电极装夹后应对其进行找正，以使电极轴线（或中心线）与机床主轴的进给方向一致，常用的找正方法如下：

1）按电极固定板的上平面找正。在制造电极时使电极轴线与固定板的上平面垂直。找正电极时，以固定板的上平面作基准用百分表进行找正，如图 2-32 所示。

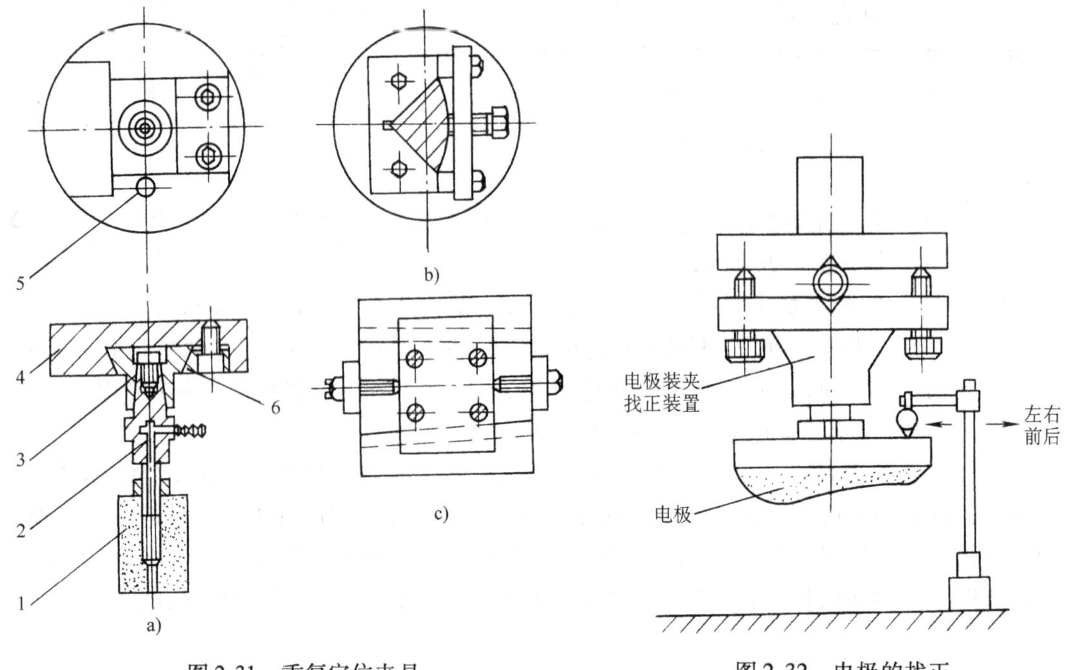

图 2-31　重复定位夹具

a）燕尾槽式　b）V 形槽式　c）斜燕尾槽式

1—电极　2—接头　3—滑块　4—安装板　5—定位销　6—压板

图 2-32　电极的找正

2）按电极的侧面找正。当电极侧面为较长的直壁面时，可用 90°角尺或百分表直接找正电极，其操作方法与找正穿孔电极相同。

3）按电极的下端面找正。当电极的下端面为平面时，可用百分表按下端面进行找正，其操作方法与按固定板的上平面找正相似。

（3）电极、工件相对位置的调整　加工型腔时工件安装在机床的工作台上，应使工件相对于电极处于一个正确的位置（称为定位），以保证型腔的位置精度。常用的定位方法有以下几种。

1）量块角尺定位法。若电极侧面为直平面，可采用量块和 90°角尺来找正电极，其操作方法与找正凹模型孔加工电极相同。

2）十字线定位法。在电极或电极固定板的侧面划出十字中心线，在模坯上也划出十字中心线。找正电极和工件的相对位置时，依靠 90°角尺分别将电极、模坯上对应的中心线对准即可，如图 2-33 所示。此法定位精度低，只适用于定位精度要求不高的模具。

3）定位板定位法。在电极固定板和型腔模坯上分别加工出相互垂直的两定位基准面，在电极的定位基准面分别固定两个平直的定位板，定位时将模坯上的定位基准面分别与相应的定位板贴紧，如图 2-34 所示。此法较十字线法定位精度高。

4. 电规准的选择与转换

（1）电规准的选择　电规准的正确选择将直接影响加工精度、表面粗糙度和生产率等。

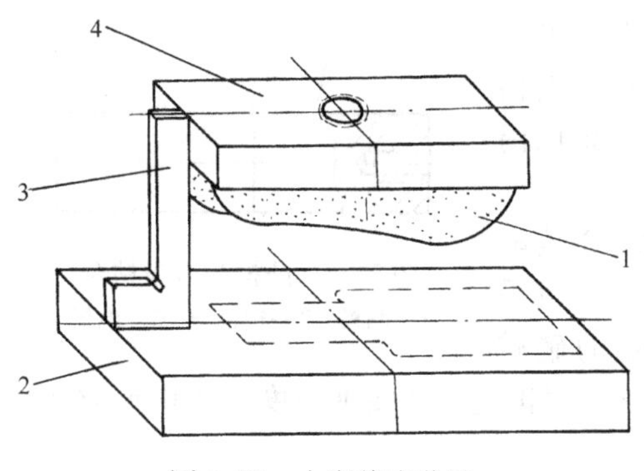

图 2-33　十字线定位法

1—电极　2—模坯　3—角尺　4—电极固定板

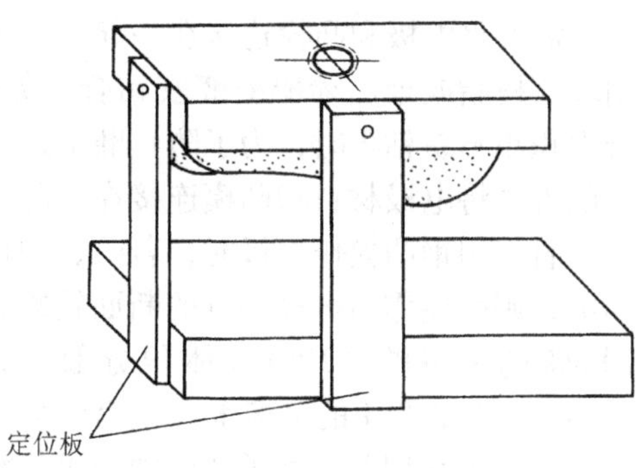

图 2-34　定位板法定位

由影响电火花加工质量及生产率的因素可知，蚀除速度越快，则生产率越高，但加工表面的表面粗糙度值也越大。在加工过程中，为了获得小的表面粗糙度值，又能保证有较高的生产率，常采用粗、中、精规准分级进行加工。

1）粗规准。对粗规准的要求是以高的蚀除速度加工出型腔的基本轮廓，电极损耗要小，电蚀表面不能太粗糙，以免增大精加工的工作量。为此，一般选用宽脉冲（$t_i > 500\mu s$），大的峰值电流，用负极性进行粗加工。但应注意加工电流与加工面积之间的配合关系，一般用石墨电极加工钢的电流密度为 3 ~ 5A/cm²，用纯铜电极加工钢的电流密度可稍大些。

2）中规准。中规准的作用是减小被加工表面的表面粗糙度值（一般规准加工时表面粗糙度值 *Ra*3.2 ~ *Ra*6.3μm），为精加工作准备。要求在保持一定加工速度的条件下，电极损耗尽可能小。一般选用脉冲宽度 $t_i = 20 \sim 400\mu s$，用比粗加工小的电流密度进行加工。

3）精规准。精规准的作用是使型腔达到加工的最终要求，所去除的余量一般不超过 0.1 ~ 0.2mm。因此，常采用窄的脉冲宽度（$t_i < 20\mu s$）和小的峰值电流进行加工。由于脉冲宽度小，电极损耗大（约 25%）。但因精加工余量小，故电极的绝对损耗并不大。

近几年广泛使用的伺服电动机主轴系统能准确地控制加工深度，因而精加工余量可减小到 0.05mm 左右，加上脉冲电源又附有精微加工电路，精加工可达到表面粗糙度值低于 *Ra*0.4μm 的良好工艺效果，而且精修时间较短。

（2）电规准的转换　电规准转换的档数应根据加工对象确定。加工尺寸小、形状简单的浅型腔，电规准转换档数可少些；加工尺寸大、深度大、形状复杂的型腔，电规准转换档数应多些。粗规准一般选择一档，中规准和精规准可选择 2 ~ 4 档。

开始加工时应选粗规准参数进行加工，当型腔轮廓接近加工深度（约留 1mm 的余量）时，应减小电规准，或依次转换成中、精规准各档参数加工，直至达到所需的尺寸精度和表面粗糙度。

当采用单电极平动加工时，型腔的侧面修光是靠调节电极的平动量来实现的。在使用粗规准加工时电极无平动，在转换到中、精规准加工的同时，应相应调节电极的平动量。

五、电极的制造

电极的制造应根据电极类型、尺寸大小、电极材料和电极结构的复杂程度等进行考虑。例如，穿孔加工用电极，其垂直尺寸一般无严格要求，但水平尺寸要求较高。对于这类电极，若适合于切削加工，则可用切削加工方法粗加工和精加工。对于纯铜、黄铜等材料制作的电极，其最后加工可用刨削或由钳工精修来完成，也可采用电火花线切割加工来制作电极。

需要将电极和凸模连接在一起一道成形、磨削时，可采用环氧树脂或聚乙烯醇缩醛胶粘合，如图2-35所示。当粘合面积小不易粘牢时，为了防止磨削过程中脱落，可采用锡焊的方法将电极材料和凸模连接在一起。

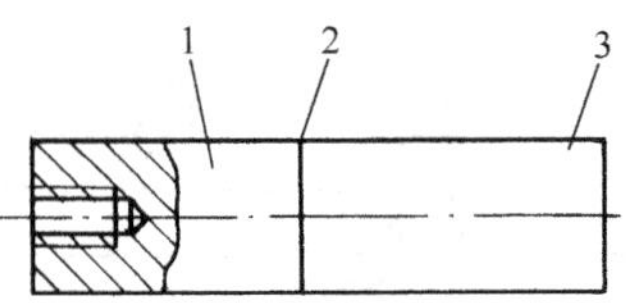

图2-35 凸模与电极粘合
1—凸模 2—粘合面 3—电极

直接用钢凸模作电极时，若凸、凹模配合间隙小于放电间隙，则凸模作为电极部分的断面轮廓必须均匀缩小。可采用6%的氢氟酸（HF）（体积分数，后同）、14%的硝酸（HNO_3）、和80%的蒸馏水（H_2O）组成的溶液浸蚀。对钢电极的浸蚀速度为0.02mm/min。此外，还可采用其他种类的腐蚀液进行浸蚀。

当凸、凹模配合间隙大于放电间隙，需要扩大用作电极部分的凸模断面轮廓时，可采用电镀法。单边扩大量在0.06mm以下时表面镀铜，单面扩大量超过0.06mm时表面镀锌。

型腔加工用的电极，水平和垂直方向尺寸要求都较严格，比加工穿孔电极困难。对纯铜电极除采用切削加工法加工外，还可采用电铸法、精锻法等进行加工，最后由钳工精修达到要求。由于使用石墨制作电极时，机械加工、抛光都很容易，所以以机械加工方法为主。当石墨毛坯尺寸不够时，可采用螺栓压紧或用环氧树脂、聚氯乙烯醋酸液等粘结，制造成拼块电极，如图2-36所示。拼块要用同一牌号的石墨材料，要注意石墨在烧结制作时形成的纤维组织方向，避免不合理拼合（图2-37）引起电极的不均匀损耗，降低加工质量。

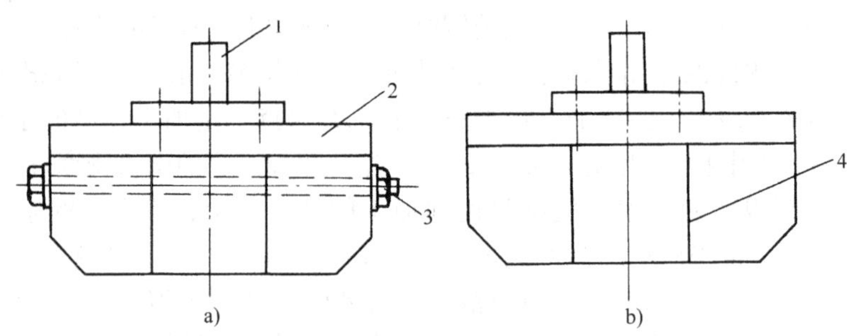

图2-36 石墨拼块电极
a）螺栓压紧 b）粘合
1—电极柄 2—电极固定板 3—螺栓 4—粘合面

由于石墨性脆，在其上不适合攻螺纹，因此，石墨电极常采用螺栓或压板将石墨电极固定在电极固定板上，如图2-38所示。电极固定板的粘合面必须平整光洁，连接必须牢固可靠。否则将影响加工精度或使加工不稳定。

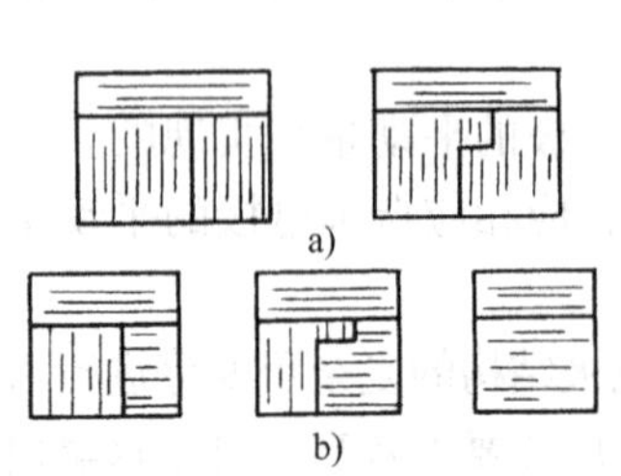

图2-37 石墨纤维方向及拼块组合
a）合理拼法 b）不合理拼法

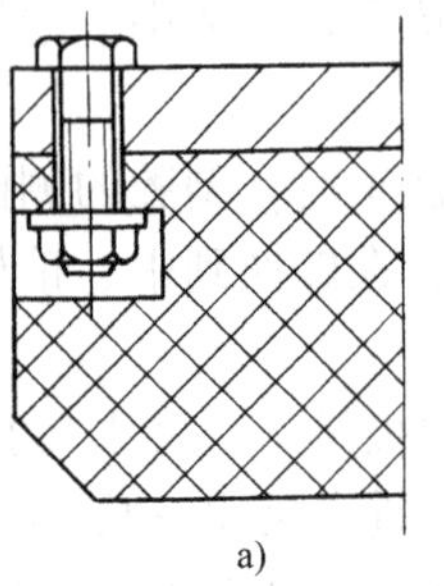

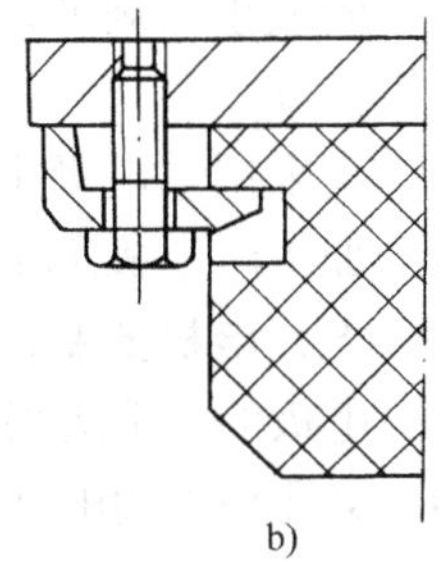

图2-38 石墨电极的固定

第二节　电火花线切割加工

一、概述

1. 基本原理

电火花线切割加工也是通过电极和工件之间脉冲放电时的电腐蚀作用，对工件进行加工的工艺方法。其加工原理与电火花成形加工相同，但加工方法不同。电火花线切割加工采用连续移动的金属丝作电极，如图2-39所示。工件接脉冲电源正极，电极丝接负极，工件（工作台）相对电极丝按预定的要求运动，从而使电极丝沿着所要求的切割路线进行电腐蚀，实现切割加工。在加工中电蚀产物由循环流动的工作液带走；电极丝以一定的速度运动（称为走丝运动），其目的是减小电极损耗，且不被火花放电烧断，同时也有利于电蚀产物的排除。

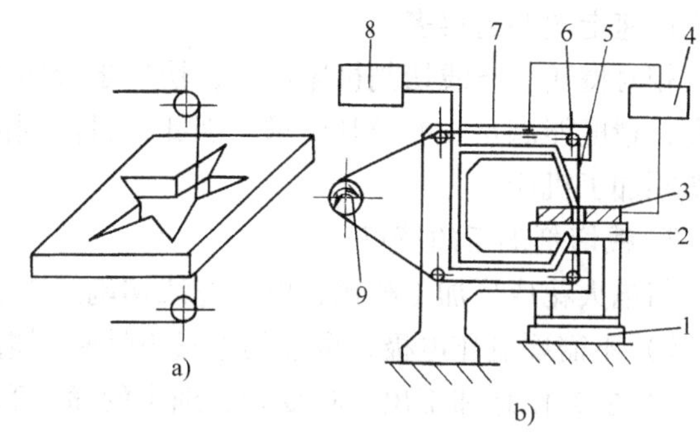

图2-39　电火花线切割

a）切割图形　b）机床加工

1—工作台　2—夹具　3—工件　4—脉冲电源　5—电极丝　6—导轮　7—丝架　8—工作液箱　9—储丝筒

2. 线切割加工机床

目前，我国广泛使用的线切割机床主要是数控电火花线切割机床，按其走丝速度分为快速走丝线切割机床和慢速走丝线切割机床。图2-40所示为快速走丝数控线切割机床。储丝筒2由电动机1驱动，使绕在储丝筒上的电极丝3经过丝架4上的导轮5作来回高速移动，并将电极丝整齐地来回排绕在储丝筒上。工件6装夹在工作台上。工作台的运动由步进电动机经减速齿轮、传动精密丝杠及滑板来实现，由两台步进电动机分别驱动工作台纵、横方向的移动。控制台每发出一个进给信号，步进电动机就旋转一定角度，使工作台移动0.001mm。根据加工需要步进电动机可正转，也可反转。

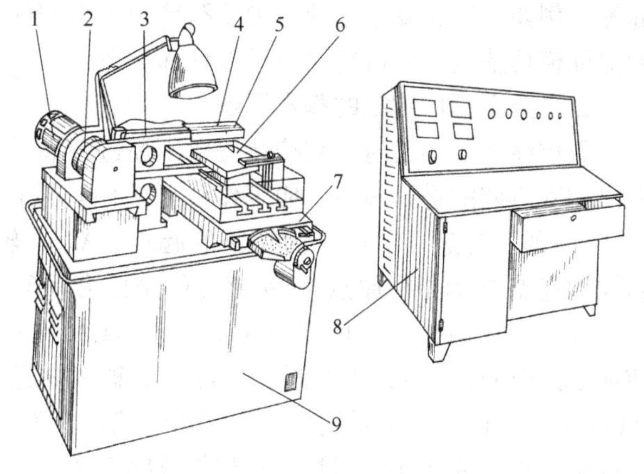

图2-40　快速走丝线切割机床

1—电动机　2—储丝筒　3—电极丝　4—丝架　5—导轮　6—工件　7—滑板　8—控制台　9—床身

快速走丝线切割机床采用直径为0.08～0.2mm的钼丝或直径为0.3mm左右的铜丝作电极，走丝速度为8～10m/s，成千上万次地反复通过加工区，一直使用到断丝为止。工作液通常采用5%左右的乳化液和去离子水等。由于电极丝的快速运动能将工作液带进狭窄的加工缝隙，起到冷却的作用，同时还能将电蚀产物带出加工间隙，以保持加工间隙的“清洁”状态，有利于切割速度的提高。目前能达到的加工精度为±0.01mm，表面

粗糙度值为 $Ra0.63 \sim Ra2.5\mu m$，最大切割速度可达 $50mm^2/min$，切割厚度与机床的结构参数有关，最大可达500mm，可满足一般模具的加工要求。

慢速走丝线切割机床采用直径0.03～0.35mm的铜丝作电极，走丝速度为3～12m/min，线电极只是单向通过间隙，不重复使用，可避免电极损耗对加工精度的影响。工作液主要是去离子水和煤油。加工精度可达±0.001mm，表面粗糙度值可达 $Ra0.32\mu m$。这类机床还能进行自动穿电极丝和自动卸除加工废料等，自动化程度较高，能实现无人操作加工，但其售价比快速走丝要高得多。

相对慢速走丝线切割机床而言，快速走丝线切割机床结构简单，价格便宜，加工生产率较高，精度能满足一般模具要求。因此，目前国内主要生产、使用的是快速走丝数控电火花线切割加工机床。

3. 线切割加工的特点

与电火花成形加工相比，电火花线切割加工有如下特点。

1）不需要制作电极，可节约电极设计和制造费用，缩短生产周期。

2）能方便地加工出形状复杂、细小的通孔和外形表面。

3）由于在加工过程中，快速走丝线切割采用低损耗电源且电极丝高速移动；慢速走丝线切割单向走丝，在加工区域总是保持新电极加工。因而电极损耗极小（一般可忽略不计），有利于加工精度的提高。

4）采用四轴联动，可加工锥度，上、下面异形体等零件。

4. 线切割加工的应用

线切割广泛用于加工硬质合金、淬火钢模具零件、样板、各种形状复杂的细小零件、窄缝等。例如，形状复杂、带有尖角窄缝的小型凹模的型孔可采用整体结构在淬火后加工，既能保证模具精度，又可简化模具设计和制造。

二、数字程序控制的基本原理

数控线切割加工时，数控装置要不断进行插补运算，并向驱动机床工作台的步进电动机发出相互协调的进给脉冲，使工作台（工件）按指定的路线运动。图2-41所示为斜线（直线）OA 的插补过程。点 O 为切割的起点，X、Y 轴分别表示工作台的纵、横进给方向。取斜线的起点 O 为坐标原点，OA 终点的坐标为（6，4）。先从坐标原点 O 沿 X 轴正向进给一步，加工点（电极丝）由 O 移动到 M_1。点 M_1 在 OA 的下方已偏离斜线，产生了偏差。为使加工点向 OA 靠拢，需控制工作台沿 Y 轴正向进给一步，加工点由 M_1 移动到 M_2。M_2 在 OA 的上方，也偏离了斜线，产生了新的偏差。为了纠正这个偏差，应控制工作台沿 X 轴正向进给一步。如此连续插补，直到斜线终点 A（6，4）。电极丝相对工件的运动轨迹是折线 $O—M_1—M_2—\cdots—A$。斜线（直线）插补就是用上述折线代替直线 OA，完成对斜线的加工。

同理，图2-42为圆弧 AB 的插补过程。取圆心为坐标原点，用 X、Y 轴表示机床工作台的纵、横进给方向。以点 A 为加工起点。若加工点在圆弧外（包括在圆弧上的点），沿 X 轴负向进给一步，加工点在圆弧内，沿 Y 轴正方向进给一步，一直插补到圆弧终点 B。和斜线插补一样，也是用一条折线代替圆弧 AB。

为什么可以用折线代替斜线和圆弧呢？因为控制台每发出一个进给脉冲，工作台进给一步的距离仅为 $1\mu m$。斜线和圆弧与折线的最大偏差就是工作台进给一步的距离。这个误差是被加工零件的尺寸精度所允许的。

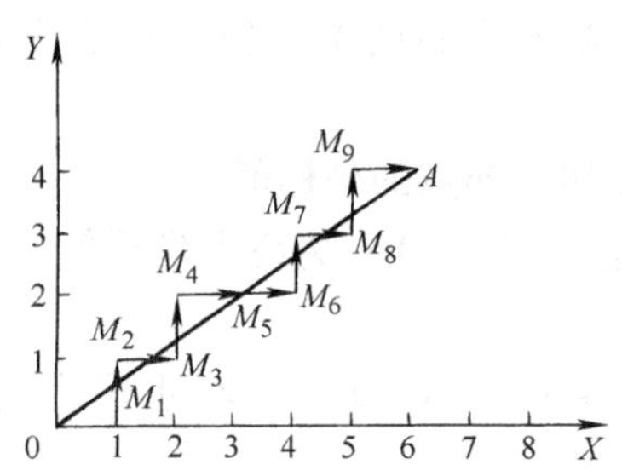

图 2-41　斜线（直线）OA 的插补过程

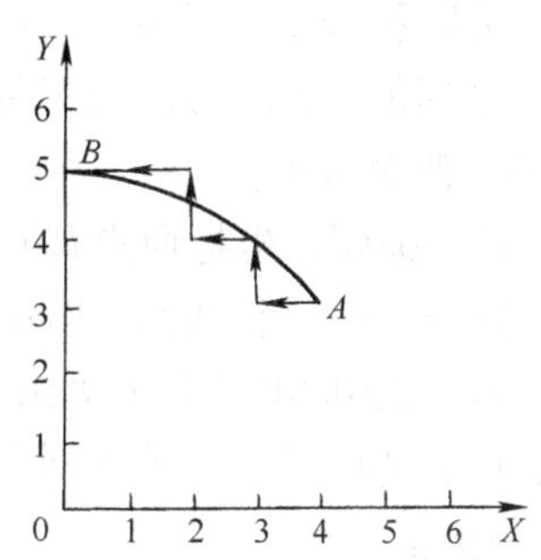

图 2-42　圆弧 AB 的插补过程

从斜线和圆弧插补过程可以看出，工作台的进给是步进的。它每走一步机床数控装置都要自动完成四个工作节拍，如图 2-43 所示。

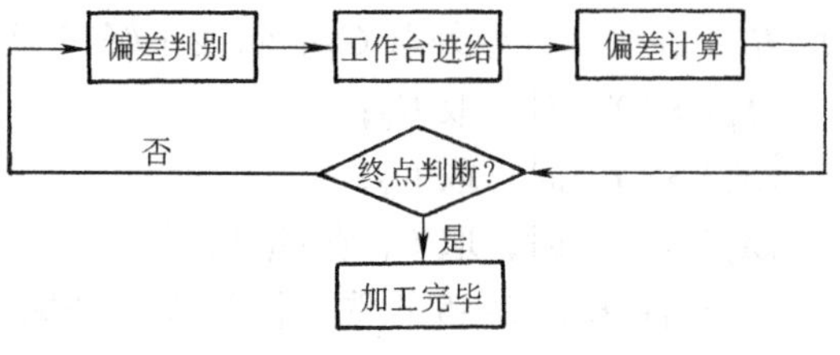

图 2-43　工作节拍

1）偏差判别。判别加工点对规定图形的偏离位置，以确定工作台的走向。

2）工作台进给。根据判断的结果，控制工作台在 X 或 Y 方向进给一步，以使加工点向规定图形靠拢。

3）偏差计算。在加工过程中，工作台每进给一步，都由机床的数控装置根据数控程序计算出新的加工点和规定图形之间的偏差，作为下一步判断的依据。

4）终点判断。每当进给一步并完成偏差计算之后应判断是否已加工到图形的终点。若加工点已到终点，便停止加工。否则，应按加工节拍继续加工，直到终点为止。线切割加工时，其加工图形一般由若干直线和圆弧组成，可将其分割成单一的直线和圆弧段，逐段进行切割加工。为了在一条线段加工到终点时能自动结束加工，数控线切割机床是通过控制线段从起点加工到终点时，工作点在 X 或 Y 方向上的进给的总长度来进行终点判断。为此，在数控装置中设立了一个计数器来进行计数。在加工前将 X 或 Y 方向上进给总长度存入计数器，加工过程中工作台在计数方向上每进给一步，计数器就减去 1，当计数器中存入的数值被减到零时，表示已切割到终点，加工结束。

三、程序编制

要使数控线切割机床按照预定的要求自动完成切割加工，首先要把被加工零件的切割顺序、切割方向及有关尺寸等信息，按一定格式记录在机床所需要的输入介质（穿孔纸带磁带、磁盘等）上，输入给机床的数控装置，经数控装置运算变换以后，控制机床的运动。从被加工的零件图到获得机床所需控制介质的全过程，称为程序编制。

1. 程序格式

（1）3B 格式程序　3B 格式程序是我国发明的快速走丝数控线切割机床所采用的一种程序格式，见表 2-4。

表 2-4　3B 格式（无间隙补偿的程序格式）

B	X	B	Y	B	J	G	Z
分隔符号	X 轴坐标值	分隔符号	Y 轴坐标值	分隔符号	计数长度	计数方向	加工指令

1）分隔符号 B。因为 X、Y、J 均为数码，用分隔符号 B 将其隔开，以免混淆。

2）坐标值（X，Y）。为了简化数控装置，规定只输入坐标的绝对值，其单位为 μm，μm 以下应四舍五入。

① 对于圆弧，坐标原点移至圆心，（X，Y）为圆弧切割起点的坐标值。

② 对于直线（斜线），坐标原点移至直线切割的起点，（X，Y）为终点坐标值。允许将 X 和 Y 的值按相同的比例放大或缩小。

③ 对于平行于 X 轴或 Y 轴的直线，即当 X 或 Y 为零时，（X，Y）值均可不写，但分隔符号必须保留。

3）计数方向 G。选取 X 方向进给总长度进行计数的称为计 X，用 G_X 表示；选取 Y 方向进给总长度进行计数的称为计 Y，用 G_Y 表示。为了保证加工精度，应正确选择计数方向。对于直线（斜线），可按图 2-44 选取。当直线终点坐标（X_e，Y_e）在阴影区域内，计数方向取 G_Y；在阴影区域外取 G_X。斜线正好在 45°线上时，计数方向可任意选取，即

$|Y_e|>|X_e|$时，取 G_Y；

$|X_e|>|Y_e|$时，取 G_X；

$|X_e|=|Y_e|$时，取 G_X 或 G_Y 均可。

对于圆弧按图 2-45 选取。圆弧终点坐标（X_e，Y_e）在阴影区内取 G_X，反之取 G_Y，与直线相反。若终点正好在 45°斜线上时，计数方向可以任意选取，即

$|X_e|>|Y_e|$时，取 G_Y；

$|Y_e|>|X_e|$时取 G_X；

$|X_e|=|Y_e|$时，取 G_X 或 G_Y 均可。

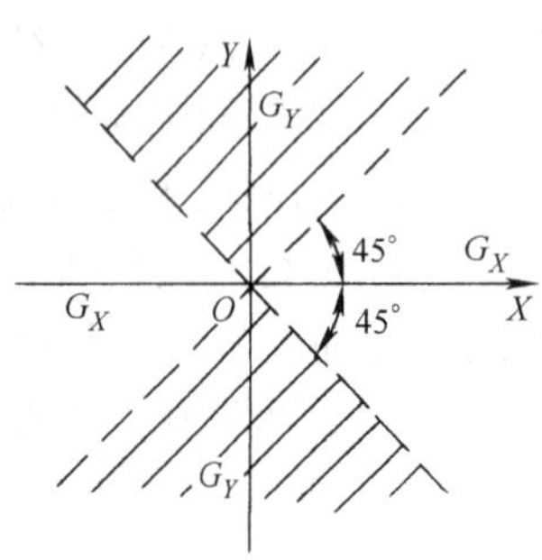

图 2-44　斜线的计数方向

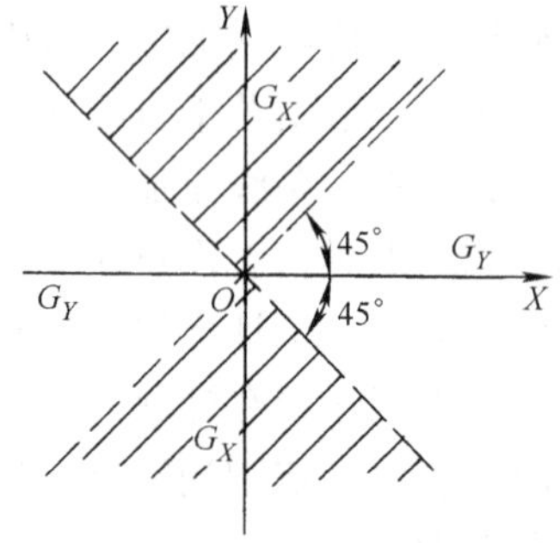

图 2-45　圆弧的计数方向

4）计数长度 J。计数长度是指被加工图形在计数方向上的投影长度（即绝对值）的总和，以 μm 为单位。计数长度 J 必须是六位数字，对于不足六位的应补足六位。例如，计数长度为 1988μm，应写成 001988。近年来生产的线切割机床，由于数控功能较强，则不必补足六位，只写有效位数即可。

5）加工指令 Z。加工指令 Z 是用来传送关于被加工图形的形状、所在象限和加工方向等信息的。控制台根据这些指令，正确选用偏差计算公式，进行偏差计算，控制工作台的进给方向，从而实现机床的自动化加工。加工指令共 12 种，如图 2-46 所示。

位于四个象限中的直线段称为斜线。斜线的加工指令分别用 L_1、L_2、L_3 和 L_4 表示，如图 2-46a 所示。与坐标轴重合的直线，根据其进给方向，其加工指令可按图 2-46b 选取。

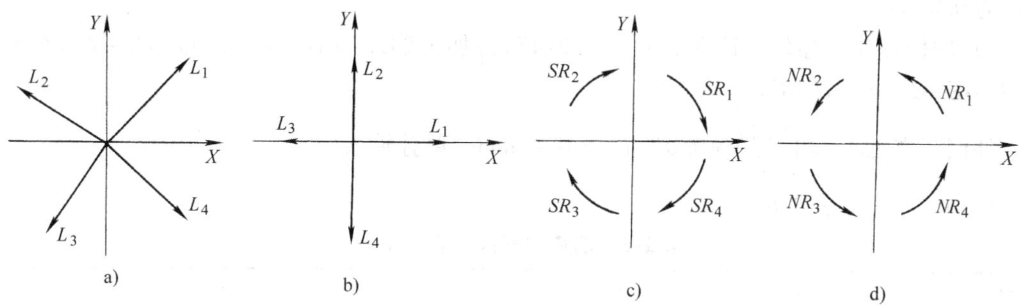

图 2-46　加工指令

加工圆弧时，若被加工圆弧的加工起点在坐标系的四个象限中，并按顺时针方向进行加工时，如图 2-46c 所示，加工指令分别用 SR_1、SR_2、SR_3 和 SR_4 表示；按逆时针方向进行加工时分别用 NR_1、NR_2、NR_3 和 NR_4 表示，如图 2-46d 所示。若加工起点刚好在坐标轴上，其指令可选相邻两象限中的任何一个。

（2）4B 格式程序　为了减少数控线切割加工编程的工作量，目前已广泛采用带有间隙自动补偿功能的数控系统。这种数控系统能根据工件图形平均尺寸所编制的程序，使电极丝相对于编程的图样自动向内或向外偏移一个补偿距离，完成切割加工。只要编制一个程序便可加工凹模、凸模和固定板、卸料板等零件，不仅减少了编程的工作量，而且易于保证模具精度。

当采用有间隙补偿功能的程序格式时，必须知道加工的是凸模还是凹模。加工的曲线是凸曲线还是凹曲线。在程序中包含有加工圆弧的半径及曲线形式等信息，其格式见表 2-5。

表 2-5　4B 格式（有间隙补偿的程序格式）

B	*X*	B	*Y*	B	*J*	B	*R*	*G*	*D* 或 *DD*	*Z*
分隔符号	*X* 轴坐标值	分隔符号	*Y* 轴坐标值	分隔符号	计数长度	分隔符号	圆弧半径	计数方向	曲线形式	加工指令

1）加工圆弧半径 *R*。其单位为 μm。对加工图样的尖角部位均取一定的圆弧平滑过渡，一般取 $R=0.1$mm 左右的过渡圆弧进行编程。

2）曲线形式（*D* 或 *DD*）。*D* 代表凸圆弧，*DD* 代表凹圆弧。加工凸模时，当电极丝偏移补偿距离（ΔR）后，使圆弧半径增大的为凸圆弧，编程时用 *D*；反之为凹圆弧，编程时用 *DD*。

其余代码的含义与 3B 格式相同。

有间隙补偿功能的程序格式，比 3B 格式多一个 *R* 和图形曲线形式的信息符号，而成 4B 型格式。

采用 4B 格式加工模具时，偏移的补偿距离 ΔR 值是单独送入数控装置的。加工凸模或凹模则是由控制台面板上凸、凹模开关的位置确定。

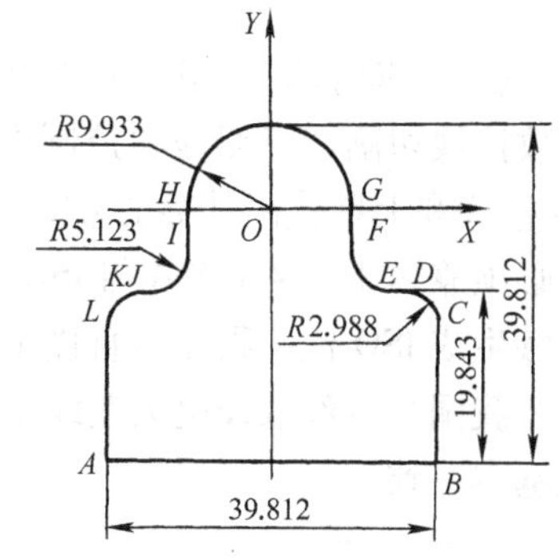

图 2-47　凹模型孔

例 2-1　图 2-47 所示为落料凹模型孔，要求凸模按凹模配作，保证双边配合间隙 0.06mm，试编制凹模和凸模的数控线切割程序。电极丝为 ϕ0.12mm 的钼丝，单边放电间隙为0.01mm。

1）凹模程序。穿丝孔选在点 O（图2-47），加工顺序为 $O \to H \to I \to J \to K \to L \to A \to B \to C \to D \to E \to F \to G \to H \to O$。

补偿距离 $\Delta R_{凹}=\left(\frac{0.12}{2}+0.01\right)\text{mm}=0.07\text{mm}$，单独输入。

切割程序单见表2-6。

表2-6 凹模切割程序单（4B型）

序号	B	X	B	Y	B	J	B	R	G	D或DD	Z	备注
1	B		B		B	009933	B		G_X		L_3	引入
2	B		B		B	004913	B		G_Y		L_4	
3	B	5123	B		B	005123	B	005123	G_Y	DD	SR_4	
4	B		B		B	001862	B		G_X		L_3	
5	B		B	2988	B	002988	B	002988	G_Y	D	NR_2	
6	B		B		B	016755	B		G_Y		L_4	
7	B	100	B		B	000100	B	000100	G_X	D	NR_3	过渡圆弧
8	B		B		B	039612	B		G_X		L_1	
9	B		B	100	B	000100	B	000100	G_Y		NR_4	过渡圆弧
10	B		B		B	016755	B		G_Y		L_2	
11	B	2988	B		B	002988	B	002988	G_X	D	NR_1	
12	B		B		B	001862	B		G_X		L_3	
13	B		B	5123	B	005123	B	005123	G_Y	DD	NR_3	
14	B		B		B	004913	B		G_Y		L_2	
15	B	9933	B		B	019866	B	009933	G_Y	D	NR_1	
16	B		B		B	009933	B		G_X		L_1	引出
17											D	停机

2）凸模程序。因为4B程序格式有间隙补偿，所以凸模程序只需改变凹模程序中的引入、引出程序段（从毛坯外沿加工图形的法向引入、引出），其他程序段与凹模相同。

$$补偿距离\ \Delta R_{凸}=\left(\frac{0.12}{2}+0.01-\frac{0.06}{2}\right)\text{mm}=0.04\text{mm}$$

（3）ISO代码程序　为了便于国际交流，按照国际统一规范——ISO代码进行数控编程是数控线切割加工编程和控制发展的必然趋势。现阶段生产厂家和使用单位可以采用3B、4B格式和ISO代码并存的方式作为过渡。为了适应这种新的要求，生产厂家制造的数控系统必须兼容3B、4B格式与ISO代码。用户无论是手工编程还是使用计算机辅助编程，都应能够生成ISO代码程序或直接采用ISO代码编制数控加工程序。

我国快走丝数控电火花线切割机床㊀常用的ISO指令代码见表2-7，与国际上使用的标准基本一致。

㊀ 以汉川MDVICEDW快速走丝机床为例。

表 2-7　数控电火花线切割机床常用 ISO 指令代码

代码	功　　能	代码	功　　能
G00	快速定位	G55	加工坐标系 2
G01	直线插补	G56	加工坐标系 3
G02	顺时针圆弧插补	G57	加工坐标系 4
G03	逆时针圆弧插补	G58	加工坐标系 5
G05	*X* 轴镜像	G59	加工坐标系 6
G06	*Y* 轴镜像	G80	接触感知
G07	*X*、*Y* 轴交换	G82	半程移动
G08	*X* 轴镜像，*Y* 轴镜像	G84	微弱放电找正
G09	*X* 轴镜像，*X*、*Y* 轴交换	G90	绝对坐标
G10	*Y* 轴镜像，*X*、*Y* 轴交换	G91	增量坐标
G11	*Y* 轴镜像，*X* 轴镜像，*X*、*Y* 轴交换	G92	定起点
G12	消除镜像	M00	程序暂停
G40	取消间隙补偿	M02	程序结束
G41	左偏间隙补偿，*D* 偏移量	M05	接触感知解除
G42	右偏间隙补偿，*D* 偏移量	M96	主程序调用文件程序
G50	消除锥度	M97	主程序调用文件结束
G51	锥度左偏，*A* 角度值	W	下导轮到工作台面高度
G52	锥度右偏，*A* 角度值	H	工件厚度
G54	加工坐标系 1	S	工作台面到上导轮高度

例 2-2　编制图 2-48 所示落料凹模型孔的线切割加工程序。电极丝直径为 $\phi0.15$mm，单边放电间隙为 0.01mm。图中尺寸为型孔的平均尺寸。

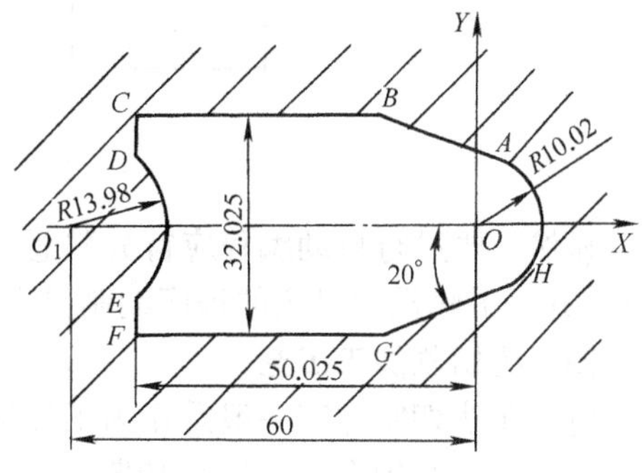

图 2-48　凹模型孔

偏移量：$D=r+\delta=\left(\dfrac{0.15}{2}+0.01\right)\text{mm}=0.085\text{mm}$

穿丝孔在点 *O*，按 *O*→*A*→*B*→*C*→*D*→*E*→*F*→*G*→*H*→*A* 的顺序切割，程序如下。

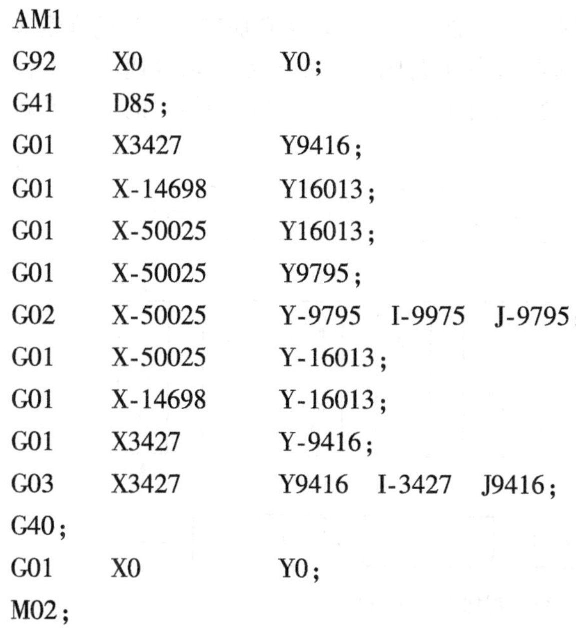

```
AM1
G92   X0        Y0;
G41   D85;
G01   X3427     Y9416;
G01   X-14698   Y16013;
G01   X-50025   Y16013;
G01   X-50025   Y9795;
G02   X-50025   Y-9795   I-9975   J-9795;
G01   X-50025   Y-16013;
G01   X-14698   Y-16013;
G01   X3427     Y-9416;
G03   X3427     Y9416    I-3427   J9416;
G40;
G01   X0        Y0;
M02;
```

2. 程序编制方法

数控程序的编制方法有两种，一种是手工编程，另一种是自动编程。

手工编程是在工艺处理的基础上，采用人工计算的方法，计算出数控机床所需要的输入数据。计算非常烦琐，而且容易出错，一般已很少采用。

自动编程是通过计算机完成编程工作。它是在工艺处理的基础上，按计算机的语言程序系统所规定的语言和语法编写加工该零件的计算机输入程序（包含全部零件轮廓、各几何元素的定义，必要的计算参数、机床的辅助功能及加工顺序），该程序称为源程序。为了能处理源程序，应事先针对加工对象编制程序并将其存放在计算机内。这个程序称为编译程序，也就是通常所说的程序系统或软件。当源程序输入计算机后，就可以按编译程序规定的过程去处理。由此可知，有不同的编译程序就可以处理不同语言的源程序，并通过计算机的外部设备直接输出控制数控机床用的零件的加工程序单、控制介质及零件图形。自动编程过程如图 2-49 所示。

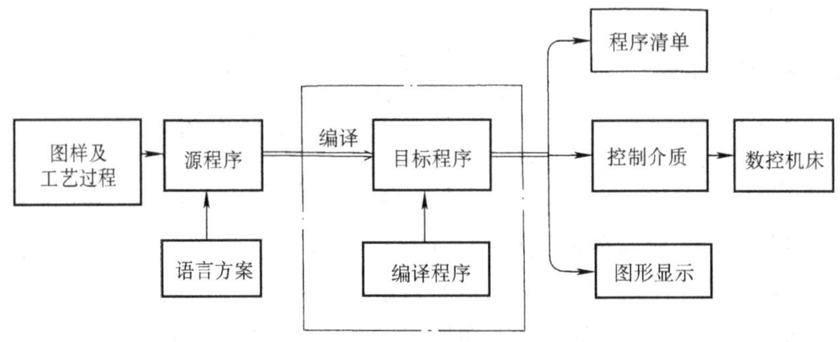

图 2-49　自动编程过程

显然，要进行自动编程应首先熟悉程序系统规定的零件源程序的写法（包括语言和语法），并要了解数控机床的程序编制要求。

四、线切割加工工艺

电火花线切割加工一般是作为工件加工中的最后工序。要达到加工零件的精度及表面粗糙度要求，就必须合理控制线切割加工时的各种工艺因素（电参数、切割速度、工件装夹等），同时安排好零件的工艺路线及线切割加工前的准备加工。线切割加工的工艺准备和工艺过程如图 2-50 所示。

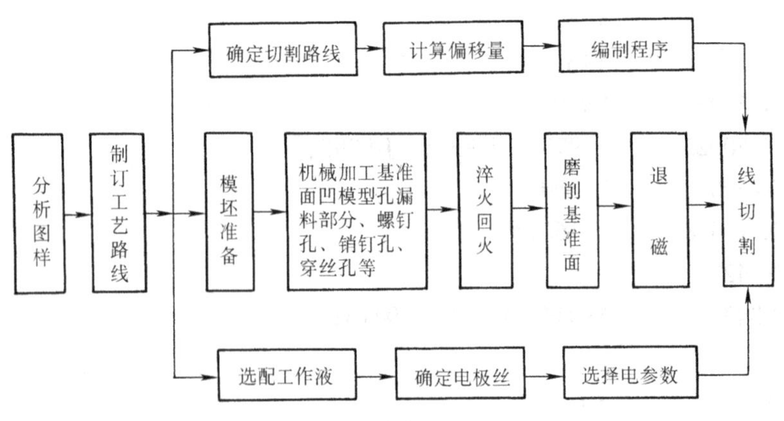

图 2-50　线切割加工工艺过程

1. 模坯的准备工序

模坯的准备工序是指凸模或凹模在线切割加工之前的全部加工工序。

凸模、凹模等模具工作零件一般采用锻造毛坯，其线切割加工常在淬火与回火后进行。由于受材料淬透性的影响，当大面积去除金属和切断加工时，会使材料内部残余应力的相对平衡状态遭到破坏而产生变形，影响加工精度，甚至在切割过程中造成材料突然开裂。为减少这种影响，除在设计时应选用锻造性能好、淬透性好、热处理变形小的合金工具钢（Cr12、Cr12MoV 和 CrWMn）作模具材料外，对模具毛坯锻造及热处理工艺也应正确进行。

（1）凹模的准备工序

1）下料。用锯床切断所需材料。

2）锻造。改善内部组织，并锻成所需的形状。

3）退火。消除锻造内应力，改善加工性能。

4）刨（铣）削。刨六面，厚度留磨余量 0.4 ~ 0.6mm。

5）磨削。磨上、下平面及相邻两侧面，用 90°角尺检测垂直度。

6）划线。划出刃口轮廓线，孔（螺孔、销孔、穿丝孔等）的位置线。

7）加工型孔部分。当凹模较大时，为减少线切割加工量，需将型孔漏料部分铣（车）出，只切割刃口高度；对淬透性差的材料，可将型孔部分材料去除，留 3 ~ 5mm 切割余量。

8）加工孔。加工螺孔、销孔和穿丝孔等。

9）淬火。达设计要求。

10）磨削。磨削上、下平面及相邻两侧面，用 90°角尺检测垂直度。

11）退磁处理。

（2）凸模的准备工序　凸模的准备工序，可根据凸模的结构特点，参照凹模的准备工序，将其中不需要的工序去掉即可。凸模的准备工序应注意以下几点。

1）为便于加工和装夹，一般都将毛坯锻造成平行六面体。对于尺寸、形状相同，截面尺寸较小的凸模，可将几个凸模制成一个毛坯。

2）凸模的切割轮廓线与毛坯侧面之间应留足够的切割余量（一般不小于 5mm）。毛坯上还要留出装夹部位。

3）在有些情况下，为防止在模坯切割时产生变形，在模坯上加工出穿丝孔。切割的引入程序从穿丝孔开始。

2. 工艺参数的选择

（1）脉冲参数的选择　线切割加工一般都采用晶体管高频脉冲电源，用单个脉冲能量小、脉宽窄、频率高的脉冲参数进行正极性加工。加工时，可改变的脉冲参数主要有电流峰值、脉冲宽度、脉冲间隔、空载电压、放电电流。如果要获得较小的表面粗糙度值时，则所选用的电参数要小；若要获得较高的切割速度，脉冲参数则要选大一些，但加工电流的增大受排屑条件及电极丝截面积的限制，过大的电流易引起断丝。快速走丝线切割加工脉冲参数的选择见表 2-8。

表 2-8　快速走丝线切割加工脉冲参数的选择

应用	脉冲宽度 $t_i/\mu s$	电流峰值 I_e/A	脉冲间隔 $t_0/\mu s$	空载电压/V
快速切割或加大厚度工件 > Ra2.5μm	20 ~ 40	> 12	为实现稳定加工一般选择 $t_0/t_i = 3 \sim 4$	70 ~ 90
半精加工 Ra1.25 ~ Ra2.5μm	6 ~ 20	6 ~ 12		
精加工 < Ra1.25μm	2 ~ 6	< 4.8		

（2）电极丝的选择　电极丝应具有良好的导电性和耐电蚀性，抗拉强度高、材质应均匀。常用电极丝有钼丝、钨丝和黄铜丝等。钨丝抗拉强度高，直径在 $\phi0.03 \sim \phi0.1$mm 范围内，一般用于各种窄缝的精加工，但价格昂贵。黄铜丝适用于慢速加工，加工表面的表面粗糙度值小，平面度和直线度较好，蚀屑附着少。但抗拉强度差，损耗大，直径在 $\phi0.1 \sim \phi0.3$mm 范围内，一般用于慢速单向走丝加工。钼丝抗拉强度高，适用于快速走丝加工，所以我国快速走丝机床大都选用钼丝作电极丝，直径在 $\phi0.08 \sim \phi0.2$mm 范围内。

电极丝直径的选择应根据切缝的宽度、工件的厚度和拐角的尺寸来选择。加工带尖角、窄缝的小型模具时，宜选用较细的电极丝；加工大厚度工件或大电流切割时，应选用较粗的电极丝。

（3）工作液的选配　工作液对切割速度、表面粗糙度、加工精度等都有较大的影响，加工时必须正确选配。常用的工作液主要有乳化液和去离子水。

目前，慢速走丝线切割加工普遍使用去离子水。为了提高切割速度，在加工时还要加入有利于提高切割速度的导电液以增加工作液的电阻率。加工淬火钢时，电阻率约为 $2\times10^4\Omega\cdot$cm；加工硬质合金时，电阻率约为 $30\times10^4\Omega\cdot$cm。对于快速走丝线切割加工，目前最常用的是乳化液。乳化液是由乳化油和工作介质配制（浓度为5%～10%）而成的。工作介质可用自来水，也可用蒸馏水、高纯水或磁化水。

3. 工件的装夹与调整

装夹工件时，必须保证工件的切割部位位于机床工作台纵横进给的允许范围内，避免撞极限。同时应考虑切割电极丝的运动空间。

（1）工件的装夹

1）悬臂式装夹。图 2-51 所示为悬臂方式装夹工件，这种方式装夹方便、通用性强。但由于工件一端悬伸，易出现切割表面与工件上、下平面间的垂直度误差。因此仅用于工件加工要求不高或悬臂较短的情况。

2）两端支撑方式装夹。图 2-52 所示是两端支撑方式装夹工件。这种方式装夹方便、稳定，定位精度高，但不适合装夹较小的工件。

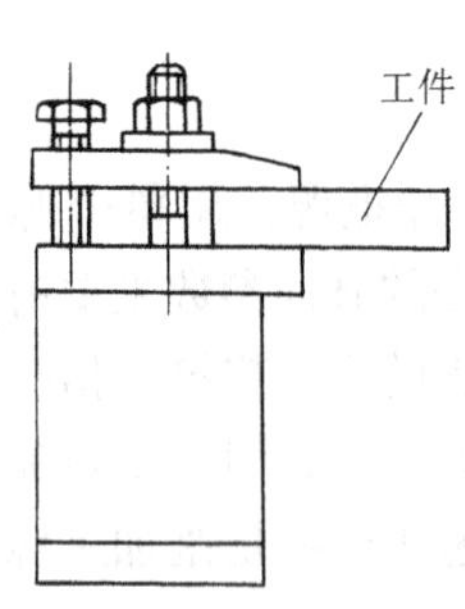

图 2-51　悬臂方式装夹工件

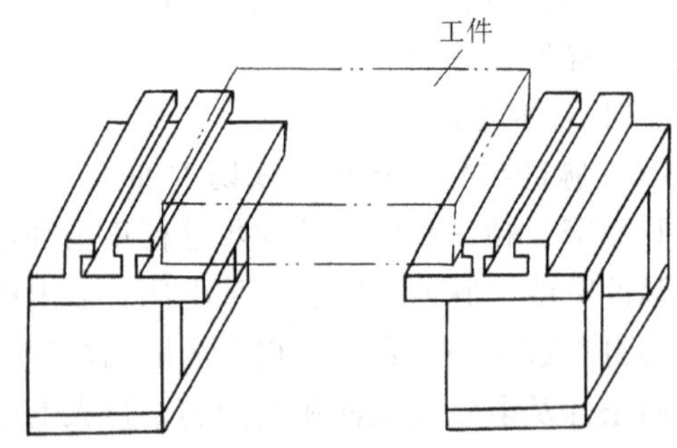

图 2-52　两端支撑方式装夹

3）桥式支撑方式装夹。这种方式是在通用夹具上放置垫铁后再装夹工件，如图 2-53 所示。这种方式装夹方便，对大、中、小型工件都适用。

4）板式支撑方式装夹。图 2-54 所示是板式支撑方式装夹工件。根据常用的工件形式和尺寸，采用有通孔的支撑板装夹工件。这种方式装夹精度高，但通用性差。

（2）工件的调整　采用以上方式装夹工件，还必须配合找正法进行调整，方能使工件的定位基准面分别与机床的工作台面和工作台的进给方向 X、Y 保持平行，以保证所切割的表面与基准面之间的相对位置精度。常用的找工方法有用百分表找正和划线法找正。

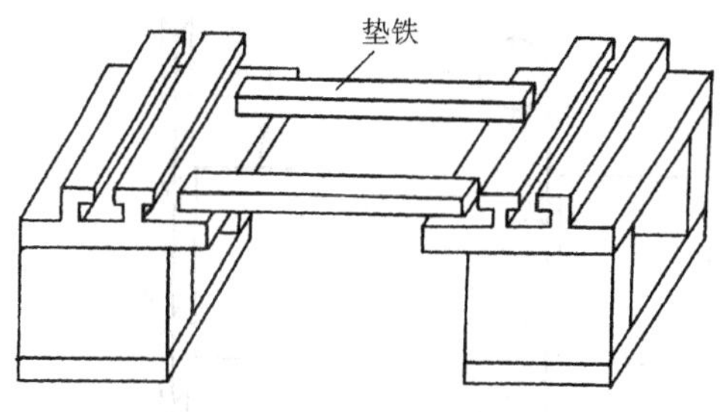

图 2-53　桥式支撑方式装夹

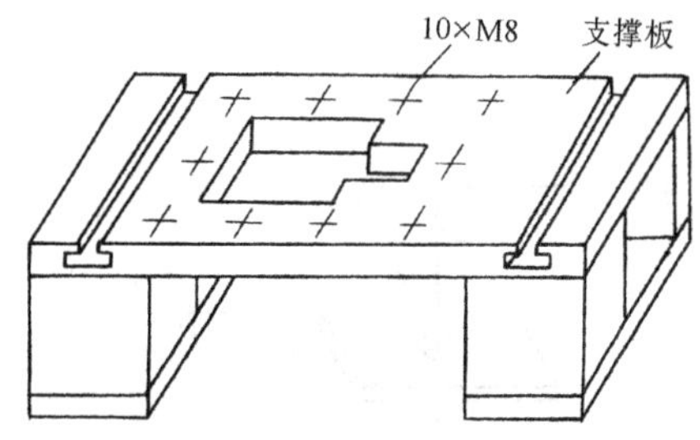

图 2-54　板式支撑方式装夹

1）用百分表找正。如图 2-55 所示，用磁性表座将百分表固定在丝架或其他位置上，百分表的测量头与工件基面接触，往复移动工作台，按百分表指示值调整工件的位置，直至百分表指针的偏摆范围达到所要求的数值。找正应在相互垂直的三个方向上进行。

2）划线法找正。工件的切割图形与定位基准之间的相互位置精度要求不高时，可采用划线法找正，如图 2-56 所示。利用固定在丝架上的划针对正工件上划出的基准线，往复移动工作台，目测划针与基准间的偏离情况，将工件调整到正确位置。

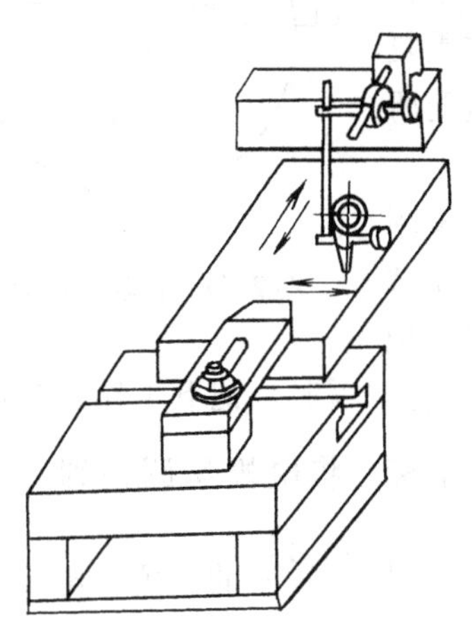

图 2-55　用百分表找正

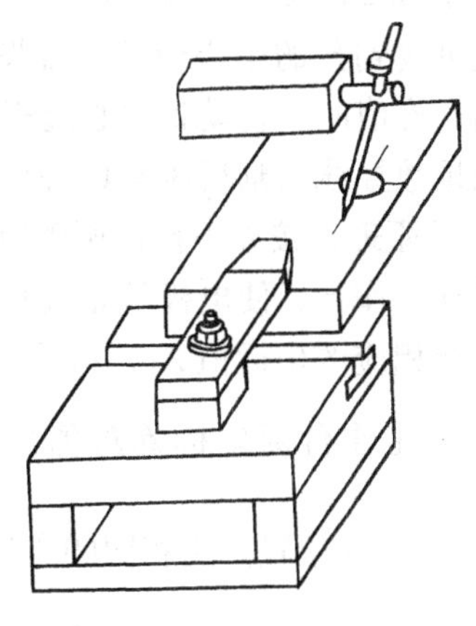

图 2-56　划线法找正

4. 电极丝位置的调整

线切割加工之前，应将电极丝调整到切割的起始坐标位置上，其调整方法有目测法、火花法和自动找中心法。

（1）目测法　对于加工要求较低的工件，在确定电极丝与工件上有关基准间的相对位置时，可以直接利用目测或借助 2～8 倍的放大镜来进行观察。图 2-57 所示是利用穿丝孔处划出的十字基准线，分别沿划线方向观察电极丝与基准线的相对位置，根据两者的偏离情况移动工作台。当电极丝中心分别与纵横方向基准线重合时，工作台纵、横方向上的读数值就确定了电极丝中心的位置。

（2）火花法　火花法如图 2-58 所示，是工厂中常见的一种调整方法。移动工作台使工件的基准面逐步靠近电极丝，在出现火花的瞬时，记下工作台的相应坐标值，再根据放电间隙推算电极丝中心的坐标。此法简单易行，但往往因电极丝靠近基准面时，产生的放电间隙与正常切割条件下的放电间隙不完全相同而产生误差。

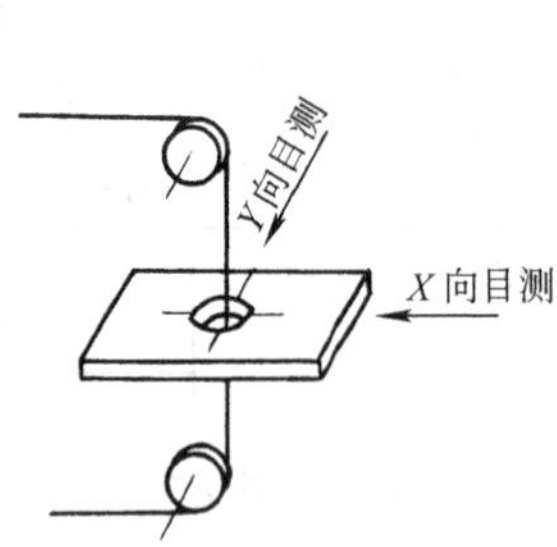

图 2-57　目测法调整电极丝位置

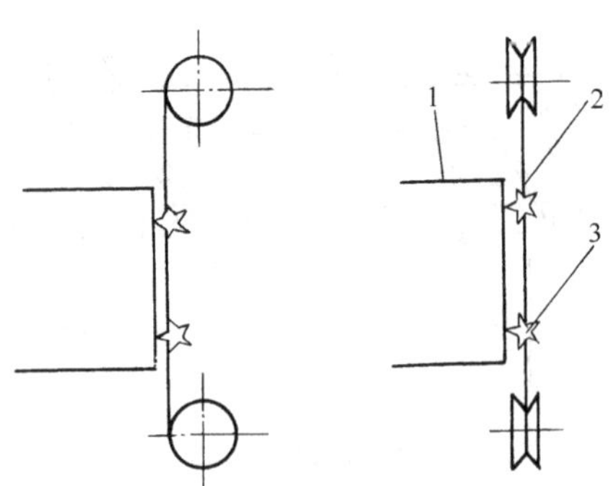

图 2-58　火花法调整电极丝位置

1—工件　2—电极丝　3—火花

（3）自动找中心法　自动找中心法就是让电极丝在工件孔的中心自动定位。此法是根据线电极与工件的短路信号，来确定电极丝的中心位置。数控功能较强的线切割机床常用这种方法。首先让线电极在 X 或 Y 轴方向与孔壁接触（使用半程移动指令 G82）接着在另一轴的方向进行上述过程。这样重复几次就可找到孔的中心位置，如图 2-59 所示。当误差达到所要求的允许值时，自动找中心过程结束。

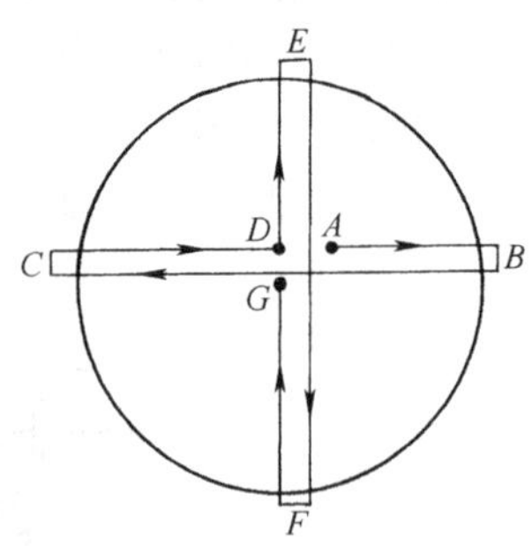

图 2-59　自动找中心法

如果数控线切割机床不具备自动找中心的功能，也可按图 2-59 所示原理，按如下操作调整电极丝和孔的中心重合。沿 X 方向移动工作台，使电极丝靠近孔壁，在出现火花的瞬时，记下工作台相应的坐标值 X_1，再反向移动工作台，在出现火花的瞬时，记下工作台相应的坐标值 X_2。工作台两坐标绝对值之和的 $\frac{1}{2}$ 即为圆心的 X 坐标。将电极丝调整到坐标 $X=\frac{|X_1|+|X_2|}{2}$ 的位置。用相同的方法可将电极丝调整到 $Y=\frac{|Y_1|+|Y_2|}{2}$ 的位置。电极丝和基准孔中心相重合的坐标为（$\frac{|X_1|+|X_2|}{2}$，$\frac{|Y_1|+|Y_2|}{2}$）。

第三节　超 声 加 工

超声加工是在机械制造和仪器制造中，由于各种脆性材料和难加工材料的不断出现而得到应用和发展的。它弥补了传统机械加工在加工脆性材料方面的不足，并显示出其独特的优越性。

一、超声加工的原理和特点

1. 超声加工的原理

超声加工也称超声波加工，如图 2-60 所示。加工时，工具以一定的静压力压在工件上，在工具和工件之间送入磨料悬浮液（磨料和水或煤油的混合物），超声换能器产生大于16kHz的超声频轴向振动，借助于变幅杆把振幅放大到0.02~0.08mm，迫使工作液中悬浮的磨料以很大的速度不断地撞击、抛磨被加工表面，把加工区域的材料粉碎成很细的微粒，虽然一次撞击去除的材料很少，但由于每秒钟撞击的次数超过16000次，所以仍有一定的加工速度。工作液受工具端面超声频振动作用而产生的高频、交变的液压冲击，使磨料悬浮液在加工间隙中强迫循环，将钝化了的磨料及时更新，并带走从工件上去除下来的微粒。随着工具的轴向进给，工具端部形状被复制在工件上。

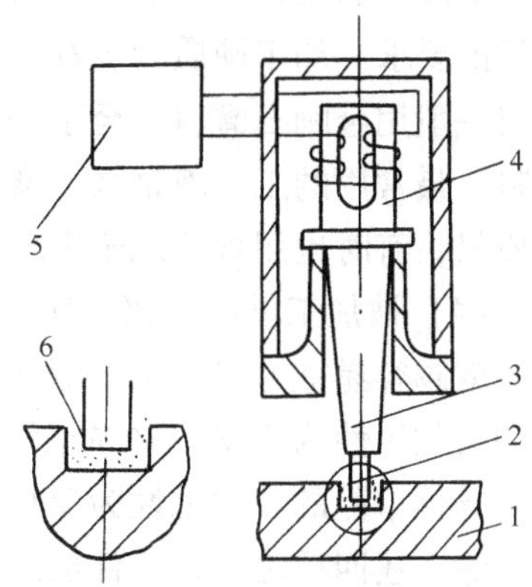

图2-60　超声加工的原理
1—工件　2—工具　3—变幅杆
4—超声换能器　5—超声发生器　6—磨料悬浮液

由于超声波加工是基于高速撞击原理，因此越是硬脆材料，受冲击破坏的作用也就越大，而韧性材料则由于它的缓冲作用而难以加工。

2. 超声加工的特点

1）适合加工硬脆材料（特别是不导电的硬脆材料），如玻璃、石英、陶瓷、宝石、金刚石、各种半导体材料、淬火钢和硬质合金等。

2）由于是靠磨料悬浮液的冲击和抛磨去除加工余量，所以可采用比工件软的材料作工具。加工时不需要使工具和工件作复杂的相对运动。因此，超声加工机床的结构比较简单，操作和维修也比较方便。

3）由于去除加工余量是靠磨料的瞬时撞击，工具对工件表面的宏观作用力小，热影响小，不会引起变形及烧伤，因此适用于加工薄壁零件及工件上的窄槽、小孔。

超声加工的精度一般可达0.01~0.02mm，表面粗糙度值可达$Ra0.63\mu m$，可用于穿孔、切割和研磨等。在模具加工中用于加工某些冲模、拉丝模及抛光模具工作零件的成形表面。

二、影响加工速度和加工精度的因素

1. 加工速度及其影响因素

超声加工的加工速度（或生产率）是指单位时间内被加工材料的去除量，其单位用mm^3/min或g/min表示。相对其他加工而言，超声加工生产率较低，一般为1~50mm^3/min。加工玻璃最大速度可达400~2000mm^3/min。影响加工速度的主要因素有工具的振幅和频率、进给压力、磨料悬浮液和被加工材料等。

（1）工具的振幅和频率　提高振幅和频率可以提高加工速度。但是，过大的振幅和过高的频率会使工具和变幅杆产生大的内应力。因此，振幅与频率的增加受到机床功率及变幅杆、工具材料疲劳强度的限制。通常振幅范围为0.01~0.1mm，频率为16~25kHz。

（2）进给压力　加工时，工具对工件所施加压力的大小对生产率影响很大，压力过小，则磨料在冲击过程中损耗于路程上的能量过多，致使加工速度降低；而压力过大，则使工具难以振动，并会使加工间隙减小，磨料和工作液不能顺利循环更新，也会使加工速度降低。因此，存在一个最佳的压力值。此值与工具形状、材料、工具截面积及磨粒大小等因素有关，实际应用中由实验决定。

（3）磨料悬浮液　磨料的种类、硬度、粒度、磨料和液体的比例及悬浮液本身的黏度等，对超声加工都有影响。磨料硬、磨粒粗则生产率高，但在选用时还应考虑经济性与表面质量的要求。加工硬质合金及淬火钢等材料时用一般碳化硼或碳化硅；加工金刚石和宝石材料时一般用金刚石磨料；至于一般的玻璃、石英和半导体材料等，则采用刚玉（Al_2O_3）作磨料。最常用的工作液是水，磨料与水的较佳配比（重量比）为 0.8∶1 ~1∶1。为了提高表面质量，有时也用煤油或全损耗系统用油。

（4）被加工材料　超声加工适于加工脆性材料，材料越脆，其承受冲击载荷的能力越差，就越容易被冲击碎除，即加工速度也越快。如以玻璃的可加工性作标准为 100%，则石英的可加工性为 50%，硬质合金的可加工性为 2% ~3%，淬火钢的可加工性为 1%，而锗、硅半导体单晶的可加工性为 200% ~250%。

除上述四项之外，工件加工面积、加工深度、工具面积、磨料悬浮液的供给及循环方式对加工速度也都有一定影响。

2. 加工精度及其影响因素

超声加工的精度除受机床、夹具精度影响外，还与工具制造及安装精度、工具的磨损、磨料粒度、加工深度和被加工材料性质等有关。

超声加工精度较高，可达 0.01 ~0.02mm，一般加工孔的精度可达 ±(0.02 ~0.05)mm。磨料越细，加工精度就越高。尤其在加工深孔时，采用细磨粒有利于减小孔的锥度。

安装工具时，要求工具的重心在整个超声振动系统的轴线上，否则在其纵向振动时会出现横向振动，降低成形精度。

工具的磨损直接影响圆孔及型腔的形状精度。为了减少工具磨损对加工精度的影响，可将粗、精加工分开，并相应地更换磨料粒度，合理选择工具材料。对于圆孔，采用工具或工件旋转的方法可以减少圆度误差。

3. 表面质量及其影响因素

超声加工具有较好的表面质量，表面层无残余应力，不会产生表面烧伤与表面变质层。表面粗糙度值可达 $Ra0.08 \sim Ra0.63\mu m$。

加工表面质量主要与磨料粒度、被加工材料性质、工具振动的振幅、磨料悬浮液的性能及其循环状况有关。当磨粒较细，工件硬度较高，工具振动的振幅较小时，被加工表面的表面粗糙度将得到改善，但加工速度也随之下降。工作液的性能对表面粗糙度的影响比较复杂，用煤油或全损耗系统用油作为工作液可使表面粗糙度有所改善。

三、工具设计

工具的结构尺寸、重量大小与变幅杆的连接好坏，对超声振动系统的共振频率和工作性能影响较大。同时，工具的形状、尺寸和制造质量，对零件的加工精度有直接影响。通常取工具直径 D_t 为

$$D_t = D - 2d_0$$

式中　D——加工孔径（mm）；

d_0——磨料基本磨粒的平均直径（mm）。

加工深孔时，为减小锥度，工具后部比前端直径 D_t 稍小些或稍带倒锥。工具长度可按以下情况选取。

1）当工具的横截面比变幅杆输出端的横截面积小很多，且工具连接到变幅杆上对超声

系统共振频率影响不大时，可取工具长度 $L_{max} < \frac{\lambda}{4}$（$\lambda$ 为工作频率下工具中的声波波长），变幅杆的长度也不减短。

2）当工具的横截面积与变幅杆输出端的横截面积相差不大时，仍取 $L_{max} < \frac{\lambda}{4}$。变幅杆的长度应减短，变幅杆减短部分的重量应等于工具的重量。

3）对于深孔加工，可取工具长度 $L = \lambda/2$。

4）通常采用45钢和碳素工具钢作工具材料。

5）工具与变幅杆的连接必须可靠，连接面要紧密接触，以保证声能有效传递。按工具截面尺寸选择螺纹连接或焊接。对于一般的加工工具，通常采用锡焊，以便于工具制造和更换。

四、超声抛光

超声抛光是利用超声振动的能量，通过机械装置对型腔表面进行抛光加工的一种工艺方法。图2-61所示是超声抛光的原理。在抛光工具的作用下，使工作液中悬浮的磨粒产生不同的剧烈运动，大颗粒的磨粒高速旋转，小磨粒产生各个方向的高速跳跃，均对加工表面有微细的切削作用，使加工表面微观不平度的高度减小，表面光滑平整。按这种原理设计的抛光机称为散粒式超声抛光机。也可以将磨料与工具制成一个整体，如同油石一样，使用这种工具抛光，不需要另加磨料，只要加入工作液即可。图2-62所示就是这种形式的超声波抛光机。

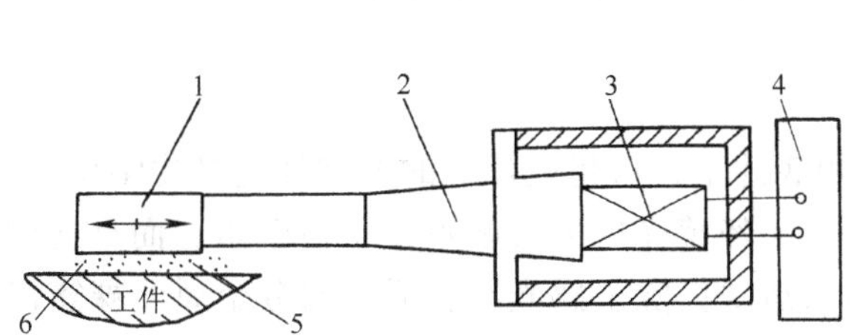

图2-61　超声抛光的原理

1—抛光工具　2—变幅杆　3—超声换能器　4—超声发生器　5—磨粒　6—工作液

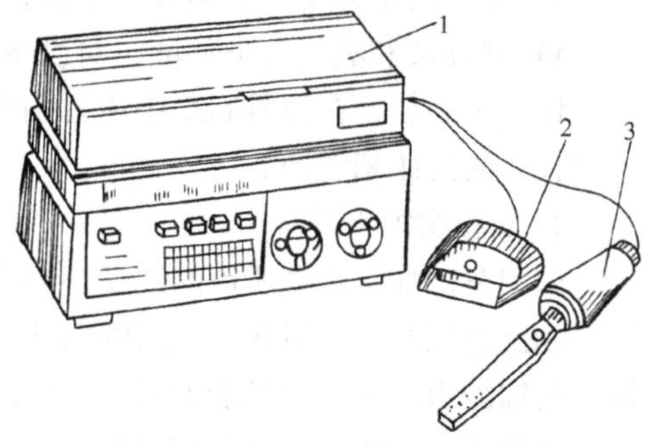

图2-62　超声波抛光机

1—超声波发生器　2—脚踏开关　3—手持工具头

超声抛光常采用碳化硅、碳化硼或金刚砂等作磨料，粗、中抛光用水作工作液，精抛光一般用煤油作工作液。超声抛光前，工件的表面粗糙度不应大于 $Ra1.25 \sim Ra2.5\mu m$，精抛光后的表面粗糙度值可达 $Ra0.08 \sim Ra0.63\mu m$ 或更小。抛光精度与操作者的经验和技术熟练程度有关。

超声抛光的加工余量与抛光前被抛光表面的质量及抛光后的表面质量有关。最小抛光余量应保证能完全消除上道工序形成的表面微观几何形状误差和变质层的深度。例如，对于采用电火花加工成形的型腔，对应其粗、精加工规准，所采用的抛光余量也不一样。电火花中，精规准加工后的抛光余量一般为0.02～0.05mm。

超声波抛光具有以下优点。

1）抛光效率高，能减轻操作者劳动强度。

2）适用于各种型腔模具，对窄缝、深槽、不规则圆弧的抛光尤为适用。

3）适用于不同材质的抛光。

第四节　化学加工及电化学加工

一、化学腐蚀加工

1. 化学腐蚀加工

（1）化学腐蚀加工的原理　化学腐蚀加工是将零件要加工的部位暴露在化学介质中，产生化学反应，使零件材料腐蚀溶解，以获得所需要形状和尺寸的工艺方法。化学腐蚀加工时，应先将工件表面不加工的部位用耐蚀涂层覆盖起来，然后将工件浸于腐蚀液中或在工件表面涂覆腐蚀液，将裸露部位的余量去除，达到加工目的。常见的化学腐蚀加工有照相腐蚀、化学铣削和光刻等。

（2）化学腐蚀加工的特点

1）可加工金属和非金属（如玻璃、石板等）材料，不受被加工材料的硬度影响，不发生物理变化。

2）加工后表面无毛刺、不变形、不产生加工硬化现象。

3）只要腐蚀液能浸入的表面都可以加工，故适合加工难以进行机械加工的材料表面。

4）加工时不需要用夹具或贵重装备。

5）腐蚀液和蒸气污染环境，对设备和人体有危害，必须采用适当的防护措施。

化学腐蚀加工在模具制造中主要用来加工塑料模型腔表面上的花纹、图案和文字，其中应用较广的是照相腐蚀。

2. 照相腐蚀工艺

照相腐蚀加工是把所需的图像摄影到照相底片上，再将底片上的图像经过光化学反应，复制到涂有感光胶（乳剂）的型腔工作表面上。经感光后的胶膜不仅不溶于水，而且还增强了耐蚀能力。未感光的胶膜能溶于水，用水清洗去除未感光胶膜后，部分金属便裸露出来，经腐蚀液的浸蚀，即能获得所需要的花纹、图案。

照相腐蚀法的工艺过程如图 2-63 所示。

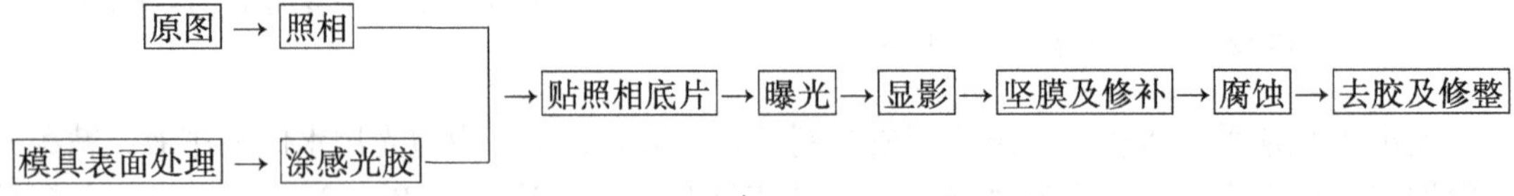

图 2-63　照相腐蚀法的工艺过程

图 2-64 所示为照相腐蚀主要工序示意图。和其他加工方法相比，照相腐蚀能降低劳动强度、提高生产率，获得清晰的花纹、图案。

（1）原图和照相　将所需的图形或文字按一定比例绘制在图纸上即为原图，通过照相（专用照相设备）将原图缩小至所需大小的照相底片上。

（2）感光胶　感光胶的配方有很多种，现以聚乙烯醇感光胶为例，其成分为

聚乙烯醇　　45 ~ 60g

重铬酸铵　　10g

水　　1000mL

配制时，先将聚乙烯醇溶解于900mL的水中蒸煮3h；将重铬酸铵溶解于100mL的水中，倒入聚乙烯醇溶液里，再隔水蒸煮半小时即可。

上述配制过程必须在暗室里进行。暗室可用红灯照明。熬制好的感光胶需严格避光保存。

感光胶的作用原理是：聚乙烯醇和重铬酸铵间不起化学反应。聚乙烯醇的特点易溶于水，无色透明，有粘结作用。水分挥发后，形成一层薄膜。但用水冲洗、擦拭便可去掉。重铬酸铵是种感光材料，经光照、感光、显影后，不易溶于水，和聚乙烯醇的混合物共同形成一层薄膜，较牢固地附着在模具表面。而未感光部分仍是聚乙烯醇为主，经水冲洗，用脱脂棉擦拭便可去除。附着在模具表面的感光胶膜经过固化后具有一定的耐蚀能力，能保护金属不被腐蚀。

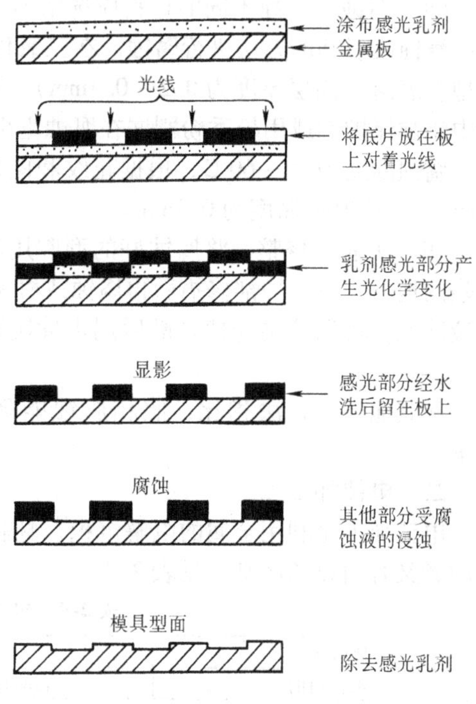

图2-64　照相腐蚀主要工序示意图

（3）腐蚀面清洗和涂胶　涂胶前必须清洗模具表面。对小模具可将其放入10%的NaOH溶液中加热去除油污，然后取出用清水冲洗。对较大的模具，先用10%的NaOH溶液煮沸后冲洗，再用开水冲洗。模具清洗后经电炉烘烤至50℃左右涂胶，否则，涂上的感光胶容易起皮脱落。涂胶可采用喷涂法在暗室红灯下进行，在需要感光成像的模具部位应反复涂多次，每次的间隔时间应根据室温情况而定，室温高，则时间短；室温低，则时间长。喷涂时要注意均匀一致。

（4）贴照相底片　在需要腐蚀的表面上，铺上制作好的照相底片，找平表面，用玻璃将底片压紧，垂直表面用透明胶带将底片粘牢。对于圆角或曲面部位可用白凡士林将底片粘结。设计型腔时，应考虑到贴片是否方便，必要时可将型腔设计成镶块结构。贴片过程都必须在暗室的红灯下进行。

（5）感光　将经涂胶和贴片处理后的工件部位用紫外线光源（如水银灯）照射，使工件表面的感光胶膜按图像感光。在此过中应调整光源的位置，让感光部分均匀感光。感光时间的长短根据实践经验确定。

（6）显影冲洗　将感光（曝光）后的工件放入40～50℃的热水中浸大约30s，让未感光部分的胶膜溶解于水中。取出后滴上碱性紫5BN染料，涂匀显影。待出现清晰的花纹后再用清水冲洗，并用脱脂棉将未感光部分擦掉。最后用热风吹干。

（7）坚膜及修补　将已显影的型腔模放入150～200℃的电热恒温干燥箱内，烘焙5～20min，以提高胶膜的黏附强度及耐蚀性能，此过程称为坚膜。型腔表面若有未去净的胶膜，可用刀尖修除干净，缺膜部位用印刷油墨修补。不需进行腐蚀的部位，应涂汽油沥青溶液，待汽油挥发后便留下一层薄薄的沥青层。沥青耐酸，能起到保护作用。

（8）腐蚀　腐蚀不同的材料应选用不同的腐蚀液。对于钢型腔，常用三氯化铁水溶液，可用浸蚀或喷洒的方法进行腐蚀。在三氯化铁水溶液中加入适量的粉末硫酸铜调成糊状，涂在型腔表面（涂层厚度为0.2～0.4mm），可减少向侧面渗透。为防止侧蚀，也可以在腐蚀剂中添加保护剂或用松香粉刷嵌在腐蚀露出的图形侧壁上。

腐蚀温度为50～60℃，根据花纹和图形的密度及深度一般需腐蚀1～3次，每次30～40min。一般腐蚀深度为0.3mm。

（9）去胶、修整　将腐蚀好的型腔用漆溶剂和工业酒精擦洗。检查腐蚀效果，对于有缺陷的地方，进行局部修描后再腐蚀或机械修补。腐蚀结束，表面附着的感光胶应用NaOH溶液冲洗，将保护层烧掉。最后用水冲洗若干遍，用热风吹干，涂一层油膜，即完成全部加工。

和其他加工方法相比，照相腐蚀能降低劳动强度，提高生产率，获得清晰的花纹、图案。

二、电铸加工

电铸加工是利用金属的电解沉积，翻制金属制品的工艺方法。其基本原理与电镀相同，但两者又有明显的区别，见表2-9。

表2-9　电镀、电铸的主要区别

比较项目	电镀	电铸
工艺目的	表面装饰，防腐蚀	成形加工
镀层厚度	0.02～0.05mm	0.06～6mm或以上
要求	表面光亮，平滑	一定尺寸和形状精度
镀层牢固程度	与工件牢固结合	要求与原模能分离

1. 电铸加工的原理和特点

（1）电铸加工的原理　电铸加工如图2-65所示。用导电的原模作阴极，电铸材料作阳极，含电铸材料的金属盐溶液作电铸液。在直流电源（电压为6～12V，电流密度为15～30A/dm^2）的作用下，电铸溶液中的金属离子，在阴极获得电子还原成金属原子，沉积在原模表面，而阳极上的金属原子失去电子成为正离子源源不断地溶解到电铸溶液中进行补充，使溶液中金属离子的浓度保持不变。

当原模上的电铸层逐渐加厚到所要求的厚度后，将其与原模分离，即获得与原模型面相反的电铸件。

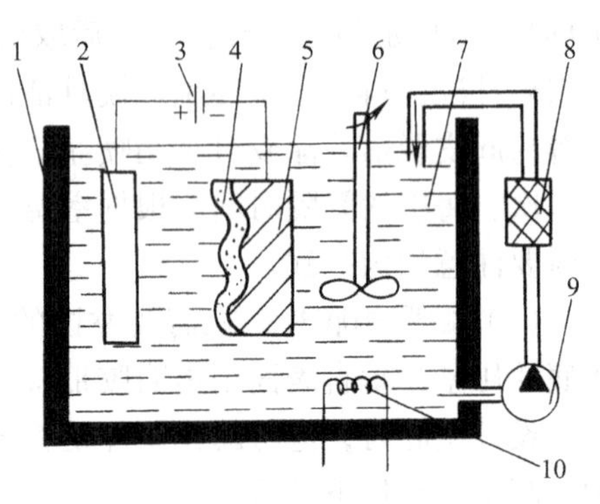

图2-65　电铸加工

1—电铸槽　2—阳极　3—直流电源　4—电铸层　5—原模（阴极）　6—搅拌器　7—电铸液　8—过滤器　9—泵　10—加热器

（2）电铸加工的特点

1）能准确地复制形状复杂的成形表面，制件表面粗糙度值（*Ra*0.1μm左右）小，用同一原模能生产多个电铸件（其形状、尺寸的一致性极好）。

2）设备简单、操作容易。

3）电铸速度慢（需几十甚至上百小时），电铸件的尖角和凹槽部位不易获得均匀的电铸层，尺寸大而薄的铸件容易变形。

在模具制造中，电铸主要用于加工塑料压模、注射模等模具的型腔。为了保证型腔有足够的强度和刚度，其铸层厚度一般为6~8mm。用镍为电铸材料时，电铸时间约8天，电铸件的抗拉强度一般为（1.4~1.6）$\times 10^6$Pa，硬度为35~50HRC，不需要进行热处理。对承受冲击载荷的型腔（如锻模型腔），不宜采用电铸法制造。

2. 电铸法制模的工艺过程

电铸法制模是预先按型腔的形状、尺寸做成原模，在原模上电铸一层适当厚度的镍（或铜）后，将镍壳从原模上脱下，外形经过机械加工，镶入模套内作型腔。其加工的工艺过程如下。

原模设计与制造→原模表面处理→电铸至规定厚度→衬背处理→脱模→清洗干燥→成品。

（1）原模　原模的尺寸应与型腔一致，沿型腔深度方向应加长5~8mm，以备电铸后切除端面的粗糙部分。原模电铸表面应有脱模斜度（一般取15′~30′），并进行抛光，使表面粗糙度值达*Ra*0.08~*Ra*0.16μm。此外还应考虑电铸时的挂装位置。

根据电铸模具的要求、铸件数量等情况，可采用不锈钢、铝、低熔点合金、有机玻璃、塑料、石膏、蜡等为原材料制造原模。凡是金属材料制作的原模，在电铸前需要进行表面钝化处理，使金属原模表面形成一层钝化膜，以便电铸后易于脱模（一般用重铬酸盐溶液处理）。对于非金属材料制作的原模要进行表面导电化处理。其处理方法如下：

1）以极细的石墨粉、铜粉或银粉调入少量胶合剂作成导电漆，均匀地涂在原模表面。

2）用真空镀膜或阴极溅射（离子镀）的方法，使原模表面覆盖一薄层金或银的金属膜。

3）用化学镀的方法在原模表面镀一层银、铜或镍的薄层。

（2）电铸金属及电铸溶液　电铸金属应根据模具要求进行选择。常用的电铸金属有铜、镍和铁三种，相应的电铸溶液为含有选用电铸金属离子的硫酸盐、氨基磺酸盐和氧化物等的水溶液。

电铸铜所用的电铸溶液由下列成分组成：

硫酸铜　250~270g

硫　酸　60~70g

酚磺酸　8mL

蒸馏水　1000mL

电铸温度　25~50℃

电铸镍所用的电铸溶液由下列成分组成：

硫酸镍　180g

氯化铵　20~25g

硼酸　30g

十二烷基硫酸　1g

蒸馏水　1000mL

电铸温度：非金属原模　45~55℃

金属原模　75~80℃

电铸的注意事项（以电铸镍为例）：

1）镍阳极必须采用高纯度电解镍板，其面积是电铸模型投影面积的1~2倍，采用铜螺钉与导线连接。

2）电铸槽内不应混入有机物及金属杂质，每2~3天分析调整溶液，并维持电铸溶液的液位，液温采用恒温控制。

3）原模放入电铸槽内1min后，待原模完全浸透再接通电源，开始4h内每隔0.5h观察铸层情况，并注意电流与温度的调整。

4）在电铸时严禁断电，如中途断电时间不超过2h则可不必取出原模，待通电后做反向电流处理；如断电超过2h，则将原模取出用20%稀盐酸活化后再进行电铸。

5）原模及阳极在电铸溶液中的放置对电铸质量影响较大。为改善铸层的均匀性，原模的电铸面与阳极间距离宜大，且距离要均匀，一般不小于200mm。对不同形状的原模两者的放置也不相同。

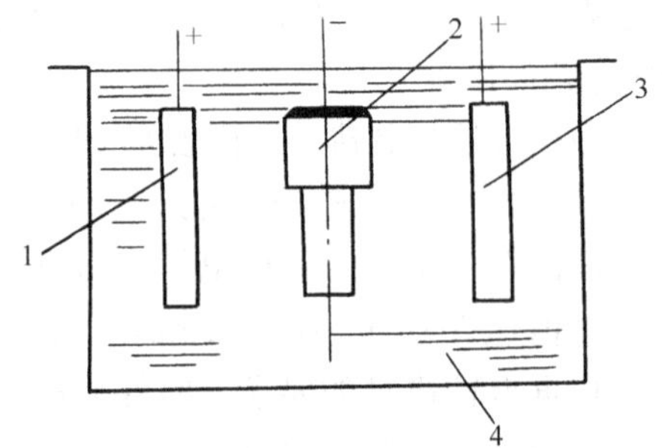

图2-66　原模与阳极的位置
1、3—阳极　2—原模　4—铸槽

对于轴类的原模宜采用四面或呈三角形挂置阳极，以改善铸层的圆度，若因设备条件限制，阳极可两面挂置，如图2-66所示。铸层达一定厚度后，每隔一两天将原模绕垂直轴线转置45°。

对于带有凸缘的盘形原模如图2-67a所示。垂直挂置则在凹处易生成气泡，一般采用水平挂置，以改善铸件中间薄四周厚的现象（图2-67b），或将原模倾斜30°挂置（见图2-67c）。

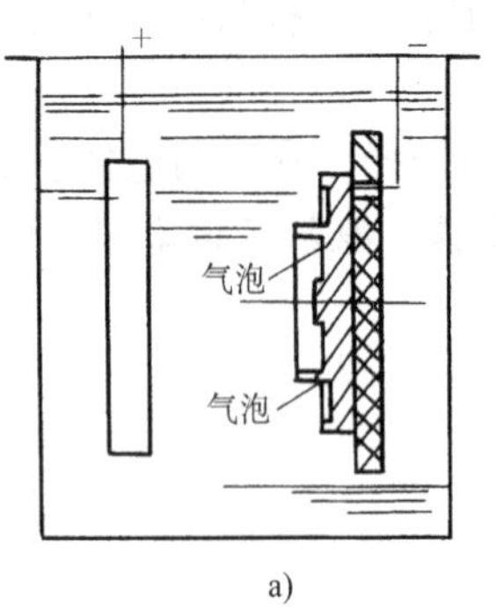

a)

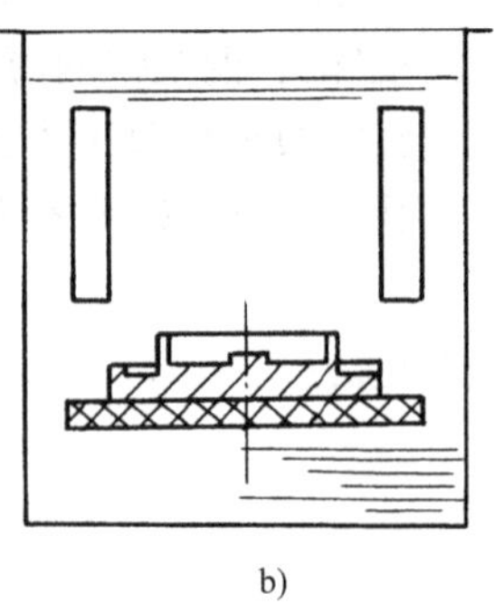
b)

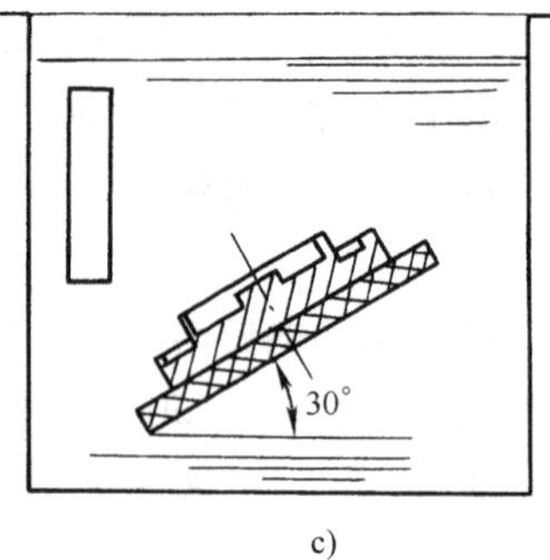

c)

图2-67　原模放置位置
a）垂直挂置　b）水平挂置　c）倾斜挂置

当铸件达到所要求的厚度后，取出清洗，擦干。

（3）衬背和脱模　有些电铸件（如塑料模具和电火花加工所用的电极等）电铸成形之后，需要用其他材料在其背面加固（称为衬背），以防止变形，然后对电铸件进行脱模和机械加工。加固可采用喷涂金属、镶入模套、铸铝、浇注低熔点合金或环氧树脂的方法来获得，见表2-10。

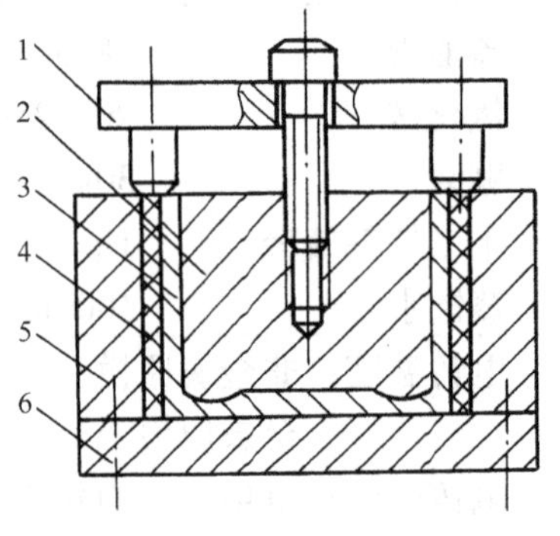

图2-68　电铸型腔与模套的组合及脱模
1—脱模架　2—原模　3—电铸型腔
4—粘结剂　5—模套　6—垫板

结构简单的电铸型腔，对电铸表面机械加工后直接镶入模套使用；复杂的型腔，为简化模套形状，一般都需要加衬背，机械加工后再镶入模套。脱模通常在镶入模套后进行，这样可避免电铸件在机械加工中变形或损坏。脱模方法有用锤子敲打、加热或冷却、用脱模架脱出等，要视原模材料不同合理选用。图 2-68 所示为金属原模及脱模架。旋转脱模架的螺钉，就可以将原模从电铸件中取出。

表 2-10　电铸成形件的加固

加固方法	简　图	说　明
喷涂金属(铜、钢)	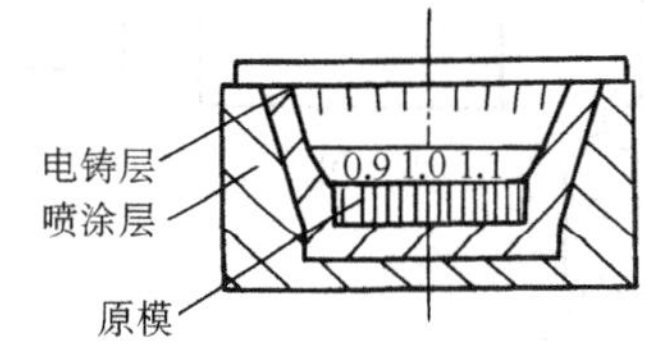 电铸层 喷涂层 原模 0.9 1.0 1.1	在电铸层外面喷涂金属(铜或钢)待达到一定厚度再将外形车成所需的形状
无机粘结	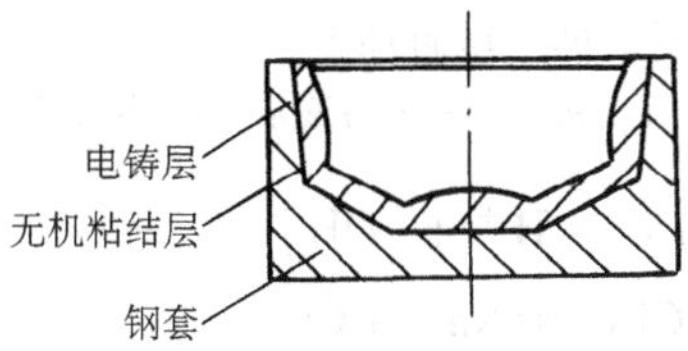 电铸层 无机粘结层 钢套	1. 将电铸件的外形按铸件的镀层大致车成形 2. 按车制后铸件的外形，配车钢套内形，间隙单边为 0.2 ~ 0.3mm 3. 浇无机粘结剂
铸铝	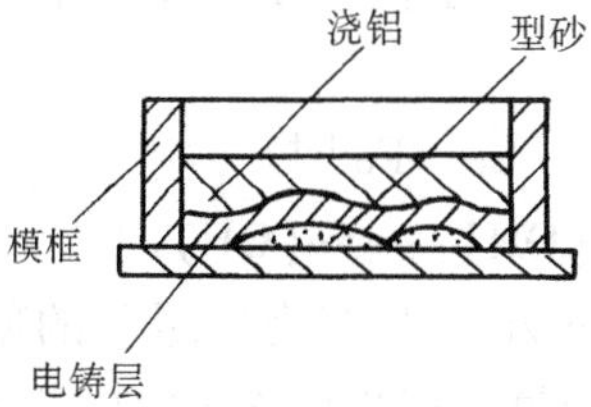 浇铝 型砂 模框 电铸层	在电铸件的背面铸铝加固，在浇铸前，型腔填以型砂，以防止模具变形
浇环氧树脂或低熔点合金	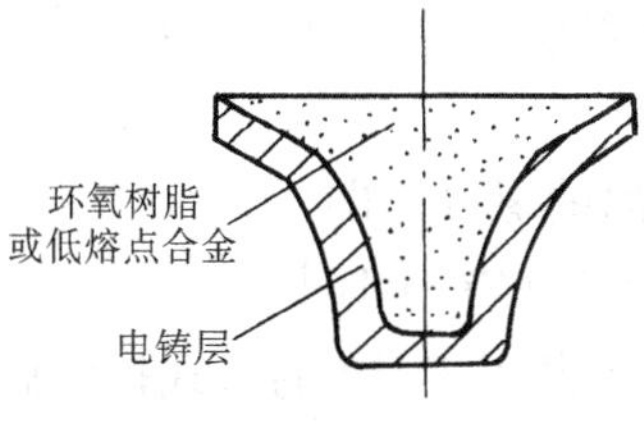 环氧树脂 或低熔点合金 电铸层	电铸电极为了防止在电火花加工时变形，在电铸件的内壁浇以低熔点合金或环氧树脂

三、电解加工

1. 电解加工的基本原理及特点

电解加工是利用金属在电解液中发生电化学阳极溶解的原理，将工件加工成形的工艺方法，如图 2-69a 所示。加工时工具电极接直流稳压电源（6 ~ 24V）的阴极，工件接阳极。两极之间保持一定的间隙（0.1 ~ 1mm）。具有一定压力（0.49 ~ 1.96MPa）的电解液，从两极间隙间高速流过。当接通电源后（电流可达 1000 ~ 10000A），工件表面产生阳极溶解。由于两极之间各点的距离不等，其电流密度也不相等（图 2-69b 中以细实线的疏密度表示电流密度的大小，实线越密处则电流密度越大），两极间距离最近的地方，通过电流密度最大可达 10 ~ 70A/cm^2，该处的溶解速度最快。随着工具电极的不断进给（一般为 0.4 ~ 1.5mm/min），工件表面不断被溶解（电解产物被电解液冲走），使电解间隙逐渐趋于均匀，工具电极的形状就被复制在工件上，如图 2-69c 所示。

电解加工钢制模具零件时，常用的电解液为 NaCl 水溶液，其浓度（质量分数）为 14% ~ 18%。电解液的离解反应为

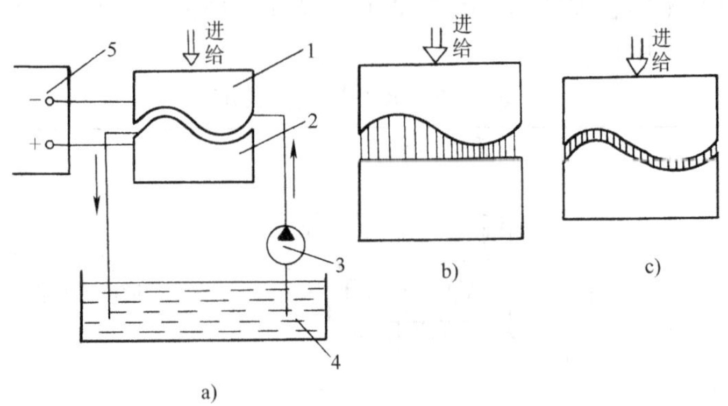

图 2-69　电解加工

1—工具电极（阴极）　2—工件（阳极）　3—电解液泵　4—电解液　5—直流电源

$$H_2O \rightleftharpoons H^+ + [OH]^-$$

$$NaCl \rightleftharpoons Na^+ + Cl^-$$

电解液中的 H^+、$[OH]^-$、Na^+、Cl^- 离子在电场的作用下，正离子和负离子分别向负极和正极运动。阳极的主要反应如下：

$$Fe - 2e \rightarrow Fe^{++}$$

$$Fe^{++} + 2[OH]^- \rightarrow Fe(OH)_2 \downarrow$$

由于 $Fe(OH)_2$ 在水溶液中的溶解度很小，沉淀为墨绿色的絮状物，随着电解液的流动而被带走。并逐渐与电解液以及空气中的氧作用生成 $Fe(OH)_3$，即

$$4Fe(OH)_2 + 2H_2O + O_2 \rightarrow 4Fe(OH)_3 \downarrow$$

$Fe(OH)_3$ 为黄褐色沉淀。

正离子 H^+ 从阴极获得电子成为游离的氢气，即

$$2H^+ + 2e \rightarrow H_2 \uparrow$$

由此可见，电解加工过程中，阳极不断以 Fe^{++} 的形式被溶解，水被分解消耗，因而电解液的浓度稍有变化。电解液中氯离子和钠离子起导电作用，本身并不消耗，所以 NaCl 电解液的使用寿命长，只要过滤干净，可以长期使用。

按法拉第电解定律，电解加工的阳极溶解量为

$$M = \eta KIt$$

式中　M——阳极金属溶解量（g）；

η——电流效率；

K——被电解物质的电化当量(g/(A·h))；

I——电解电流（A）；

t——电解时间（h）。

与其他加工方法相比，电解加工具有如下特点。

1）可加工高硬度、高强度、高韧性等难切削的金属（如高温合金、钛合金、淬火钢、不锈钢、硬质合金等），适用范围广。

2）加工生产率高。由于所用的电流密度较大（一般为 10～100A/cm²），所以金属去除速度快，用该方法加工型腔比用电火花方法加工提高加工效率 4 倍以上，在某些情况下甚至

超过切削加工。

3）加工中工具和工件间无切削力存在，所以适用于加工易变形零件。

4）加工后的表面无残余应力和毛刺，表面粗糙度值可达 *Ra*0.2 ~ *Ra*1.6μm，平均加工精度可达 ±0.1mm。

5）加工过程中工具损耗极小，可长期使用。

但由于工具电极设计、制造和修正都比较困难，难以保证很高的精度，另外影响电解加工的因素很多，所以难于实现稳定加工。电解加工的附属设备比较多，占地面积较大。电解液对机床设备有腐蚀作用。电解产物需进行妥善处理，否则将污染环境。

电解加工可以使用成形的工具电极加工形状复杂的型腔，生产率高，被加工表面的表面粗糙度值小，其加工精度可控制在 ±(0.1 ~0.2)mm，所以在模具制造中多用于精度要求不高的锻模型腔加工。

2. 电解液

在电解加工过程中，电解液除了传递电流使工件进行阳极溶解外，还可破坏阳极表面上形成的钝化薄膜，并把电解产物及热量从加工区域带走。

在电解加工中应用最广的电解液有 NaCl、$NaNO_3$、$NaClO_3$ 等中性盐的水溶液。NaCl 电解液价廉、电流效率高，并在相当宽的范围内不随浓度和温度的变化而变化，加工过程消耗量也少。因其杂散电流腐蚀较大，所以成形精度较低。$NaNO_3$、$NaClO_3$ 经济性差，生产效率较低，但加工精度较高。一般加工精度要求不高的锻模及零件时选择 NaCl 电解液，反之则选择 $NaNO_3$ 和 $NaClO_3$ 电解液。

3. 混气电解加工

混气电解加工是将具有一定压力的气体与电解液混合后，再送入加工区进行电解加工，如图 2-70 所示。压缩空气经喷嘴引入气、液混合腔（包括引入部、混合部及扩散部），与电解液强烈搅拌成细小气泡，成为均匀的气、液混合物。经工具电极进入加工区域。

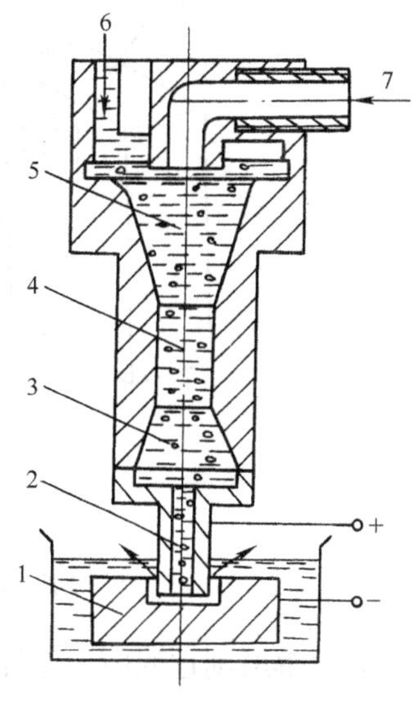

图 2-70　混气电解加工

1—工件　2—工具电极　3—扩散部　4—混合部　5—引入部　6—电解液入口　7—气源入口

由于气体不导电，而且气体的体积会随着压力的改变而改变，因此，在压力高的地方，气泡体积小，电阻率低，电解作用强；在压力低的地方，气泡体积大，电阻率高，电解作用弱。混气电解液的这种电阻特性，可使加工区的某些部位，当间隙达到一定值时，电解作用趋于停止（这时的间隙值称为切断间隙）。所以混气电解加工的型腔，侧面间隙小而均匀，使加工电极的形状较接近型腔，使电极的设计、制造简化，易保证较高的成形精度。图 2-71 所示是两种加工的成形效果比较。

因气体的密度和黏度远小于液体，混气后电解液的密度和黏度降低，能使电解液在较低的压力下达到较高的流速，从而降低了对工艺设备的刚度要求；由于气体强烈的搅拌作用，还能驱散黏附在电极表面的惰性离子。同时，使加工区内的流场分布均匀，消除“死水区”，使加工稳定。

四、电解磨削

电解磨削是电解加工和磨削相结合的一种复合加工工艺 。它能获得比电解加工更高的加工精度和更小的表面粗糙度值，生产率高于磨削加工 。

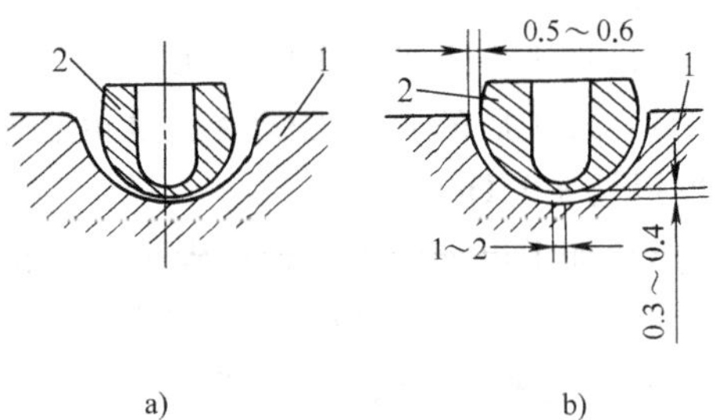

图 2-71　混气电解加工成形效果比较

a）不混气　b）混气

1—工件　2—工具电极

1. 电解磨削的基本原理和特点

图 2-72 所示为电解磨削的原理。工件接直流电源的正极，导电砂轮接负极。导电砂轮和工件表面之间除凸出的磨粒（不导电）接触外，尚有极微小的间隙存在，该间隙即为电解间隙。当电解间隙中注入电解液，并有直流电流通过时，工件（阳极）表面便发生电化学阳极溶解，同时在表面生成一层极薄的氧化物（或氢氧化物）薄膜，称为阳极钝化膜。这层钝化膜具有较高的电阻，使金属的阳极溶解过程减慢。由于导电砂轮磨粒的切削作用，将这层阳极钝化膜去除，并由电解液带走。既可使工件露出新的金属表面，又能使阳极表面重新活化。这样在电解和磨削的综合作用下工件表面钝化、活化不断交替地进行，直至将工件磨削到一定的尺寸和表面粗糙度为止。

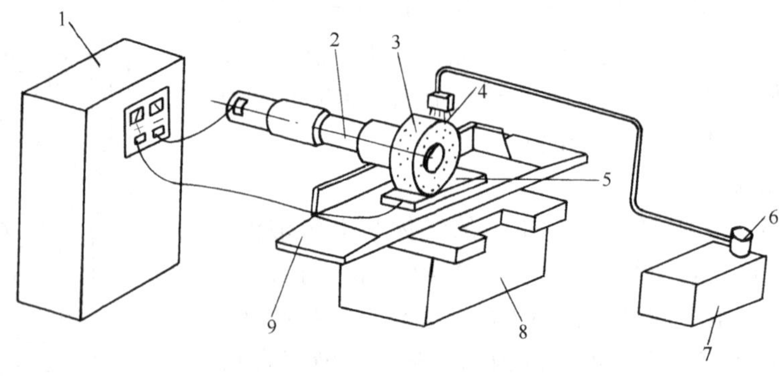

图 2-72　电解磨削的原理

1—直流电源　2—绝缘主轴　3—导电砂轮　4—电解液喷嘴

5—工件　6—电解液泵　7—电解液箱　8—机床本体　9—工作台

在电解磨削过程中，零件加工余量的大部分（95% ~98%）由电解作用去除，小部分（5% ~2%）由磨粒切除。磨粒的主要作用是去除阳极钝化膜和平整工件表面。

与一般磨削相比，电解磨削具有如下特点。

1）加工范围广，加工效率高。可以加工高硬度、高韧性的金属材料（如硬质合金、不锈钢、耐热合金等）。与用普通的金刚石砂轮磨削相比，用电解磨削加工硬质合金，其效率可提高 3 ~5 倍。

2）磨削后的表面质量高。因电解磨削由磨粒切除的金属量很少，因而磨削力和磨削热都很小，不会产生毛刺、裂纹、烧伤等缺陷。表面粗糙度≤Ra0. 16μm。

3）磨削精度高。随着电解磨削工艺的发展，现已采用既能电解磨削又能单独磨削的导电砂轮，在电解磨削后切断直流电源进行纯机械磨削，能获得与机械磨削相同的加工精度。

4）砂轮的损耗小。由于电解磨削主要靠电解作用去除金属材料，磨粒的切削负荷极小，所以砂轮的损耗小，使用寿命长。

但是，电解加工需要辅助设备较多，设备投资较高。有时要使用具有腐蚀性的电解液，磨削中会产生电解液雾沫和有刺激性的气体，所以应采取相应的防护性措施。

2. 电解磨床

电解磨床由直流电源、机床和电解液系统三部分组成。根据用途不同，电解磨床有多种类型，如电解平面磨床、电解内圆磨床、电解外圆磨床和电解成形磨床等。无论哪种电解磨床，其机械结构与普通磨床都基本相同，但还需要有直流电源、电解液和绝缘、防腐蚀等方面的装置和要求。在无专用电解磨床时，可用普通磨床进行改装。

电解磨削所用的直流电源一般采用硅整流器或晶闸管整流器获得。电源电压一般为0～20V，电流容量可按磨轮与工件最大接触面积和电流密度确定（一般可按40～50A/cm^{2}的电流密度计算）。电源必须能无级调压，并具有过电流保护和稳压装置。

在电解磨削过程中，为了使直流电流集中通过磨轮与工件的接触表面，防止漏电和出现操作安全方面的事故。主轴和工件必须与床身绝缘。在实际应用中有用单极绝缘（工件或磨轮与机床床身绝缘）和双级绝缘（工件和磨轮分别与机床床身绝缘）。从绝缘性能的安全可靠考虑，应尽可能采用双级绝缘。

电解液有一定的腐蚀性，特别是在电解液中含有氯化钠成分的情况下更为明显，因此，必须从机床结构和材料等方面考虑，采取适当的防腐措施。

为防止磨轮旋转时产生电解液飞溅，应在磨轮上安装防护罩壳。此外，工作台上还应装置有机玻璃密封箱。设置抽风吸雾装置时，吸风口应设置在磨轮的切线方向处，被抽吸的电解液雾沫应回收到电解液箱中，并应采用耐蚀的塑料风机。对于安装电解磨削机床的车间，也应具有良好的抽风排气装置。

机床的滑动表面、导轨、轴承、电动机等均应注意防止电解液的渗入。同时机床使用的润滑油，应含有缓蚀剂成分。工作台、夹具等容易被腐蚀的零件，可采用不锈钢等耐腐蚀材料。一些外露表面，应喷涂塑料或防锈漆。

3. 磨削用电解液

由电解磨削的原理可知，电解液是直接参与阳极电化学反应的物质。所以电解液的选择对电解磨削的生产率、加工精度和表面质量等都有很大影响。有关资料所介绍的电解液种类较多，性质各异，以下是两种电解液成分。

磨削硬质合金的电解液成分（质量分数）：

$NaNO_2$ 9.6%，$NaNO_3$ 0.3%，Na_2HPO_4 0.3%，$K_{2Cr2}O_7$ 0.1%，$C_3H_5(OH)_3$ 0.05%，其余H_2O

硬质合金与钢焊接在一起同时磨削的电解液成分（质量分数）：

$NaNO_2$ 5%，Na_2HPO_4 1.5%，KNO_3 0.3%，$Na_2B_4O_7$，0.3%，其余H_2O

磨削不同材料的工件需使用不同成分的电解液，合适的电解液成分往往通过试验加以确定。在实际生产过程中希望电解液具备以下特性。

1）对工件材料的各种成分能产生电化学溶解或生成阳极氧化膜。

2）具有较高的电导率。

3）腐蚀性小。

4）能溶解反应生成物。

5）不影响人体健康。

6）使用寿命长，价格便宜。

4. 导电砂轮

导电砂轮既是电解作用的阴极又要刮除工件表面的钝化膜，并保持一定的电解间隙。它对提高生产率和加工精度、减小表面粗糙度值有直接影响。导电砂轮应具备良好的导电性能和足够的强度，同时要求砂轮易于修整、使用寿命长、价格低廉。导电砂轮可以采用铜、树脂、石墨作结合剂，人造金刚石、氧化铝、碳化硅为磨料制成。

由于金属结合剂砂轮可以进行反极性处理（进行反极性处理时砂轮接直流电源的阳极，工件接阴极，砂轮慢慢转动，把砂轮的导电基体均匀电解，露出磨料的颗粒），获得均匀的电解间隙。特别是金属结合剂的人造金刚石砂轮，磨粒形状规则，硬度高，所以这种砂轮不仅磨削效率高，而且使用寿命长。

用普通的氧化铝或碳化硅砂轮经化学镀银或将银粉、铜粉混合于液体树脂中，采用加压或抽真空的办法使其渗透到砂轮的气孔中，经干燥处理（称为导电处理）后作导电砂轮，能获得良好的导电性能和磨削能力。用于导电处理的砂轮粒度为 F80 ~ F180，气孔尺寸为 0.315 ~0.1mm，气孔率约为 50%。

石墨结合剂的砂轮可用车刀修整成任何形状，但磨削效率低，磨削精度差，砂轮使用寿命短。多用于成形磨削的粗加工。

5. 电解磨削的主要工艺参数

在电解磨削过程中，影响生产率、加工精度和表面粗糙度的工艺因素较多。

（1）电参数　电解磨削的主要参数是工作电压和电流密度。电流密度是影响生产率的主要因素。一般生产率随电流密度的增大而按比例上升。因此，要提高生产率，应在加工要求允许的条件下采用尽可能大的电流密度。当电解液的电阻率和电解间隙一定时，升高工作电压是提高电流密度的主要方法。但工作电压过高容易引起火花放电或电弧放电，使表面质量恶化。一般粗加工时工作电压为 10 ~ 20V，精加工时为 5 ~ 15V。一般电流密度为 30 ~ 50A/cm^2，最高可达 100A/cm^2。

（2）磨轮（阴极）与工件间的导电面积　当电流密度一定时，通过的电量与导电面积成正比。砂轮和工件的接触面积越大，通过的电量越多，生产率就越高。因此，应尽可能增加两极之间的导电面积。

磨削外圆时工件与砂轮之间的接触面积较小，为增大导电面积可采用“中极法”进行磨削。图 2-73 所示为中极法电解磨削的原理，在普通砂轮之外再附加一个中间电极作为阴极，工件接正极，砂轮不导电，电解作用在中间电极和工件之间进行，砂轮只起刮除钝化膜的作用，从而使导电面积增大，生产率提高。如果利用带孔的中间电极往工件表面喷射电解液，则生产率更高。但采用中极法磨削外圆时，对不同直径的工件需要制造不同的电极。

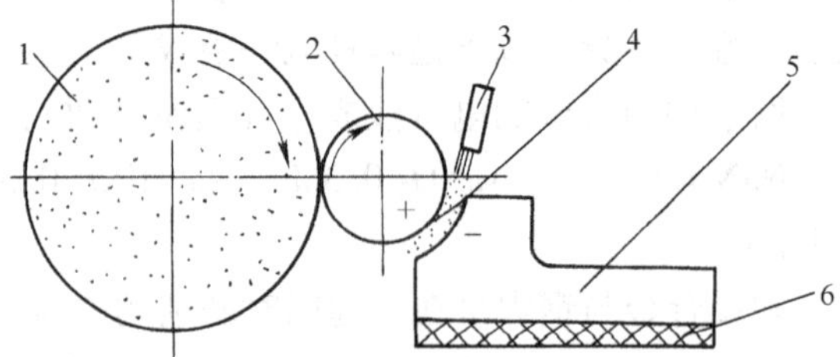

图 2-73　中极法电解磨削

1—普通砂轮　2—工件　3—电解液喷嘴　4—钝化膜　5—中间电极　6—绝缘层

（3）电解间隙　具有导电性能的砂轮结合剂是电解磨削的阴极，加工时凸出于结合剂之外的磨粒和工件相接触，工件表面和砂轮结合剂之间的间隙 δ 即电解间隙，它等于磨粒凸出的高度，如图 2-74 所示。在磨削时，若 δ 大，则电流密度变小，生产率降低；若 δ 过小，则易发生短路使阳极（工件）表面烧伤，加工质量恶化。一般 δ = 0.01 ~ 0.1mm，精加工时 δ 较小（0.01 ~ 0.05mm），相应的工作电压也较低，以提高加工精度。为了得到一定的电解间隙 δ，对金属结合剂砂轮可采用反极性处理来获得。

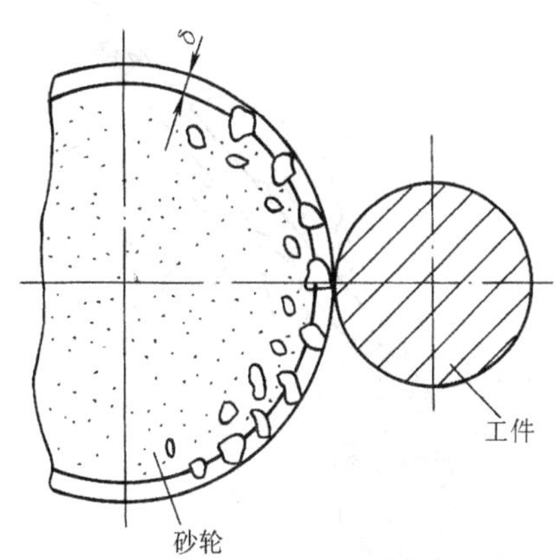

图 2-74　电解磨削的电解间隙

（4）磨削压力　磨削压力大，工作台运动速度快，均可提高生产率。但磨削压力过大，使磨料易于磨损或脱落，减小了加工间隙，影响电解液的输入，导致火花放电或发生短路现象，反而使生产率和加工质量下降。通常磨削压力为 0.1 ~ 0.3MPa。

（5）磨轮转速　增加磨轮的转速，可使电解间隙中的电解液供应充分和迅速更换，使电流密度增大，磨削作用增强，从而可提高生产率。但转速超过某一限度后，由于离心力增大，磨轮表面不能保持足够的电解液，反而使电流密度减小，生产率降低。一般磨轮线速度为 20 ~ 30m/min。

（6）电解液供给量　电解液按被加工材料的性质选择，应保证流量充分，均匀注入电解间隙。流量过大，虽然生产率高，但加工精度不易控制。特别是工件的尖棱部分易形成圆角；流量过小，供应不均匀，则易产生火花放电影响加工质量。流量一般为 1 ~ 6L/min。

电解磨削时还应对非加工表面（特别是有精度要求的）采取保护措施。

五、电解修磨抛光

电解修磨抛光是在抛光工件和抛光工具之间施以直流电压，利用通电后工件（阳极）与抛光工具（阴极）在电解液中发生的阳极溶解和抛光工具上磨粒的刮削作用来进行抛光的工艺方法，其原理与电解磨削相类似。

电解修磨抛光工具可采用导电磨石制造。这种磨石以树脂作粘结剂与石墨和磨料（碳化硅或氧化铝）混合压制而成。为获得较好的加工效果，应将导电磨石修整成与加工表面相似的形状，如图 2-75 所示。

图 2-76 所示为电解修磨抛光装置。工件 8 用一块与直流电源正极相连的永久磁铁 7 吸附在上面，抛光工具由带有喷嘴的手柄 2 和抛光头 3 组成，抛光头连接负极。直流电源 4 输出电压为 0 ~ 24V，最大电流 10A，外接一个可调的限流电阻 5。离心式液压泵 13 将电解液箱 9 内的电解液通过控制流量的阀门 1 输送到工件与抛光头之间。电解液可将电蚀产物冲走，并从工作槽 6 通过回液管 10 流回电解液箱中，箱中隔板 12 和过滤器 14 将电解液过滤。

加工时，握住手柄（图 2-75），使抛光头在被加工表面上慢慢滑动，并稍加压力。由于抛光头表面上凸出的磨粒，防止了两极直接接触发生短路。当电解液及电流在两极间通过时，工件表面发生电化学溶解并生成很薄的氧化膜。这层氧化膜被移动的抛光头上的磨粒刮除，使工件露出新的金属表面，并继续被电解。刮除氧化膜和电解作用如此交替进行，达到抛光表面目的。

电解液常采用每升水溶入 150g 硝酸钠（$NaNO_3$）和 50g 氯酸钠（$NaClO_3$）制成。

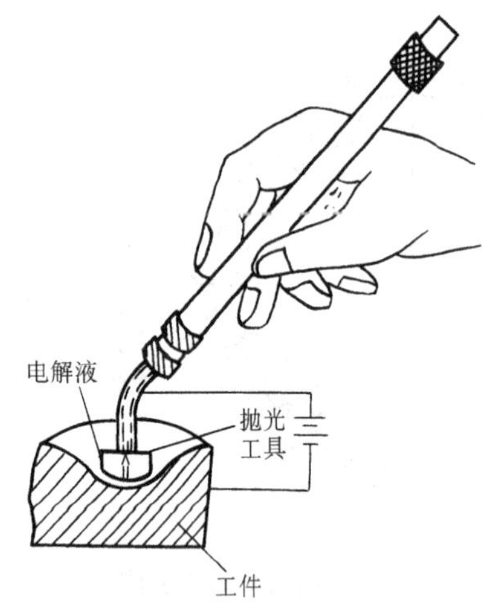

图 2-75　电解修磨抛光

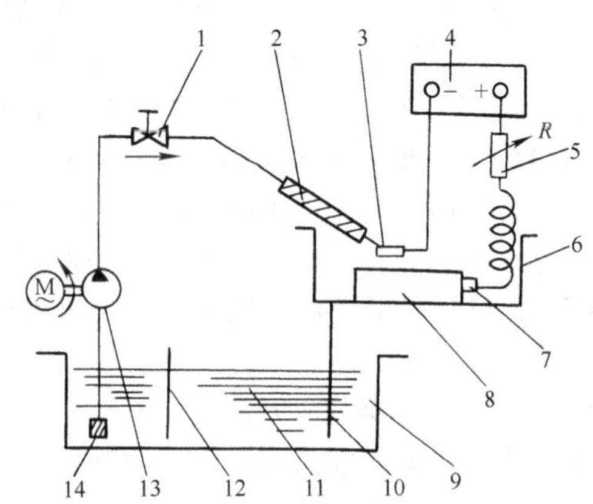

图 2-76　电解修磨抛装置

1—阀门　2—手柄　3—抛光头　4—直流电源　5—电阻　6—工作槽　7—磁铁　8—工件　9—电解液箱　10—回液管　11—电解液　12—隔板　13—液压泵　14—过滤器

电解修磨抛光有以下特点。

1）电解修磨抛光不会使工件产生热变形或应力。

2）工件硬度不影响加工速度。

3）对型腔中用一般方法难以修磨的部位及形状（如深槽、窄缝及不规则圆弧等），可采用相应形状的修磨工具进行加工，操作方便、灵活。

4）修磨抛光后，模具表面的表面粗糙度值一般为 $Ra3.2 \sim Ra6.3\mu m$，对表面粗糙度值指标小于上述范围的表面再采用其他方法加工较容易达到。

5）装置简单，工作电压低，电解液无毒，生产安全。

思考与练习

2-1　特种加工与切削加工有何不同？特种加工常用于加工哪些材料和零件？

2-2　电火花加工有何特点？常用于加工哪些模具零件？

2-3　什么是电火花加工过程中的极性效应？加工时如何正确选择加工极性？

2-4　影响电火花加工精度的主要因素有哪些？常采用哪些方法来减小和消除其不良影响？

2-5　在电火花加工中，怎样协调生产率和加工表面的表面粗糙度之间的关系？

2-6　在用电火花加工方法进行凹模型孔加工时，怎样保证凸模和凹模的配合间隙？

2-7　冲孔凸模的截面尺寸如图 2-77 所示。相应凹模采用电火花加工，已知加工时的放电间隙（单面）

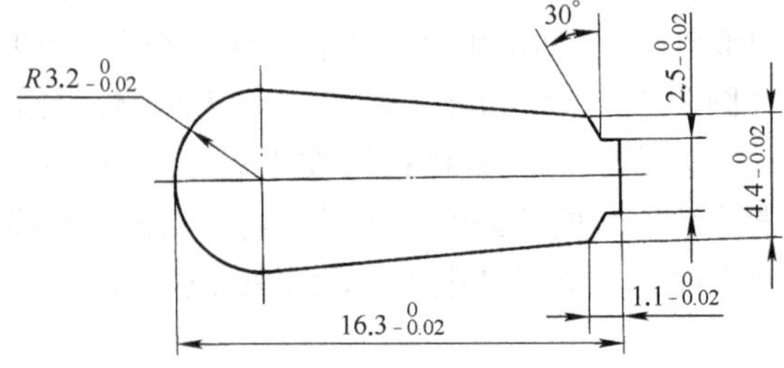

图 2-77　冲孔凸模

$\delta=0.03\text{mm}$，模具的冲裁间隙（双面）$Z=0.04\text{mm}$，试确定加工电极的截面尺寸。

2-8　落料凹模的型孔尺寸如图 2-78 所示。型孔采用电火花加工，已知加工时的放电间隙（单面）$\delta=0.02\text{mm}$，模具的冲裁间隙（双面）$Z=0.06\text{mm}$，试确定加工电极的截面尺寸。

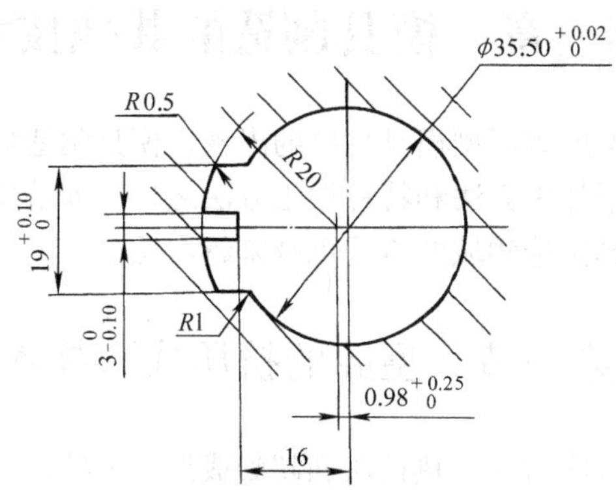

图 2-78　落料凹模

2-9　和型腔加工的其他方法相比，电火花加工型腔有何特点？

2-10　什么是电规准？电规准一般如何选择？

2-11　在电火花加工中根据型腔的结构和要求，可采用哪些加工方法？

2-12 和电火花加工相比，电火花线切割加工的主要特点是什么？

2-13　在模具加工中，化学腐蚀加工主要应用在哪些方面？

2-14　电铸加工有何特点？主要适合制造哪些模具零件？

2-15　电解加工有何特点？多用于加工什么模具？

2-16　混气电解加工与不混气电解加工相比有何优缺点？

2-17　和普通磨削相比电解磨削有哪些特点？它适合于加工哪些金属材料？

2-18　抛光有哪几种类型？各有何特点？

第三章　模具制造的其他技术

随着模具制造工艺的发展和新型模具材料的出现，模具制造技术正发生着日新月异的变化。目前，除了传统的切削加工方法和特种加工方法之外，如挤压成形、超塑成形、合金铸造及快速成形技术等在模具制造领域的应用也越来越广泛。

第一节　型腔的挤压成形技术

模具型腔的挤压成形有冷挤压、热挤压和超塑成形等方法。

一、冷挤压成形

型腔冷挤压成形是在常温下利用安装在压力机上的工艺凸模，以一定的压力和速度挤压模坯金属，使其产生塑性变形而形成具有一定几何形状和尺寸的模具型腔。该方法具有制造周期短、生产效率高、型腔精度高、模具寿命长等优点，但其变形力大，需要大吨位的压力机。型腔冷挤压成形技术广泛应用于小尺寸浅型腔模具及难于机械加工的复杂型腔模具的制造，同时还可以用于有文字、花纹、多型腔模具的加工。

1. 冷挤压方式

（1）开式挤压　开式挤压如图 3-1 所示，将一定形状的模坯放在工艺凸模下加压，模坯金属的流动方向不受限制。这种方法比较简便，成形的压力较小。由于毛坯受挤压面有向下凹陷的现象，因此挤压成形后还需进行机械加工。开式挤压模坯易开裂，一般只宜加工精度不高或深度较浅的型腔。

（2）闭式挤压　闭式挤压是将模坯放在挤压模套内挤压，如图 3-2 所示。在工艺凸模向下挤压的过程中，由于受到模套的限制，模坯金属产生塑性变形时只能向上流动。这就保证了模坯金属与工艺凸模的吻合。因此型腔轮廓清晰，尺寸精度较高，表面粗糙度值可达 *Ra*0.8 ~ *Ra*3.2μm。但需要的挤压力比开式挤压大，模坯顶面产生变形，需机械加工。该方

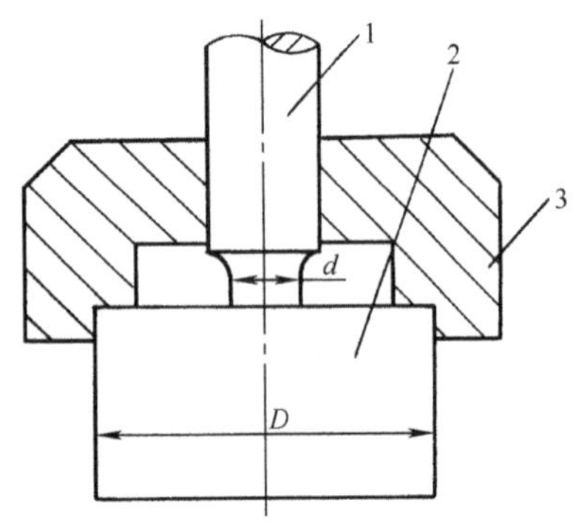

图 3-1　开式冷挤压

1—工艺凸模　2—模坯　3—导套

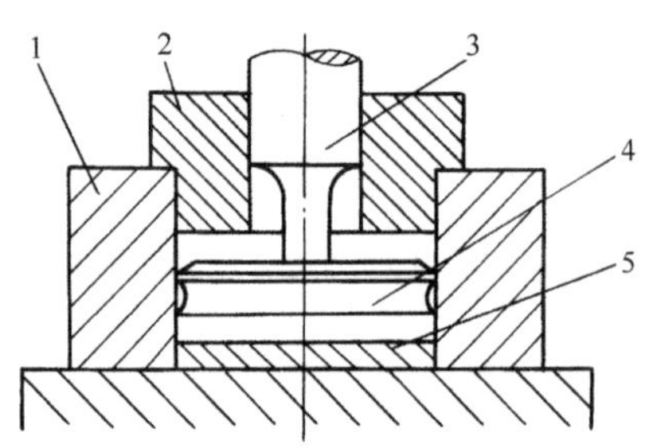

图 3-2　闭式冷挤压

1—模套　2—导向套　3—工艺凸模　4—模坯　5—垫板

法多用于挤压面积小、型腔较深及精度要求较高的模具型腔。

2. 工作压力与设备选择

型腔冷挤压时所需要的工作压力与冷挤压成形方式、模坯材料及性能、挤压时的润滑条件等诸多因素有关，其大小可采用下面的公式进行计算，即

$$F=10^{-6}pA$$

式中 F——冷挤压所需的工作压力（N）；

p——单位挤压力（单位挤压力的大小与挤压深度有关，见表3-1）（Pa）；

A——型腔的投影面积（mm^2）。

表3-1 挤压深度与单位挤压力的关系

挤压深度 h/mm	单位压力 p/Pa	挤压深度 h/mm	单位压力 p/Pa
5	$(1.65HBW-35)\times10^7$	15	$(1.65HBW+25)\times10^7$
10	$1.65HBW\times10^7$		

注：HBW为布氏硬度。

由于冷挤压运动简单，行程短，挤压工具和模坯体积小，单位挤压力大，挤压速度低，所以型腔的冷挤压可以采用构造不太复杂的小型专用液压机作为挤压设备。要求液压机刚性好、导向准确、工作稳定且具有安全保护措施。

3. 模坯准备

型腔模坯的准备要求较高，因为材料的化学成分、组织和力学性能对挤压力有很大影响。在保证型腔强度的条件下，一般尽量选用含碳量较低的钢材或非铁材料及其合金材料，如10、20、20Cr、T8A、T10A、3Cr2W8V与铝及铝合金、铜及铜合金等作型腔材料。模坯在冷挤压前，要进行退火处理（低碳钢完全退火至100~160HBW，中碳钢球化退火至160~200HBW），以提高材料的塑性、降低强度从而减小挤压时的变形抗力。

开式冷挤压时，模坯的形状一般不受限制。闭式冷挤压时，模坯应与模套配合，模坯轮廓直径可取型腔直径的2~2.5倍，高度为型腔深度的2.5~3倍。

冷挤压成形较深的型腔时，为了减小挤压力，可在模坯上开设减荷穴，如图3-3所示。图中减荷穴的尺寸为 $d_1=(0.6\sim0.7)d$，$h_1=0.7h$，$R\geqslant2mm$，$r=1.5\sim2mm$，$\alpha=4\sim8°$。当型腔底部有文字或图案时，应将模坯做成凸起的端面（图3-4a），或挤压时在模坯下面用凸垫反顶成形（图3-4b）。

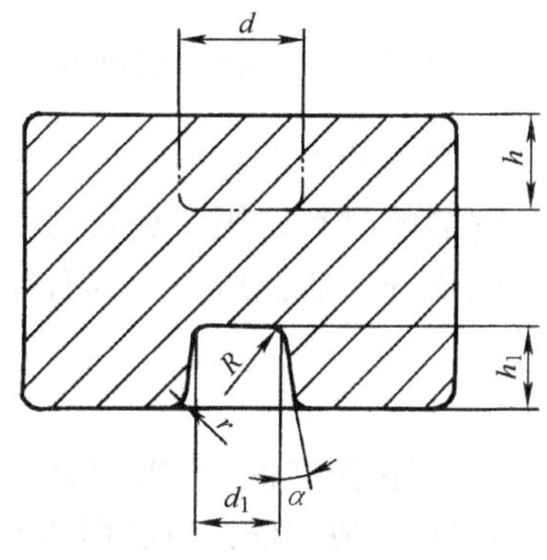

图3-3 减荷穴尺寸

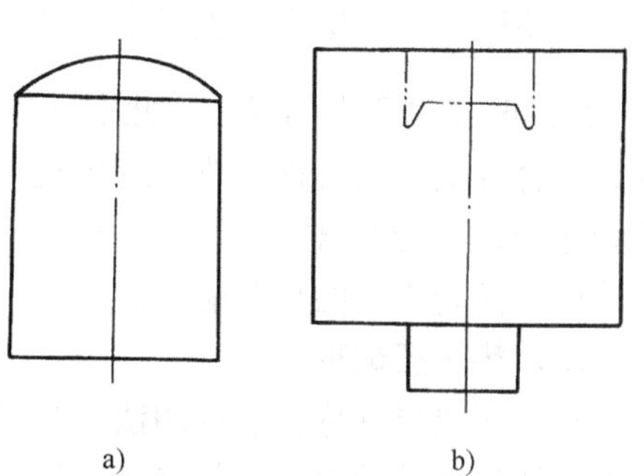

图3-4 有文字图案的模坯

a）端面有凸起的模坯 b）用凸垫反顶成形

4. 工艺凸模和模套

(1) 工艺凸模　冷挤压工艺凸模，在挤压过程中受到很大的工作压力，当凸模压入模坯后，其表面与模坯材料之间产生剧烈的摩擦。因此要求工艺凸模必须要有足够的强度、硬度、韧性和耐磨性。为了减少挤压时的摩擦力及避免使模坯材料粘附在凸模上，成形过程中常用硫酸铜或二硫化钼等润滑剂涂在凸模和模坯上。对于形状简单的工艺凸模，材料可选T8A、T10A；形状复杂的工艺凸模，材料用9SiCr、Cr12、Cr12MoV和CrWMn。工艺凸模经热处理后，硬度为60～64HRC，硬度过低会造成型腔轮廓不清晰，过高则易使凸模崩裂。

工艺凸模的基本结构如图3-5所示，分为工作部分（L_1）、导向部分（L_2）和过渡部分。型腔的精度取决于工艺凸模工作部分的精度，该处的精度要比型腔的精度高1～2级，表面粗糙度值为$Ra0.08$～$Ra0.32\mu m$。一般将工作部分的长度设计为型腔深度的1.1～1.3倍。为便于模坯金属的塑性流动，工艺凸模的工作部分应尽量避免出现尖角或棱边，圆角半径r应大于0.2mm。端面不宜采用单面大斜度结构，以免产生侧向压力过大而引起凸模折断。为了减少应力集中，工艺凸模的过渡部分应圆滑过渡，一般取$R\geqslant5$mm。导向部分应与导向套精密配合，以提高导向精度。工艺凸模顶端的螺纹孔，是为了方便挤压后取出凸模。

(2) 模套　模套的作用是限制金属的流动方向以提高材料的塑性和成形精度。模套的结构有：单层模套（图3-6a）和双层模套（图3-6b）两种。

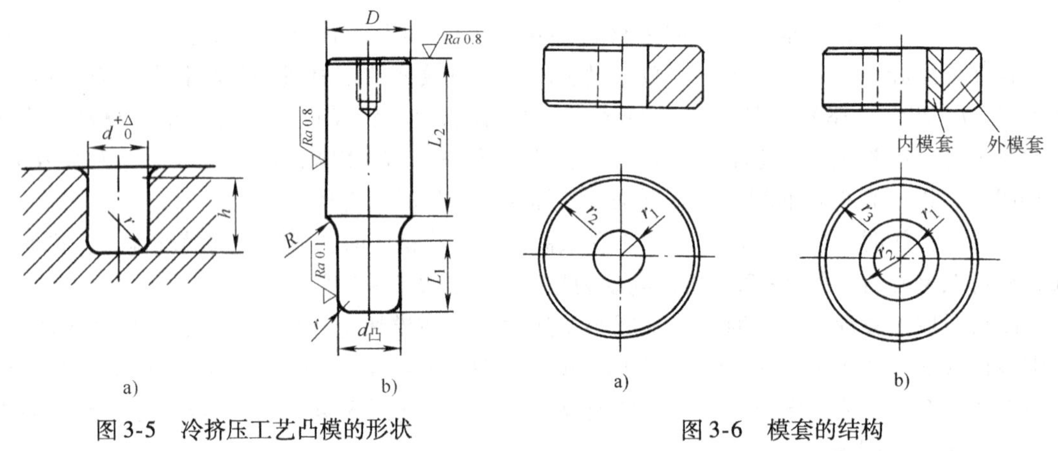

图3-5　冷挤压工艺凸模的形状
a）型腔　b）工艺凸模

图3-6　模套的结构
a）单层模套　b）双层模套

试验证明，单层模套的外径、内径之比越大，强度越高，但当$\frac{r_2}{r_1}>4$时，即使再增加r_2，强度改变也不太明显，因此实际应用中常取$r_2=(4\sim6)r_1$。单层模套的材料一般选用中碳钢、合金钢或工具钢，热处理硬度43～48HRC。双层模套内套的材料选用、热处与单层模套相同，外套的材料可选Q235或45钢。内套压入外套后因受外套的预压力，具有比同尺寸单层模套更高的承载能力。

二、热挤压成形

热挤压成形又称为热反印法，是将模坯加热到锻造温度后，用预先准备好的模芯压入模坯而挤压出型腔的方法。热挤压成形模具，制造方法简单、周期短、成本低，所成形的型腔内部纤维连续、组织细密，因而耐磨性好、强度高、使用寿命长。但由于模坯加热温度高，尺寸难以掌握，易出现氧化等缺陷，所以热挤压成形技术常用于尺寸精度要求不高的锻模

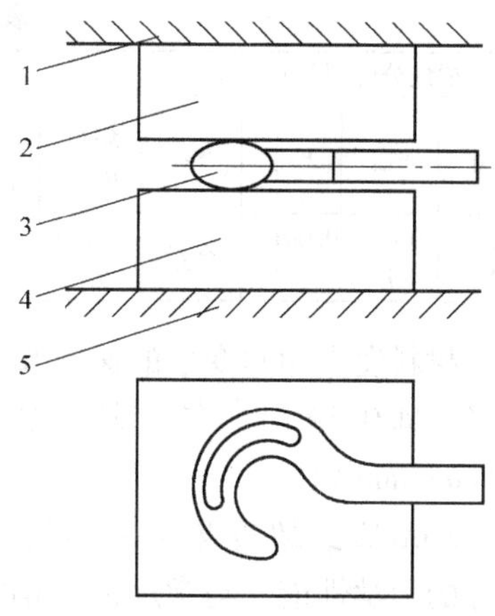

图 3-7　热挤压成形吊钩锻模
1—上砧　2—上模坯　3—模芯
4—下模坯　5—下砧

制造。

模芯可以用零件本身或事先专门加工制造。用零件作模芯时，由于未考虑冷缩量，因而只适用于几何形状、尺寸精度要求不高的锻件的生产，如起重吊钩、吊环螺钉等产品。当零件形状复杂且尺寸精度要求较高时，必须设计、制造模芯。模芯的所有尺寸应按锻件尺寸放出锻件本身及型腔的收缩量，一般取 1.5% ~2.0%，并作出拔模斜度。因考虑到分模面的后续加工，在高度方向上应加上 5 ~15mm 的加工余量。模芯材料一般为 T7、T8 或 5CrMnMo 等，热处理硬度达到 50 ~55HRC。

图 3-7 所示为热挤压成形起重吊钩锻模。将吊钩本身作为模芯，先用砂轮打磨表面后涂上润滑剂，放在加热好的上、下模坯之间，施加压力挤压出型腔。其工艺过程如图 3-8 所示。

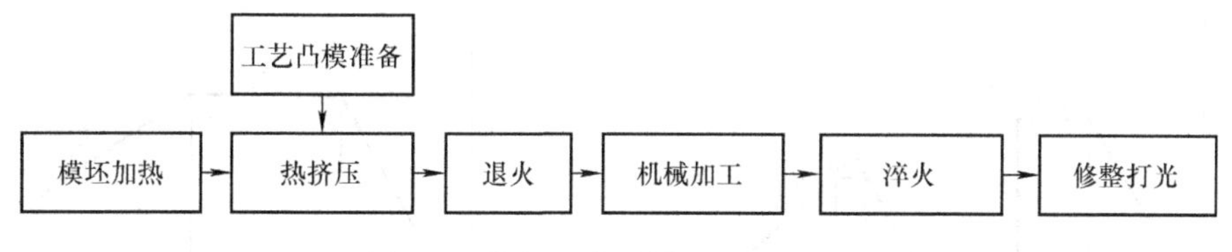

图 3-8　热挤压成形模具的工艺过程

三、超塑成形

1. 模具超塑成形的特点

某些金属材料在特定的条件下具有特别好的塑性，其伸长率 δ 可达到 100% ~2000%，甚至更高，这种现象称为超塑性。

在超塑性状态下，材料所允许的变形极大而且均匀，可以成形形状复杂的零件不会产生加工硬化。超塑成形的模具型腔或型芯，基本没有残余应力，且尺寸精度高、稳定性高、材料的变形抗力小。与冷挤压相比，超塑成形可极大地降低工作压力。利用超塑成形技术制造模具从设计到加工都得到简化，材料消耗减少，可使模具成本降低。

2. 常用的超塑性材料及其性能

凡伸长率 δ 超过 100% 的材料均称为超塑性材料。到目前为止，共发现百余种超塑性金属，大部分已经在工业上得到应用，其中以非铁材料为主，如 ZnAl22、ZnAl27、2A12、2A16、7A03、7A09 等。近年来，我国对钢铁材料特别是模具钢的超塑性研究已经取得重大突破。例如，Cr12MoV、3Cr2W8V 等就可以用开式挤压一次超塑成形，但与 ZnAl22 相比，还有待进一步发展。

常用于模具制造的超塑性金属材料是 ZnAl22，其主要成分与性能见表 3-2。

由表 3-2 可以看出，ZnAl22 是一种锌基中含铝的合金。这种材料在 360℃以上时快速冷却（图 3-9），可获得 5μm 以下的超细晶粒组织，当变形温度处在 250℃时，伸长率 δ 可达 300% 以上，即进入超塑性状态。

表 3-2　ZnAl22 的主要成分和性能

主要成分(质量分数,%)				性　能									
				熔点	密度	在 250℃时		恢复下常温度时			强化处理后		
w_{Al}	w_{Cu}	w_{Mg}	w_{Zn}	θ/℃	ρ/(g/cm³)	σ_b/Pa	δ(%)	σ_b/Pa	δ(%)	HBW	σ_b/Pa	δ(%)	HBW
20 ~ 24	0.4 ~ 1	0.001 ~ 0.1	余量	420 ~ 500	5.4	0.86×10^7	1125	$(30\sim33)\times10^7$	28 ~ 33	60 ~ 80	$(40\sim43)\times10^7$	7 ~ 11	86 ~ 112

材料发生超塑变形的速度和温度有一定的范围。一般来说，当温度超过材料熔点温度的一半，即 0.5θ 时，在一定的温度范围内即具有超塑性。超塑性变形的最佳速度范围为 0.1mm/min 以下。

ZnAl22 经超塑成形后，要进行强化处理（图 3-10），使 ZnAl22 的超塑性消失，并获得较好的力学性能。与常用模具钢相比，ZnAl22 的耐热性能和承载能力较差，所以多用于制造塑料注射模具。为增强模具的承载能力，通常在模具的外围套上钢制模框加固。为弥补材料耐热性差的缺陷，可在模具的浇口与流道处用钢制镶块嵌套。

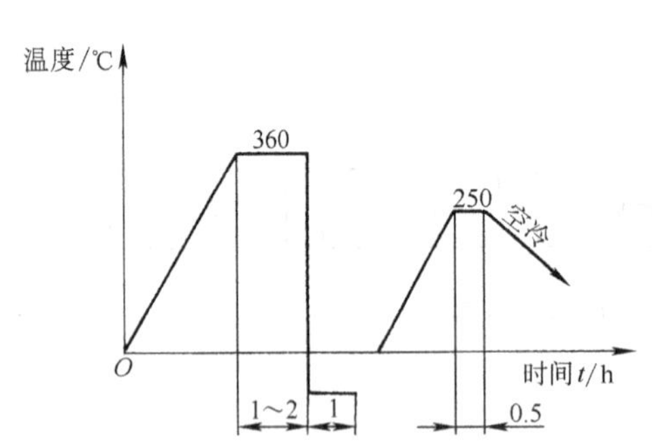

图 3-9　ZnAl22 超塑性处理工艺

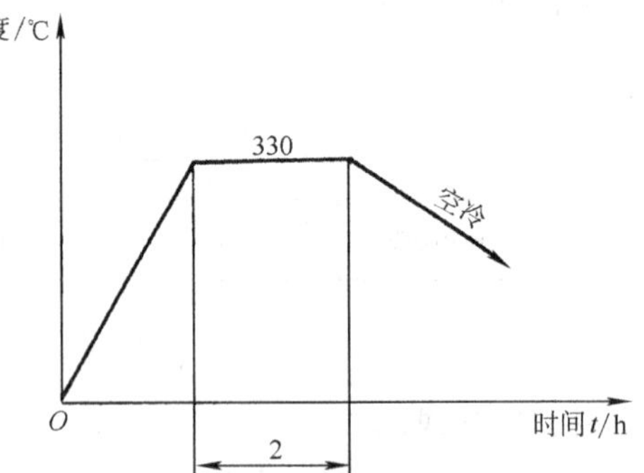

图 3-10　ZnAl22 强化处理工艺

3. 型腔的超塑成形工艺

超塑成形加工型腔是用预先加工好的工艺凸模，在特定的温度及速度范围内对超塑性模坯进行挤压。超塑成形不仅可以成形型腔，而且还可以用来制造难以机械加工的凸模。

图 3-11 所示是利用 ZnAl22 超塑成形尼龙齿轮型腔的工艺过程。

（1）工艺凸模　工艺凸模的尺寸可根据型腔的尺寸进行确定。设计工艺凸模工作部分尺寸时要考虑模坯材料的膨胀系数，其计算公式为

$$d = D[1 - \alpha_{l_1}\theta_1 + \alpha_{l_2}(\theta_1 - \theta_2) + \alpha_{l_3}\cdot\theta_2]$$

式中　d——工艺凸模尺寸（mm）；

D——塑料制件的尺寸（mm）；

α_{l_1}——凸模线胀系数（$℃^{-1}$）；

α_{l_2}——ZnAl22 线胀系数（$℃^{-1}$）；

α_{l_3}——塑料的线胀系数（$℃^{-1}$）；

θ_1——挤压温度（℃）；

θ_2——塑料注射温度（℃）。

α_{l_2} 可在 0.003 ~ 0.006 的范围内取值，α_{l_1}、α_{l_3} 可按照工艺凸模及塑料类别从相关手册中

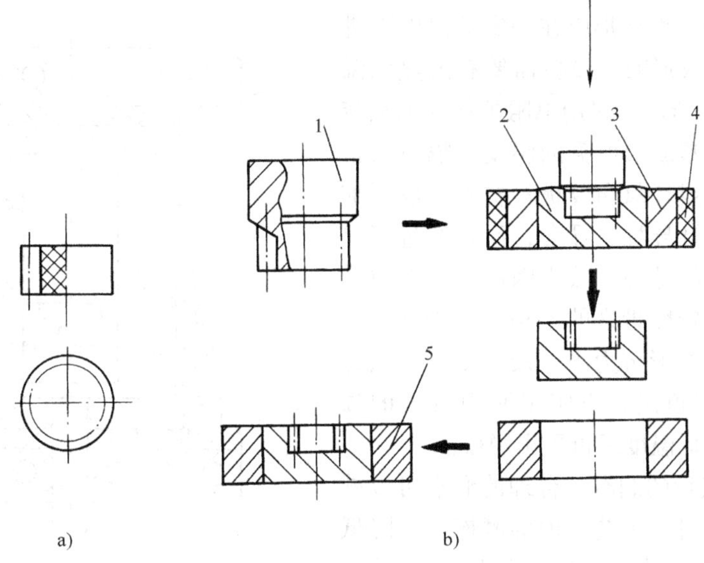

图 3-11　尼龙齿轮型腔的超塑成形过程

a）尼龙齿轮　b）型腔加工过程

1—工艺凸模　2—模坯　3—防护套　4—电阻式加热圈　5—加固模框

查得。

工艺凸模可选用中碳钢、低碳钢、工具钢等材料制造，一般不进行热处理。

（2）模坯准备　一般情况下，ZnAl22 在出厂前就已经进行了超塑性处理。因此在准备模坯时只需选择合适的材料规格，按体积不变的原理根据型腔尺寸计算得出，注意要适当地留出切削加工余量。如果原材料的规格不能满足要求，可将 ZnAl22 经等温锻造成所需的形状，在特殊情况下可采用铸造方式来获得合适的模坯。但经过锻造或铸造之后的 ZnAl22 不再具有超塑性，必须再次进行超塑性处理。

（3）防护套　进入超塑性状态的 ZnAl22 屈服强度低，伸长率高，挤压加工时金属材料因受力会发生自由的塑性流动而影响成形精度。因此，为了获得理想的形状，ZnAl22 的超塑成形通常是在防护套中进行，如图 3-12 所示。在防护套的作用下，超塑性材料沿与凸模压入方向相反的方向流动，且流动时与防护套内壁紧密贴合，从而提高了型腔的尺寸精度。

防护套内壁尺寸由型腔的外形尺寸确定，可比毛坯尺寸大 0.1 ~ 0.2mm，表面粗糙度值 $< Ra0.8\mu m$ 防护套壁厚一般不得小于 25mm，高度应略高于毛坯的高度。当防护套高度大于 10mm 时，其内壁应加工出 20′ ~ 1.5°的拔模斜度。

防护套的材料一般采用普通结构钢，热处理硬度 42HRC 以上。

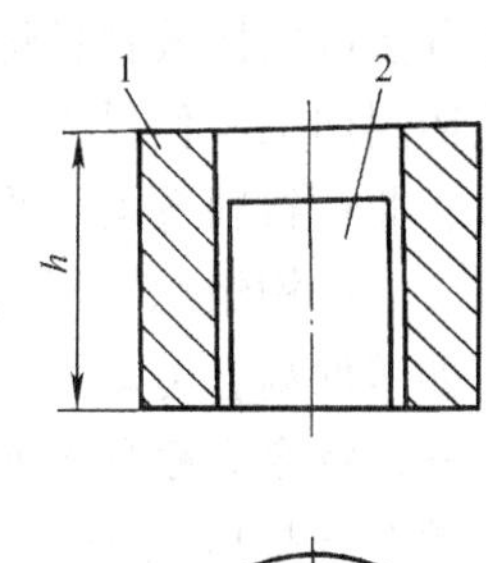

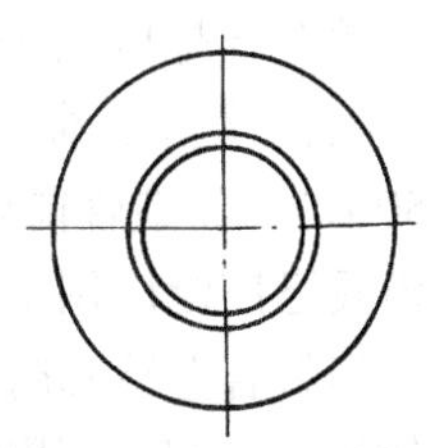

图 3-12　超塑成形防护套

1—防护套　2—坯料

（4）超塑成形设备　超塑成形的设备可用普通液压机进行改造。现有液压机，如 Y32、Y71 系列能基本满足超塑成形的要求，只是工作速度太快。采用调速电动机结合改变液压泵的流量，可实现减速目的。

ZnAl22 的超塑性变形应在一定的温度下进行，因此在挤压成形时，设备需要有加热保温装置。如图 3-13 所示，采用电阻炉作为加热装置，用来维持超塑成形所需的温度。隔热板常采用酚醛布胶布或环氧布胶板等材料。成形加工时，一般不设计导柱、导套，而是通过模口直接导向，其目的是为了减小因模具各部位受热不均匀给成形精度带来的影响。由于处于超塑性状态的材料变形抗力小，极易变形，因此不宜直接用顶杆顶出，应使用面积较大的顶板，必要时可降低温度后再顶出脱模。

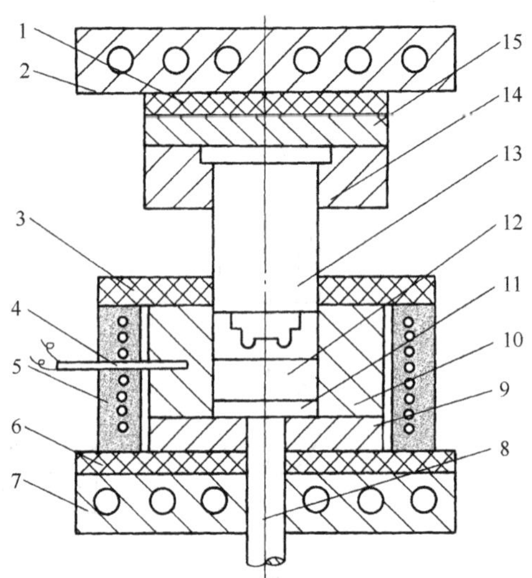

图 3-13　超塑成形模具及加热装置原理图
1、3、6—隔热板　2、7—水冷板　4—热电偶
5—加热炉　8—顶杆　9—下垫板　10—防护套
11—顶板　12—模坯　13—凸模
14—固定板　15—上垫板

（5）超塑成形的润滑　合理的润滑可以减小材料超塑变形时与工艺凸模的摩擦力，降低挤压成形的工作压力。同时可以防止金属粘附，易于脱模，以获得理想的型腔尺寸和表面粗糙度。常用润滑剂有 295 硅脂、201 甲基硅油和硬脂酸锌等。使用时要均匀涂抹，用量不要太多，否则在润滑剂堆积过多的部位不能被超塑性材料充满，影响型腔精度。对于模具钢，其超塑成形温度高，上述润滑剂均不能满足要求，应采用熔融玻璃剂润滑。

第二节　铸造成形技术

铸造是将液态金属浇注到铸型内，待其冷却凝固后获得与铸型形状、尺寸一致的工件。这种方法可以比较容易地制成形状复杂，特别是具有复杂内腔的零件或毛坯。铸造成形的特点是切削加工工作量少，制作周期短，投资小，成本低廉。铸造用原材料十分广泛，如钢、铸铁、非铁材料等均可采用铸造成形。但是，铸件在成形过程中尺寸较难精确控制，内部化学成分与结构组织常不均匀，晶粒粗大；内部易产生气孔、缩松、砂眼等铸造缺陷，力学性能不如锻件高，劳动强度大。

一、锌合金模具的制造

锌合金是以高纯度（99.99%）锌为基体的锌、铜、铝三元合金，有些还含有少量的镁，又称锌基合金。用锌合金材料制造的模具称为锌合金模具。由于锌合金熔点低（380℃），铸造性能好，并具有一定的强度，所以锌合金模具常采用铸造成形。目前，锌合金模具已广泛应用于生产批量较小的产品，特别是在新产品试制和老产品改型中优势明显。

但锌合金冷却时收缩率较大，锌合金材料的强度、硬度较低，使锌合金模具的尺寸精度和使用寿命都受到影响。

1. 模具用锌合金的性能

为了提高锌合金模具的强度、硬度和耐磨性，锌合金中各元素的含量要适当。模具用锌合金材料的主要成分参见表 3-3。

表 3-3　模具用锌合金材料的主要成分

合金元素	w_{Zn}	w_{Cu}	w_{Al}	w_{Mg}
质量分数(%)	92～93	3.0～3.5	4.0～4.2	0.03～0.05

由表 3-3 中可以看出，锌是锌合金的主要组成成分，其性能与低碳钢近似，但在常温状态下呈脆性；加入铜元素后会提高合金的硬度、强度和耐磨性，但会降低锌合金的塑性与流动性。铝可以提高合金的强度和冲击韧度，抑制脆性化合物的产生，提高合金的流动性和细化晶粒，但铝的含量过高会使合金的耐磨性降低。加入少量的镁，既可以有效地抑制晶间腐蚀，又可细化晶粒，提高合金的强度和硬度。

锌合金的熔点为 380℃，浇注温度为 420～450℃。其熔点比锡铋合金的熔点高，属中熔点合金，后者为低熔点合金。

2. 锌合金模具的制造工艺

锌合金模具的铸造方法，按模具的结构、用途及工厂设备条件的不同，大致分为砂型铸造、金属型铸造和石膏型铸造。

（1）砂型铸造　利用模型制作砂型，将熔化的锌合金浇注到砂型中以获得凸模或凹模的方法称为砂型铸造。这种方法与普通的铸造方法相似，不同之处在于多采用敞开式铸造。其主要工艺过程如下。

1）制作模型。砂型铸造需制作的模型包括凸模模型和凹模模型。凸模模型的材料一般选用木材。因考虑到锌合金冷却收缩时所产生的影响，凸模模型的各尺寸应放大，可按下面公式计算，即

$$L_{模} = (1+K)L_{件}$$

式中　$L_{模}$——模型尺寸（mm）；

$L_{件}$——零件尺寸（mm）；

K——锌合金的线性收缩率（$K=1.0\%\sim1.3\%$）。

制作凸模模型的木材其要求与普通铸造相同。模型制作完成后，可在表面喷漆、打蜡，以保持光洁。

凹模模型是以凸模模型为标准，用石膏与水搅拌均匀后浇注而成。图 3-14 所示为凹模模型的制造。根据冲压工艺的要求，凸模与凹模之间应保证一定的间隙，通常是在凸模模型的表面敷贴一层与零件厚度或冲裁间隙一致的敷贴材料，以保证凸模、凹模之间的间隙大小。敷贴材料通常用铅、蜡、耐火泥、小块金属和黏土组合。敷贴层的厚度要均匀一致，敷贴过程中要特别注意转角部位敷贴材料与凸模模型表面的贴紧程度。为了便于凹模模型在浇注后能顺利脱模，常在敷贴层表面喷涂一层脱模剂，如聚苯乙烯与甲苯溶液。

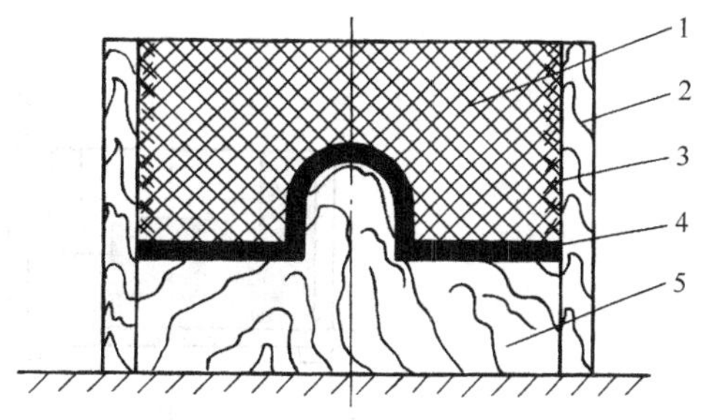

图 3-14　凹模模型的制造

1—石膏凹模模型　2—木框架　3—脱模剂　4—敷贴层　5—木凸模模型

2）制作砂型。利用制作好的凸模模型和凹模模型分别制作砂型（与普通铸造的砂型制作相类似），如图 3-15 和图 3-16 所示。常用的型砂材料有硅砂、黏土砂和红砂等。对于大

型模具，可在型砂中混入质量分数6% ~7%的水玻璃溶液，以增加砂型的强度。为使铸件的表面光滑，可用粒度细小的型砂作面砂。由于锌合金的熔点不高，所以对型砂的透气性和耐火性要求不高。但因锌合金的收缩率较大，因此通常采用敞开式浇注。

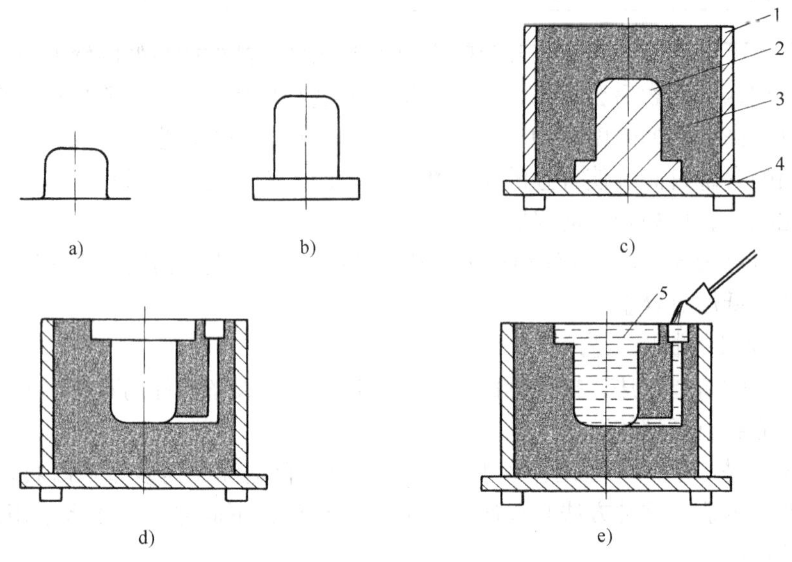

图3-15　凸模砂型铸造

a）拉深件　b）模型　c）砂箱造型、开浇注系统　d）翻箱、起模　e）浇注

1—砂箱　2—模型　3—型砂　4—垫板　5—凸模

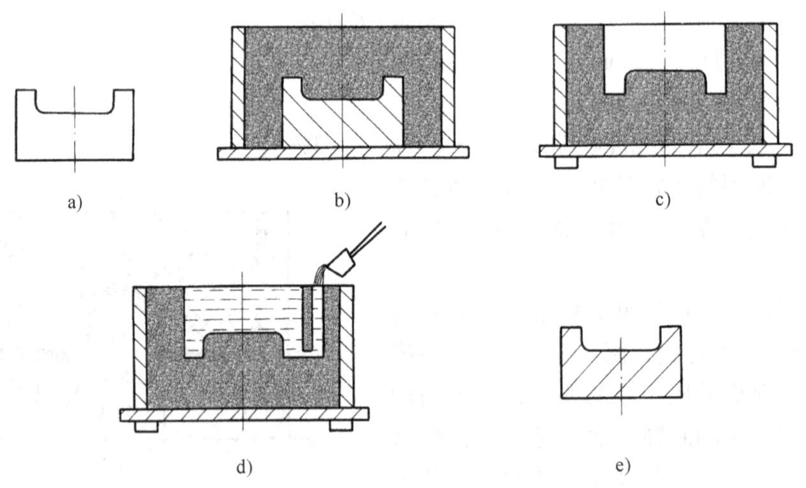

图3-16　凹模砂型铸造

a）凹模模型　b）砂箱造型　c）翻箱起模　d）开浇注系统浇注　e）锌合金凹模

3）熔炼与浇注合金。模具用锌合金对熔炼设备的要求不高，电弧炉、电阻炉、坩埚炉及煤气炉等均可。熔炼器皿通常选用石墨坩埚，熔炼前应将坩埚预热至500 ~600℃（呈暗红色），并加入木炭作覆盖剂。木炭的主要作用是防止氧化、脱氧和保温。木炭在合金表面燃烧生成还原性气体CO，在木炭与合金熔液表面形成保护膜。通常，木炭层的厚度为20 ~30mm，太薄则降低覆盖效果。将各合金元素按照铜、铝、锌、镁的顺序和一定的比例依次

放入坩埚内，直接进行熔炼。熔炼温度应控制在500℃以下，否则会因吸气过多而造成镁的严重烧损。这不仅对合金性能不利，而且还易产生夹渣和气孔等铸造缺陷。在合金熔炼过程中，为了减少液态合金吸气及锌氧化，坩埚应加盖。加入铜后，要用磷铜作脱氧剂。加入镁、铝均宜在200 ~300℃温度范围预热2 ~4h。由于镁的密度小、熔点低，必须用钟罩加入。在合金熔炼后期，应进行除气精炼处理，往合金熔液中压入炉料总重量0.1% ~0.15%的氯化锌或四氯乙烷。待沸腾停止后，清除熔渣，静置5 ~10min，即可进行浇注。熔炼时各合金元素都会有一定损耗，损耗量的大小与加入元素总量的百分比称为熔耗量。不同的合金元素，其熔耗量也不同。各元素在熔炼时的熔耗量见表3-4。

表3-4　合金各元素在熔炼时的熔耗量

合金元素	熔耗量(%)	合金元素	熔耗量(%)
Zn	1 ~3	Al	1 ~1.5
Cu	0.5 ~1.0	Mg	10 ~20

锌合金熔点低、热容量大，短时间内的浇注中断不会产生冷隔现象。因此在浇注较厚的模具铸件时，为了控制收缩方向，可用低速甚至中断浇注使铸件侧面先凝固，浇口、冒口后凝固，从而使缩口产生在浇口、冒口处，以便补充收缩。

4）铸件冷却。铸件的冷却速度与冷却方式对模具的尺寸有很大的影响。锌合金铸造模具冷却凝固后，有可能受铸型的阻碍，产生阻碍收缩，或者由于冷却速度不同，而造成收缩不均匀，产生内应力，以至产生变形，严重时甚至出现裂纹。这些现象在制模浇注时都需加以控制，应采取适当的措施予以消除。例如，在铸型中设置冷铁，在型砂中掺加石墨，设置隔热层，埋设水管等用以控制、调节锌合金铸件的冷却速度，减小因冷却收缩产生的内应力。总之，要根据铸件的形状、尺寸采用相应的冷却方式，控制铸件的冷却过程和顺序，以提高锌合金模具的尺寸精度。

（2）金属型铸造　这是一种直接利用金属样件，或用已加工好的凸模作为铸型铸造模具的方法。常用的金属型铸造方法有金属凸模作铸型制模法和样件制模法。

1）金属凸模作铸型制模法。凸模材料为钢，用机械加工的方法制造。凹模材料为锌合金，用加工好的凸模为铸型铸造成形。这种方法适用于生产各类中、小型形状简单的冲裁模具。

图3-17所示就是采用这种方法浇注锌合金落料模。在铸造前应做好如下工作：①按设计要求加工凸模，检验合格后将凸模固定于上模模座上；②在下模座上安装好模框，正对凸模下方安放凹模漏料孔芯；③在模框外侧填上湿砂并压实，以防止锌合金熔液泄漏；④采用喷灯或氧-乙炔焰将凸模预热到150 ~200℃，为便于凸、凹模的分开，可在凸模上涂上硅脂或硫酸铜等脱模剂。

由于锌合金收缩率较大，凹模上平面部位容易发生塌边，不能获得清晰的轮廓，因此合金的浇注高度应取凹模高度的1.5倍，待冷却成形后机械加工。

上述浇注方法称为模内浇注法，适用于合金用量在20kg以下的模具浇注。对于合金用量较多的模具，为了消除浇注热量和凸模预热对模架变形的影响，可采用模外浇注，如图3-18所示，即在模架外的平板上单独将凹模（或凸模）浇注成形，然后安装到模架上去。模外浇注工艺简单，操作方便，目前应用广泛。

2）样件制模法。样件制模法是直接用样件为铸型铸造模具的方法。这种方法简便易

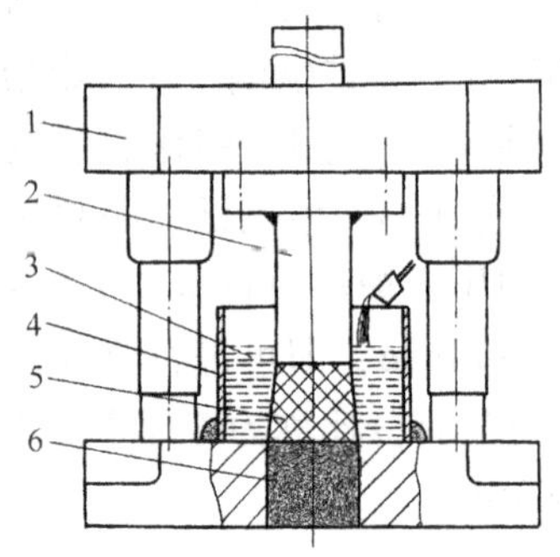

图 3-17　锌合金落料模的铸造

1—模架　2—凸模　3—锌合金

4—模框　5—漏料孔砂芯　6—干砂

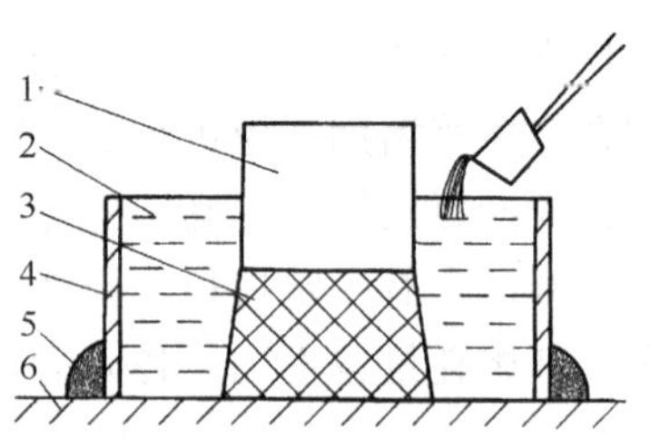

图 3-18　模外浇注

1—凸模　2—锌合金　3—漏料孔芯

4—模框　5—湿砂　6—平台

行，应用广泛，但型面尺寸精度低。

样件是用板料制成的与冲压件形状、尺寸一致的薄壁零件。其制作方法有手工敲制法和用冲压件改制法。

手工敲制法是用金属（钢、铝、铜等）板料手工制作而成，这种样件尺寸精度较低，形状不能太复杂，对钣金工的技术水平要求较高。

用冲压件进行改制，只需按照工艺要求增加一些补充部分（一般是凸缘）即可，制作简单，样件精度高。图 3-19 所示是利用冲压件改制样件的制模过程。

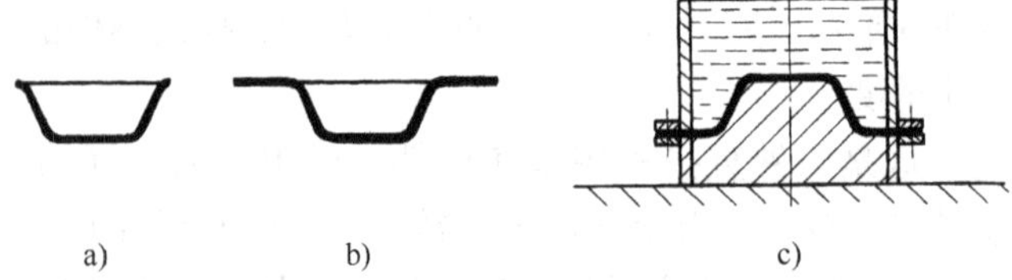

图 3-19　利用冲压件改制样件的制模过程

a）冲压件　b）改制后的样件　c）利用样件浇注

利用样件制作锌合金凸模的铸型，其过程如图 3-20 所示。先制作砂箱，再在砂箱内放上一层型砂，将样件放入砂箱内，四周填满型砂并夯实，刮平上表面。在样件内放入一与其周边形状相适应的模芯，四周放入型砂压紧后取出模芯，修整砂型即可进行浇注。

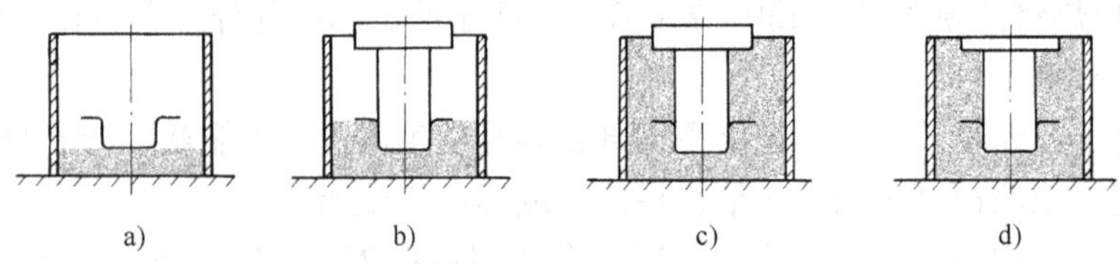

图 3-20　利用样件制作凸模铸型

金属型制模法常用于冲裁模、压印模的制作。

（3）石膏型铸造　利用样件翻制石膏铸型，浇注锌合金凸模或凹模的方法称为石膏型制模法。石膏铸型制作工艺简单，并具有良好的复制性能，因此这种方法可用于制作花纹细致、轮廓清晰、形状复杂、表面粗糙度与尺寸精度较高的模具。但由于石膏是一种导热性差、吸湿性强、强度低、脆性高的材料，一般只适用于生产小型成型模、塑料模等模具。

石膏型铸造方法的关键是制作石膏铸型，其工艺过程如下。

1）配制原料。石膏铸型用石膏为熟石膏粉（水解凝固快）与少量石英、水泥的混合物。加入石英和水泥的目的是为了增强铸型的耐火性与强度。

2）混浆。先按一定的比例在容器内加定量的水，将烘干的石膏粉均匀地撒在清水中，使之慢慢自然沉积。待气泡停止放出，用木棒均匀地搅拌成糊状石膏浆。注意石膏浆的稀稠程度要适当。

3）喷涂脱模剂。在石膏浆浇注之前，应在模型表面及模框内壁涂上脱模剂。常用的脱模剂有甲皂溶液、硬脂酸溶液和变压器油等。

4）浇注、脱模、烘干。待石膏浆制成后，应立即浇注入已放置好样件的模框内成形。从混浆到浇注的速度要快，应小于10min。这是由于石膏凝固的速度快，浇注时间过长会造成废品。为了增强石膏铸型的强度，大型石膏铸型中可放入铁丝网制成的骨架，以免铸型在脱模或使用过程中碎裂。石膏凝固20~30min后，便可取芯，并经修整自然风干，涂上一层快干清漆放入低温烘干箱内逐渐升温加热，加热温度分为50℃、100℃、140℃和170℃四个区间，每个区间保温5~10h，连续烘干24h以上，烘干后缓慢降温冷却。

二、铍青铜模具的制造

1. 铍青铜的组成与性能

铍青铜属于特殊青铜，是一种以铍为主要合金元素的铜合金，又称为铍铜。在铜中加入少量的铍之后，其性能发生很大的变化。经淬火、人工时效后，具有很高的强度（是强度最高的铜合金，可与高强度合金钢相媲美）、硬度、弹性极限及疲劳强度。此外，铍青铜还具有较好的铸造性和热加工性，可通过铸造、热挤压、锻造和冲压等工艺制造模具。常用于制造吹塑和注射模等模具。

工业上用于模具制造的铍青铜中铍的含量 $w_{Be}=1.6\%\sim2.5\%$。铍青铜QBe1.9的主要成分，见表3-5。

表3-5 铍青铜QBe1.9的主要成分

合金元素	w_{Ni}	w_{Ti}	w_{Be}	w_{Al}	w_{Fe}	w_{Pb}	w_{Si}	w_{Cu}	杂质总和
质量分数(%)	0.2~0.4	0.1~0.25	1.85~2.1	<0.15	<0.15	<0.005	<0.15	余量	<0.5

2. 时效强化

先经淬火（780℃±10℃，水冷）后，$\sigma_b=500\sim550MPa$，硬度120HBW，$\delta=25\%\sim35\%$；再经冷挤压成形，时效处理（300~350℃，2h）之后，铍青铜才具有很高的强度与硬度（$\sigma_b=1250\sim1400MPa$，硬度300~400HBW）。

3. 合金熔炼与铸造工艺

铍是一种有毒金属。铍青铜在熔炼时吸气性很强，且铍、钛在高温下极易被氧化而形成夹杂。熔炼铜合金时，炉气中的气体有氢、氧、氮、一氧化碳、二氧化碳、水蒸气和二氧化硫等多种气体。这些气体能以各种形式与铜熔液发生作用，使合金内部产生气孔，对模具质量产生十分不利的影响。为了降低对模具质量的影响和防止铍化物对人体的危害，一般将铍青铜置入真空感应炉中进行熔炼，铍以铜铍中间合金形式加入。电渣重熔也有助于降低气孔率和夹杂物质的含量。

铍青铜铸造成形时多采用水冷模无流浇注或半连续浇注，浇注的温度范围在 1120～1160℃之间。为排除合金中的夹杂物质，可在浇注时用专用过滤网进行过滤。例如，采用金属型铸造时，其温度不宜过低，以 60～80℃为宜，最高不得超过 120℃，以免冷却过程中产生裂纹。

三、陶瓷型铸造

陶瓷型铸造是一种在砂型铸造基础上发展起来的铸造技术。陶瓷铸型由特制的耐火材料制成，其主要成分是 Al_2O_3（又名刚玉）和 SiO_2 组成。陶瓷铸型表面细密光滑，尺寸精度可达 IT8～IT10，表面粗糙度值为 *Ra*0.8～*Ra*12.5μm。由于成形的模具精度高，故有陶瓷型精密铸造之称。用这种方法制造出来的模具，使用寿命可以超过机械加工生产出来的模具。目前，陶瓷型铸造广泛应用于锻模、冲压模、塑料模、橡皮模和玻璃模等模具的制造。

1. 陶瓷型铸造工艺

（1）模型的制作　用来制造陶瓷铸型的模型一般需要两个：一是用来制造砂套的粗模，如图 3-21a 所示；另一是用来成形模具型腔的精模，如图 3-21b 所示。很明显，粗模尺寸与精模尺寸相比相差一层陶瓷层的厚度。精模用金属、石膏、木材及塑料等材料制成。由于精模的表面粗糙度对陶瓷铸型表面粗糙度起着决定性的作用，因此精模加工要求较高，一般取 *Ra*0.8～*Ra*3.2μm。

（2）砂套造型　将粗模置于砂箱内的平板上，在粗模上方开设排气孔和灌浆孔的部位竖两根圆棒，如图 3-21c 所示，然后往砂箱内填满水玻璃砂，夯实后起模。在砂套上打气眼，充入二氧化碳使其硬化。

（3）陶瓷浆料的制作　陶瓷型材料由耐火材料、粘结剂、催化剂和透气剂等按一定的比例配制而成。其中耐火材料主要含 Al_2O_3 和 SiO_2，粒度粗细搭配要适当。粘结剂是硅酸乙酯 $(C_2H_5O)_4Si$ 进行水解而得到的含硅酸的胶体溶液，简称水解液。硅酸乙酯水解液稳定性较好，与耐火材料制成灌浆后，结胶的时间较长，通过加入催化剂（盐酸、氢氧化钙、氧化镁和碳酸钙等）可以将时间缩短。为了改善陶瓷铸型的透气性，可往浆料中添加少量的透气剂，如松香、碳酸钡或双氧水等。

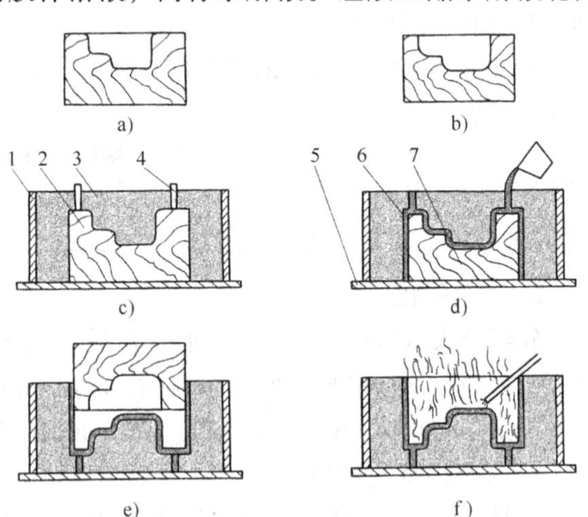

图 3-21　陶瓷型铸造

a）粗模　b）精模　c）砂套造型

d）灌浆　e）起模　f）喷烧

1—砂箱　2—粗模　3—水玻璃砂　4—排气孔及灌浆孔芯　5—垫板　6—陶瓷浆　7—精模

陶瓷浆料的制作过程如下：将透气剂倒入定量的水解液料桶中，耐火材料与催化剂混合后倒入料桶，搅拌均匀。当浆料粘度开始增大出现胶凝时，即可进行灌浆浇注。

（4）灌浆与喷烧　将砂套套在精模的外部，并使两者间隙均匀，如图 3-21d 所示，用陶瓷浆料从浇口中注入充满间隙。结胶后（一般控制在 15～20min）即可起模。起模后点火喷烧陶瓷层，并吹压缩空气助燃。因为这时铸型内有大量的酒精，若让其缓慢挥发，将会在陶瓷型腔上留下大量的裂纹。喷烧可使陶瓷层受热升温，让层中均匀分布的酒精燃烧，只在陶瓷层上形成一些网状显微裂纹。这些显微裂纹不仅可以增强陶瓷层的透气性，而且还可以弥补铸型的收缩。

（5）烘干　烘干的目的是将陶瓷铸型内残存的酒精、水分和少量有机物清除干净。将陶瓷铸型放入烘干炉中，以100～300℃/h的速度将温度慢慢升高至450℃，保温4～6h，冷却后出炉。

（6）合箱浇注　合箱浇注的操作与普通砂型铸造相似。陶瓷铸型可以进行冷浇，浇注后用氮气保护，以减少铸件表面氧化及脱碳层的产生，待冷却后即可开箱清理铸件。

清理后的铸件需要经正火及回火处理（加热到680℃，保温24h），然后进行必要的机械加工，完成模具的制造。

陶瓷型铸造的完整工艺过程如图3-22所示。

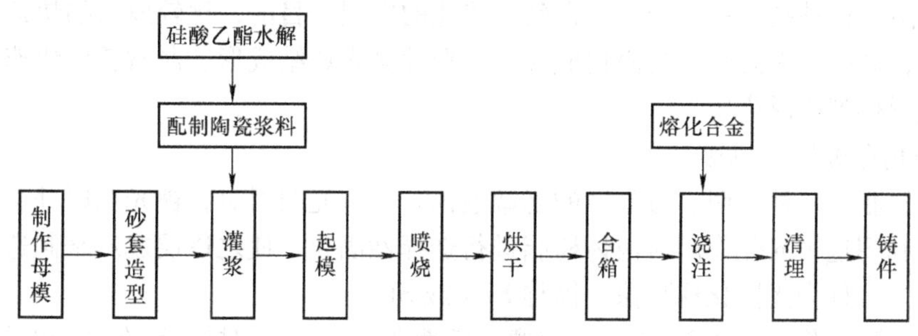

图3-22　陶瓷型铸造的工艺过程

2. 陶瓷型铸造模具的特点

与机械加工模具相比，陶瓷型铸造模具具有如下特点。

（1）生产周期短、成本低　由于陶瓷型铸造工艺简单，所需的投资少，加工精度高，机械加工工作量少，因此，陶瓷型铸造可以极大缩短模具的生产周期，从而使模具的生产成本降低。

（2）节省材料　陶瓷型铸造模具可以直接利用报废的模具重新熔炼铸造。年产量100t陶瓷型铸造合金钢模具的工厂，如果全部用废钢作为原材料进行熔炼，每年可节省几十万元成本。同时，还可节约大量的镍、铬、钼等重要合金材料。

（3）模具性能好　陶瓷铸型采用粒度细小的耐火材料，灌浆表面光滑，铸件的表面粗糙度值小；陶瓷浆料的热稳定性高，高温下变形小，模具尺寸精度较高。陶瓷型铸造模具的使用寿命比机械加工模具的使用寿命长25%～500%。

但硅酸乙酯、刚玉等原材料价格昂贵，灌浆后产生的局部缺陷难以修复，铸造生产环节多等特点，限制了陶瓷型铸造模具的发展。

第三节　快速成形技术制模

一、快速成形技术

快速成形技术也称快速原型制造（简称RP），是20年代末产生的全新的成形技术。它集CAD、CAM、CNC、激光、新材料和精密伺服驱动等现代科学技术于一体，依据计算机上构造的工件三维设计模型，对其进行分层切片，得到各层切片的二维轮廓（图 3-23b）；按二维轮廓一层层选择性地堆积材料，制成一片片的截面层（图 3-23c 和图 3-23d），并将这些截面层逐层叠加构成工件的三维实体（图 3-23a）。这种成形方法也称添加成形。

工件成形后还要进行一些后续加工，如去除工件成形时的支承结构，以及工件的后固化、后烧结、打磨、抛光、修补和表面强化处理等。

添加成形不必采用传统的机床、工具和模具，可成形形状复杂的工件，材料利用率高，制造周期短，成本低，一般只需传统加工方法 10% ~30% 的工时和 20% ~35% 的成本。但是，工件精度和表面质量目前还不如去除成形好。去除成形是将毛坯多余的材料去除而成形工件的方法，如车削、铣削、刨削、钻削、磨削等加工都属于去除成形，特种加工中的电火花成形加工、电解加工也属于去除成形。

由于应用快速成形技术能显著地缩短新产品的开发时间，降低开发费用，减少新产品开发的投资风险，这种技术一经产生即得到了快速的发展。目前，比较成熟的快速成形工艺方法有十余种，其中，液态树脂光固化成形、选择性激光烧结成形、薄材叠层快速成形和熔丝沉积快速成形得到广泛应用。

1. 液态树脂光固化成形

光固化树脂是一种透明、有黏性的光敏液体，当有光照射时，被光照射处会发生聚合反应而固化。利用这种光化作用对液体树脂进行选择性固化，使之逐层成形来制造所需的三维实体原型的方法称为光固化成形法，简称 SLA 或 SL。

光固化成形过程如图 3-24 所示，液槽中盛满光敏树脂，扫描振镜在系统的指令下按成

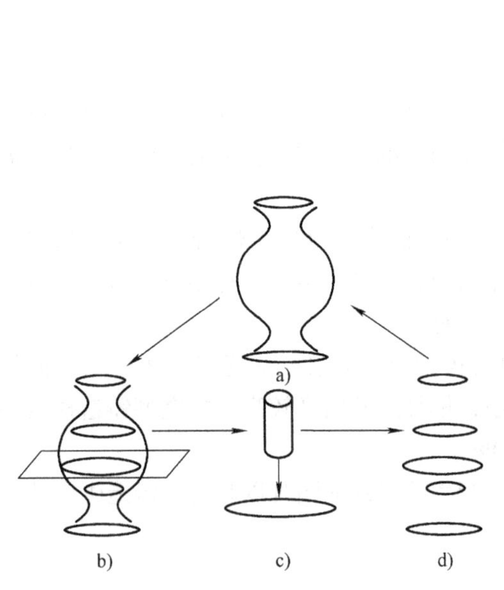

图 3-23　三维设计模型与切片层的相互转换

a）三维设计模型　b）分层切片

c）分片制作　d）叠加成体

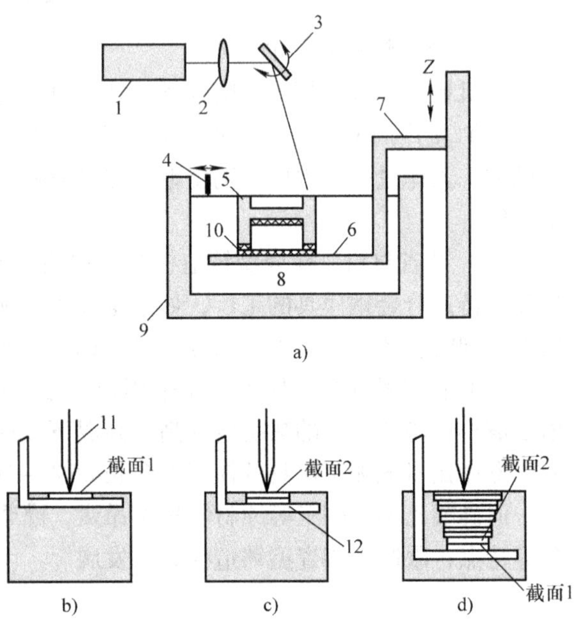

图 3-24　液态树脂光固化过程

a）光固化成形原理　b）固化第一层

c）固化第二层　d）固化最后一层

1—激光器　2—光学器件　3—*X-Y* 扫描振镜　4—刮刀　5—成型件　6、12—工作台　7—升降臂　8—液态光敏树脂　9—液槽　10—支承结构　11—激光束

形工件的截面轮廓要求作高速往复摆动，使从激光器发出的激光束反射并聚焦于液槽中光敏树脂的液面上，沿该面作 X-Y 方向的扫描运动。被扫描的树脂产生光聚合反应而固化，生成第一层固化截面层（图 3-24b）。生成一层固化层后工作台下降一个层厚的距离，在液体树脂流入并覆盖已固化的截面层后，用刮刀将树脂的液面刮平，再对新铺上的一层液态树脂进行扫描固化，生成第二层固化截面层（图 3-24c）。新固化的截面层能牢固地粘在前一层上。如此反复进行直到整个制件加工完成（图 3-24d）。

为了在加工完成后便于将制件从工作台上取下和减少在成形过程中产生变形，制件轮廓上那些悬伸和薄弱部位应设计出相应的支承结构。制件和支承结构构成一个整体（图 3-25），并在成形过程中同时制作这些支承结构。在树脂固化成完整制件时，从成形机上取下制件，去除支承，并将制件置于大功率的紫外灯箱中作进一步的内腔固化。此外，制件表面上因分层制造产生的阶梯纹及制件表面的其他缺陷需要修补时，可用热塑性塑料、乳胶以及细粉调和的腻子进行修补，然后用砂纸打磨、抛光和喷漆。打磨、抛光可根据要求选用不同粒度的砂纸、小型电动或气动打磨机，也可使用喷砂打磨机进行后处理。

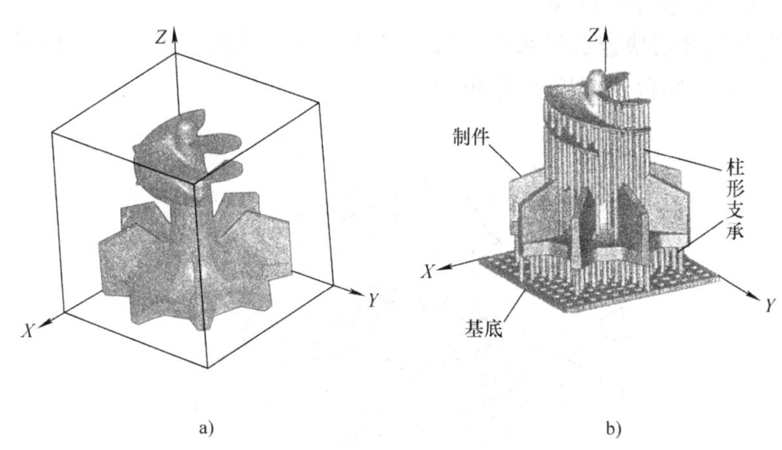

图 3-25　零件模型及其支承结构

a）零件模型　b）零件模型及支承结构

2. 选择性激光烧结成形

选择性激光烧结成形，简称 SLS。

图 3-26 所示为选择性激光烧结成形系统。它主要由激光器、激光光路系统、扫描镜、工作台、供粉筒（图中未画出）、铺粉辊和升降工作缸等组成。成形前，先在工台上用铺粉辊铺一层粉末材料，其后激光束在计算机的控制下，按截面轮廓的信息对零件实体部分的粉料进行扫描，使其温度升至熔化点。由于粉末颗粒交界处熔化，粉末互相粘结，获得一层截面轮廓。非烧结区的粉末仍呈松散状态，成为制件和后一层粉末的支承。一层烧结成形后，工作台下降一个层厚的高度，再进行后一层的铺料和烧结。如此重复，逐层叠加，最终成为三维制件。在成形过程中，为了减小热应力和翘曲变形，必须对工作台面的粉末及供粉筒进行预热。工作台面粉末的温度一般在粉末的软化和熔点温度之下。供粉筒的预热温度一般保持在粉料能自由流动和便于铺粉辊将其铺开为宜。另外，为防止氧化和使温度场保持均匀，成形腔应密封并输入保护气体（一般为氮气）。

在成形制件制作完成并充分冷却后，粉末块会上升到初始位置，将粉末块取出置于工作台上，用刷子刷掉表面粉末，露出制件部分，其余残留的粉末可用压缩空气去除。除粉最好在密闭空间进行，以免粉尘污染环境。

理论上讲，任何受热后能够粘接的粉末，都可用作激光烧结的原材料。虽然，目前研制成功的可实用的原材料只有十几种、但其范围已覆盖高分子、陶瓷、金属粉末和其他复合材料。所以，通过 SLS 还可快速获得陶瓷和金属制件，这是其他快速成形技术目前还做不到的。在成形过程中未烧结的粉末可以重复使用，因而，SLS 无材料浪费。由于成形材料的多样性使得 SLS 获得了广泛地应用。

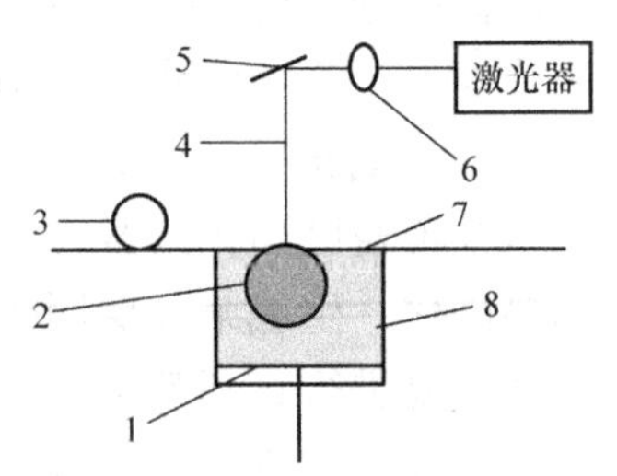

图 3-26　选择性激光烧结成形系统

1—升降工作缸　2—成形零件　3—铺粉辊　4—激光束　5—扫描镜　6—光路系统　7—工作台面　8—粉末材料

3. 薄材叠层快速成形

薄材叠层快速成形简称 LOM。

图 3-27 为薄材叠层快速成形系统。该系统主要由计算机、原材料存储及送进机构、激光切割系统、升降工作台、数控系统和机架等组成。

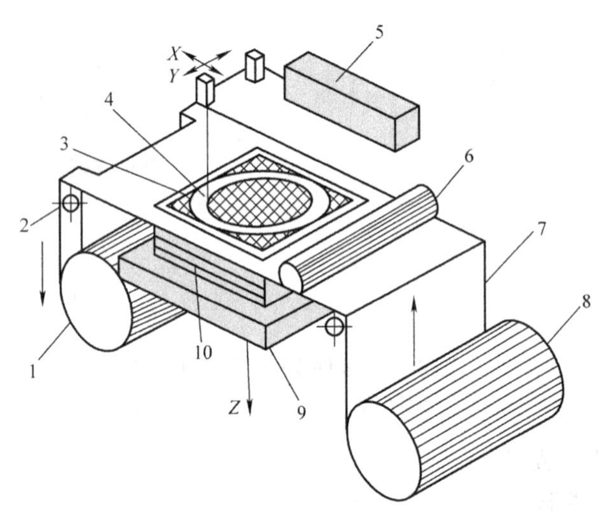

图 3-27　薄材叠层快速成形系统

1、8—原材料存储及送进机构　2—导向辊　3—废料的网格线　4—成形件的截面　5—激光切割系统　6—热粘压机构　7—涂覆热熔胶的纸　9—工作台　10—叠层块

这种成形工艺用纸张作原材料，并将其做成纸卷存储于送料机构中。纸的一面涂有热熔胶，工作时涂胶面朝下。在计算机的控制下，自动送料机构将存储的纸逐次送到工作台上方，粘压滚筒滚过工作面，使上、下纸层粘贴在一起。激光切割系统按计算机提供的工件截面轮廓，在送入的一层纸上切割出相应的轮廓线，并将非轮廓区域切割成小方格，以便在成形之后剔除费料。可升降工作台支承正在成形的制件，并在每层切割之后下降一层纸厚的高度（通常为 0.1 ~0.2mm），以便送入、粘贴和切割新的一层纸。其工作过程如图 3-28 所示。

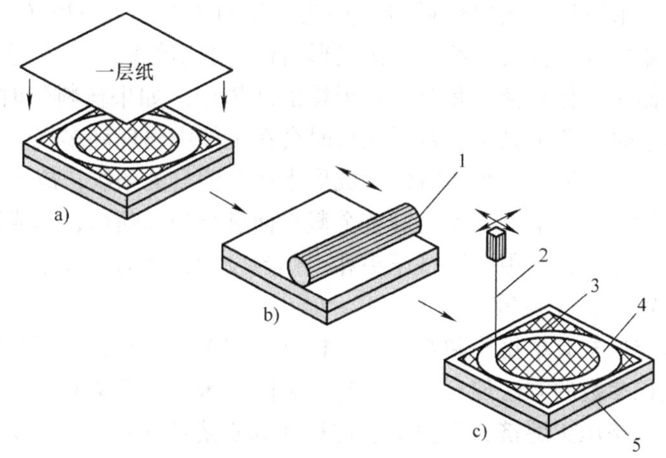

图 3-28　薄材叠层快速成形工作过程

a）工作台下降一层纸厚高度送入新一层纸　b）热粘压　c）切割轮廓线和网格线

1—热粘压机构　2—激光束　3—废料的网格线　4—成形件的截面轮廓　5—叠层块

成形加工完成后从成形机上卸下制件，手工将工件周围被切成小方块的废料去除，获得所需的成形制件，如图 3-29 所示。

4. 熔丝沉积快速成形

熔丝沉积快速成形简称 FDM。其工作原理如图 3-30 所示。在计算机的控制下，根据制件的截面轮廓信息，挤压头 5 沿着 X 轴方向运动，工作台 8 则沿 Y 轴方向运动。丝状热塑性材料由送丝机构 6 送到挤压头 7，并在挤压头 7 中加热至熔融状态，然后通过喷嘴 4 选择性地喷覆在工作台 2 的上部，快速冷却后形成加工制件的截面轮廓。制件的一层截面完成后，工作台 2 下降（或挤压头 4 上升）一个截面层的高度（一般为 0.1 ~ 0.2mm），再进行后一层截面的沉积。如此重复，直至完成整个制件的加工。

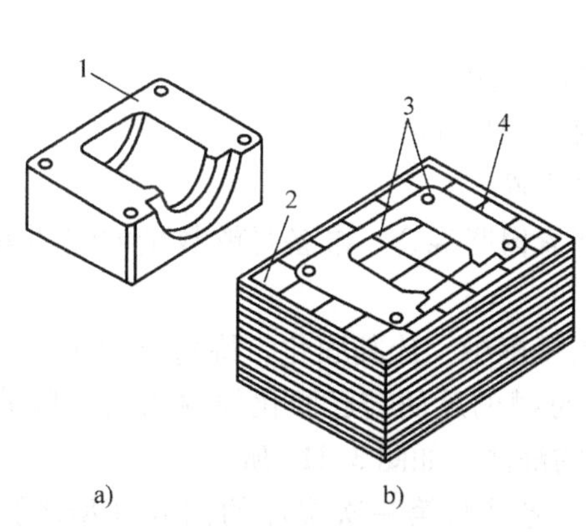

图 3-29　截面轮廓及网格废料

a）已去除废料的制件　b）未去除废料的制件

1—产品　2—网格废料　3—内轮廓线　4—外轮廓线

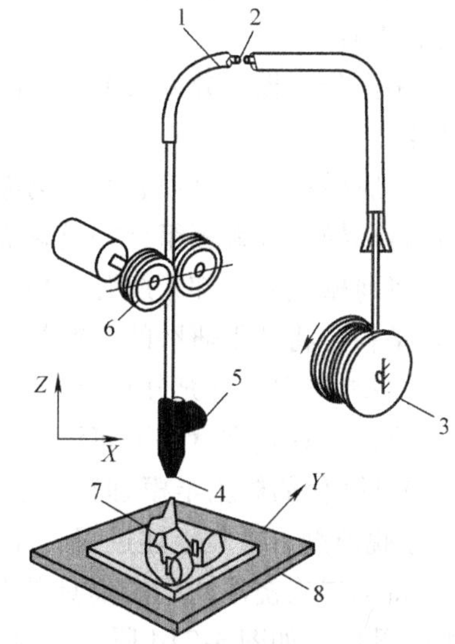

图 3-30　熔丝沉积快速成形的工作原理

1—导向套　2—塑料丝　3—供丝辊　4—喷嘴　5—挤压头

6—送丝机构　7—成形件　8—工作台

熔丝沉积快速成形所用熔丝的材料多为热塑性塑料或蜡，如 ABS 丝、聚碳酸酯（PC）丝、尼龙丝和合成蜡丝等。合成蜡丝可直接成形熔模铸造用的蜡模。上述丝料易吸收空气中的湿气，因此，存储时应将其密封并保存在干燥的环境中。如果丝料长时间暴露在空气中，使用前应先将其置于烘干箱中烘干，否则成形时会在工件中出现许多气泡。

这种成形方法适合成形中、小塑料件，成形表面有明显的条纹，成形件在垂直方向的强度比较低，也需要设计支承结构，需要对整个截平面进行扫描喷覆，其成形时间较长。为避免成形时工件的翘曲变形，必须围绕挤压头和工作台设置封闭的保温室，并使其中的温度在成形过程中保持恒定（一般为 70℃）。

熔丝沉积快速成形机有单挤头和双挤头结构。采用单挤头时，成形材料和支承材料为同一材料，用改变沉积参数的方法使支承结构易于去除。采用双挤头时，一个挤压头熔挤、沉积成形材料，另一个挤压头熔挤、沉积支承材料（如水溶性材料）。成形完成后将制件浸没在水中即可使支承结构软化、溶解，获得最终的成形制件。

二、快速制模工艺

利用 SLA、LOM、FDM 或 SLS 等技术制造出的零件实体原型，需要选用适当的方法，快速制造出成形模具，用这种模具可以生产一定数量的塑料零件（或样件）和金属零件。由于使用要求和制模时所用材料不同，制模工艺也不完全相同。

图 3-31 是利用快速成形技术获得的零件实体原型作母模，在常温下浇注填充有铝粉的环氧树脂（CAFE），固化后作注射模的工作零件——型腔、型芯。这样制得的一种模具可直接进行注射，并保证注射所用的材料与最终零件生产所用的工程塑料一致。与传统方法相比，制造这种模具快速、经济，模具寿命可达 100～1000 件，特别适合于新产品试制和小批量产品生产时采用。

铝填充环氧树脂模的制造过程如下。

1）制作母模。采用快速原型制件作母模，但在尺寸上要考虑材料的收缩等因素。为使脱模容易原型应有适当的拔模斜度。原型表面要进行打磨、抛光等处理，以消除表面的台阶痕和其他缺陷。

2）制作分型板。分型板可采用丙烯酸材料和合成木加工制作。分型板应和母模及分型面相吻合。

3）涂脱模剂。在母模表面均匀涂上一层很薄的脱摸剂。

4）将母模与分型板组合并设置浇注型框，如图 3-31b 所示。

5）将薄壁铜质冷却管放置在模框中靠近母模的位置。

6）备料。将精细研磨的铝粉与双组分热固性环氧树脂混合，准备足够数量的铝环氧树脂材料，在真空中进行充分脱泡。

7）浇注。在真空状态下将铝填充环氧树脂注入模框中，让其固化。待树脂固化后，将分型板与已固化的树脂半模翻转，取走分型板，在母模的反面与已固化的树脂面（即分型面上）涂脱模剂，重复上述过程，完成另一半模具的浇注，如图 3-31c 所示。

8）待第二次浇注树脂的模具部分完成固化后，将其与第一次浇注的部分（型腔）分开，去除母模，如图 3-31d 所示。检查型芯、型腔有无缺陷。

9）完成模具浇注后，在适当的位置加工出模具的浇注系统，安装推料板和推件杆，连接冷却管，并最终完成与标准模架的装配，如图 3-31e 所示。

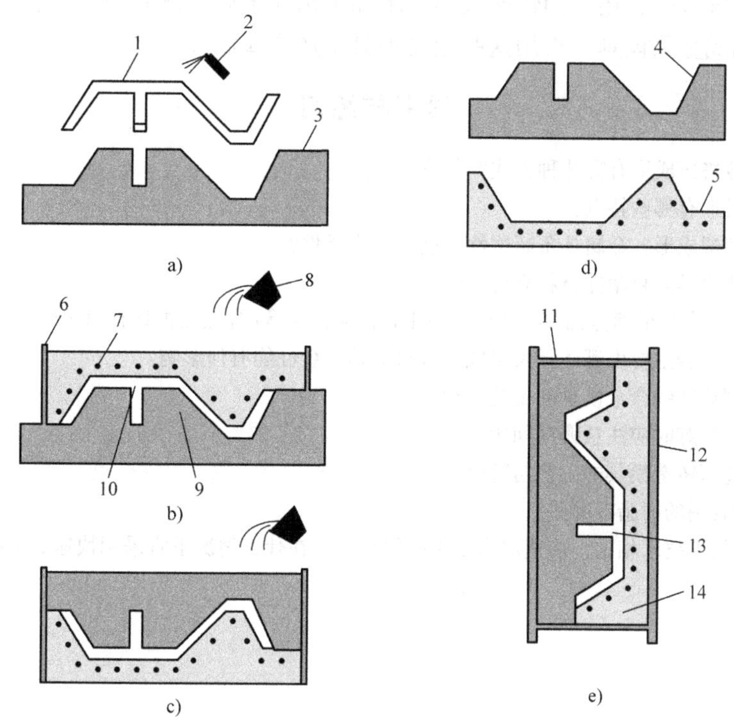

图 3-31 铝填充环氧树脂模具的制造过程

a）母模和分型板 b）浇注型腔 c）浇注型芯 d）型芯和型腔 e）与标准模架装配

1、10—母模 2—脱模剂 3、9—分型板 4、11—型芯 5、14—型腔

6—型框 7—铜管 8—CAFE 模材料 12—模架 13—注射件

当生产的树脂零件（或样件）只需几十件时，可用快速成形技术获得的实体原型作母模，再通过真空注型技术制造硅橡胶模具。这种模具有良好的柔韧性，因此，也称为软模。制模用硅橡胶为加成型硅橡胶，用这种胜橡胶制作模具时线性收缩率小，不受模具厚度的限制，可深度硫化，抗张、抗撕拉强度大、物理稳定性比较优异，且价格低廉。模具使用寿命可达 50 件左右。

在快速成形技术中，选择性激光烧结法（SLS）可直接成形金属模具。用金属粉末进行选择性激光烧结制造模具的方法有两种。

1）金属粉末直接激光烧结制模。这种方法也称直接法，一般是用合金粉末作烧结材料，需要大功率的激光器，在保护气氛下进行选择性烧结。

2）金属粉末间接激光烧结制模。用于间接激光烧结制模的金属粉末，其组成有两种：一种是用两种金属粉末混合作烧结的粉末材料，高熔点的金属材粉为结构材料或基体材料，低熔点的为粘结剂；另一种是用金属粉末和高分子有机聚合物混合作烧结的粉末材料，金属为结构材料，聚合物为粘结剂。

激光烧结成形的金属模具强度不是很高，必须进行后处理才能成为结构致密的实用模具。后处理包括降解聚合物、高温二次烧结和渗金属三个阶段。三个阶段可以在同一加热炉内进行，也可把渗金属放在不同的炉内进行。后处理工艺过程要在保护气氛中进行。

除上述制模方法外，还可用快速成形技术加工出非金属实体原型，然后借助其他技术将非金属原型翻制成金属模具，再用这些金属模具生产金属制件。

思考与练习

3-1　型腔的冷挤压成形有哪几种方式？各有何特点？

3-2　热挤压成形有哪些特点？

3-3　什么是超塑成形？金属具备超塑性应满足什么条件？

3-4　常用制造模具的超塑性材料有哪些？

3-5　查得 Bi-Sn 合金的熔点为 271.3℃，试问在常温下 Bi-Sn 合金是否具有超塑性？

3-6　模具用锌合金主要由哪些元素组成？各自对锌合金性能有何影响？

3-7　简述砂型铸造锌合金模具的工艺过程。

3-8　铍青铜在熔炼时应注意哪些问题？

3-9　简述陶瓷型铸造模具的工艺与特点。

3-10　制造模具用的树脂有哪些？

3-11　与切削加工技术相比，快速成形技术有何特点？在什么情况下宜采用快速成形技术制模？

第四章　模具装配工艺

模具的装配与其他机械产品的装配一样，是保证使用性能的关键。但模具的装配需要较多的调整及修配，才能保证模具正常工作。本章主要介绍模具的装配方法。

第一节　概　　述

一、装配的概念

按照图样规定的技术要求，将相关零件、部件进行配合、连接，使之成为具有特定功能的成品或半成品的工艺过程称为装配。装配后，必须满足装配精度要求，包括配合件间的配合精度、相关零件间的相互位置精度、相对运动件的运动精度及其他要求，如模具的导向精度、冲裁间隙的均匀性要求等。

根据装配工作的层次可分为组件装配、部件装配及总装配，如图 4-1 所示。

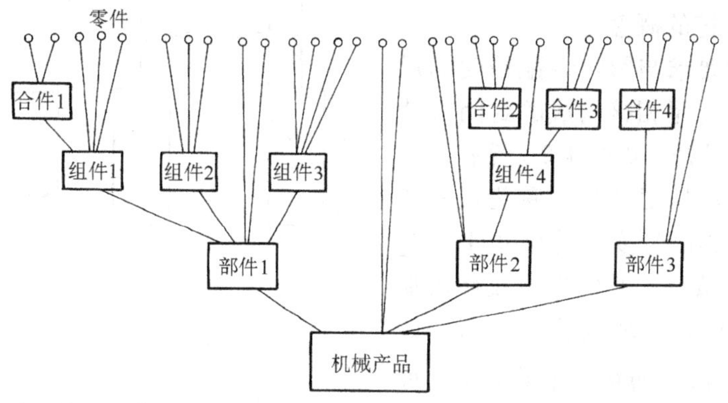

图 4-1　装配过程

二、装配的组织形式

根据产品的生产纲领不同，装配过程可采用不同组织形式，见表 4-1。

表 4-1　装配的组织形式

形式		特点	应用范围
固定装配	集中装配	从零件装配成部件或产品的全过程均在固定工作地点，由一组（或一个）工人来完成。对工人技术水平要求较高，工作地面积大，装配周期长	1. 单件和小批生产 2. 装配高精度产品，调整工作较多时适用
	分散装配	把产品装配的全部工作分散为各种部件装配和总装配，各分散在固定的工作地上完成，装配工人增多，生产面积增大，生产率高，装配周期短	成批生产

（续）

形式		特点	应用范围
移动装配	产品按自由节拍移动	装配工序是分散的。每一组装配工人完成一定的装配工序，每一装配工序无一定的节拍。产品是经传送工具自由地（按完成每一工序所需时间）送到下一工作地点，对装配工作的技术要求较低	大批生产
	产品按一定节拍周期移动	装配的分工原则同前一种组织形式。每一装配工序，是按一定的节拍进行的。产品经传送工具按节拍周期性（断续）地送到下一工作地点，对装配工人的技术水平要求低	大批和大量生产
	产品按一定速度连续移动	装配分工原则同上。产品通过传送工具以一定速度移动，每一工序的装配工作必须在一定的时间内完成	大批和大量生产

模具生产属于单件小批生产，适合采用集中装配。由于模具或其他机械产品是由许多零件装配而成，因此零件的精度直接影响产品的精度。当某项装配精度是由若干个零件的制造精度所决定时，就出现了误差累积的问题，要分析产品有关组成零件的精度对装配精度的影响，就要用到装配尺寸链。

三、装配尺寸链

1. 装配尺寸链的概念

装配的精度要求与影响装配精度的尺寸，按一定顺序首尾相接构成的封闭尺寸组合称为装配尺寸链，如图4-2b所示。

要保证的装配精度（A_Σ）称为尺寸链的封闭环，影响封闭环变化的尺寸 A_1、A_2 称为尺寸链的组成环。其中当组成环增加（或减小）时，使封闭环也随之增加（或减小）的组成环称为增环，用$\overrightarrow{A}_i$表示；反之称为减环用$\overleftarrow{A}_i$表示。

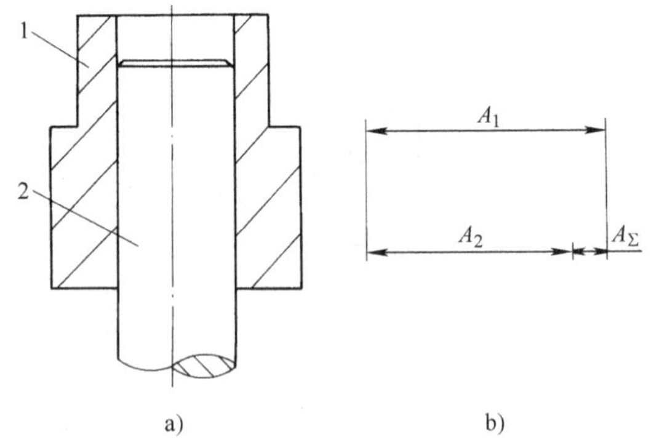

图4-2　导柱与导套装配及装配尺寸链

a）装配示意图　b）装配尺寸链

1—导套　2—导柱　A_1—导套的内径

A_2—导柱外径　A_Σ—装配间隙

利用装配尺寸链可以根据装配的精度要求确定零件的制造精度或验算零件的制造精度能否满足装配的精度要求。合理选择装配方法，能在一定生产条件下，经济合理地达到装配精度要求。

2. 装配尺寸链的极值解法

所谓尺寸链的极值解法是在进行尺寸链计算时，将组成尺寸链的所有尺寸都取极限尺寸进行进计算。计算极限尺寸的计算公式为

$$A_{\Sigma\max} = \sum_{i=1}^{m} \overrightarrow{A}_{i\max} - \sum_{i=m+1}^{n-1} \overleftarrow{A}_{i\min} \tag{4-1}$$

$$A_{\Sigma\min} = \sum_{i=1}^{m} \overrightarrow{A}_{i\min} - \sum_{i=m+1}^{n-1} \overleftarrow{A}_{i\max} \tag{4-2}$$

式中　$A_{\Sigma\max}$、$A_{\Sigma\min}$——分别为封闭环的最大、最小尺寸（mm）；

$\overrightarrow{A}_{i\max}$、$\overrightarrow{A}_{i\min}$——分别为增环的最大、最小尺寸（mm）；

$\overleftarrow{A}_{i\max}$、$\overleftarrow{A}_{i\min}$——分别为减环的最大、最小尺寸（mm）。

用极值法解（图4-2）的装配尺寸链。

已知 $\overrightarrow{A}_{\max}=A_1=\phi40^{+0.025}_{0}$mm　$\overleftarrow{A}_{\min}=A_2=\phi40^{0}_{-0.016}$mm 求封闭环（$A_\Sigma$）的最大尺寸和最小尺寸：

最大尺寸 $A_{\Sigma\max}=40\text{mm}+0.025\text{mm}-(40\text{mm}-0.016\text{mm})=0.041\text{mm}$

最小尺寸 $A_{\Sigma\min}=40\text{mm}-40\text{mm}=0$

所以导柱导套的配合间隙为0～0.041mm。从计算结果可以看出，装配精度直接取决于相互配合零件的制造精度。

第二节　装配方法及其应用范围

产品的装配方法是根据产品的产量和装配精度要求等因素来确定的。一般情况下，产品的装配精度要求高，则零件的精度要求也高。但是，根据生产的实际情况采用合理的装配方法，也可以用精度较低的零件来达到较高的装配精度。

一、互换装配法

按照装配零件所能达到的互换程度，分为完全互换法和不完全互换法。

1. 完全互换法

完全互换法是指在装配时各配合零件不经修理、选择和调整直接装配即可达到装配精度要求的互换装配法。要使被装配的零件达到完全互换，装配的精度要求和被装配零件的制造公差之间应满足

$$T_\Sigma=T_1+T_2+\cdots T_{n-1}=\sum_{i=1}^{n-1}T_i$$

式中　T_Σ——装配精度所允许误差范围（mm）；

T_i——影响装配精度零件的制造公差（mm）；

n——装配尺寸链的总环数。

如图4-2所示，导柱、导套的装配，要实现完全互换法必须满足

$$T_\Sigma=T_1+T_2$$

采用完全互换装配法，具有装配工作简单，对装配工人的技术水平要求不高，装配质量稳定，易于组织流水作业，生产率高，产品维修方便等许多优点。因此，这种方法在实际生产中获得了广泛应用。

2. 不完全互换法

当采用完全互换法装配，配合零件的精度要求高，制造困难时，可将配合零件的制造公差适当放大，降低加工难度，但这样会造成少部分零件不能完全互换，需进行有选择的装配，达到装配精度要求的方法称为不完全互换法。

二、分组装配法

在成批和大量生产中，当产品的装配精度要求很高时，装配尺寸链中各组成环的公差必然很小，致使零件加工困难。还可能使零件的加工精度超出现有的工艺所能实现的水平，在

这种情况下先将零件的制造公差扩大数倍，按经济精度进行加工，然后将配合副的零件按实测尺寸分组，装配时按对应组进行互换装配以达到装配精度。此方法称为分组装配法。

三、修配装配法

在装配时修去指定零件上的预留修配量达到装配精度的方法，称为修配装配法。这种装配方法在单件小批生产中被广泛采用。常见的修配方法有按件修配法、合并加工修配法和自身加工修配法三种。

1. 按件修配法

按件修配法是在装配尺寸链的组成环中预先指定一个零件作修配件（修配环），装配时再用切削加工改变该零件的尺寸以达到装配精度要求。

热固性塑料压塑模如图 4-3 所示，装配后要求上、下型芯在 B 面上，凹模的上、下平面与上、下固定板在 A、C 面上同时保持接触。为了使零件的加工和装配简单，选凹模为修配环。在装配时，先完成上、下型芯与固定板的装配，并测量型芯对固板的高度尺寸。按型芯的实际高度尺寸修磨 A、C 面。凹模的上、下平面在加工中应留适当的修配余量，其值可根据生产经验或计算确定。

在按件修配法中，选定的修配件应是易于加工的零件。在装配时，其尺寸的改变对尺寸链的其他尺寸不产生影响。由此可见上例选凹模为修配环是恰当的。

2. 合并加工修配法

合并加工修配法是把两个或两个以上的零件装配在一起后，再进行机械加工，以达到装配精度要求的修配装配法。将零件组合后所得尺寸作为装配尺寸链的一个组成环，从而使尺寸链的组成环数减少，公差扩大，更容易保证装配精度。

如图 4-4 所示，凸模和固定板连接后，要求凸模的上端面和固定板的上平面共面。在加工凸模和固定板时，对尺寸 A_1、A_2 并不严格控制，而是将两者装配在一起磨削上平面，以保证装配的要求。

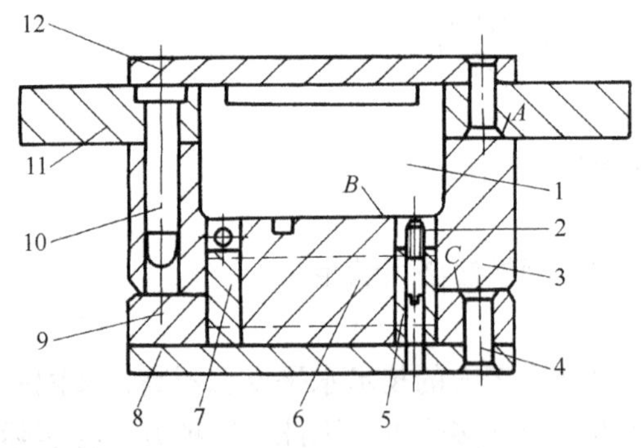

图 4-3 热固性塑料压塑模

1—上型芯 2—嵌件螺杆 3—凹模 4—铆钉 5—型芯拼块 6—下型芯 7—型芯拼块 8、12—支承板 9—下固定板 10—导柱 11—上固定板

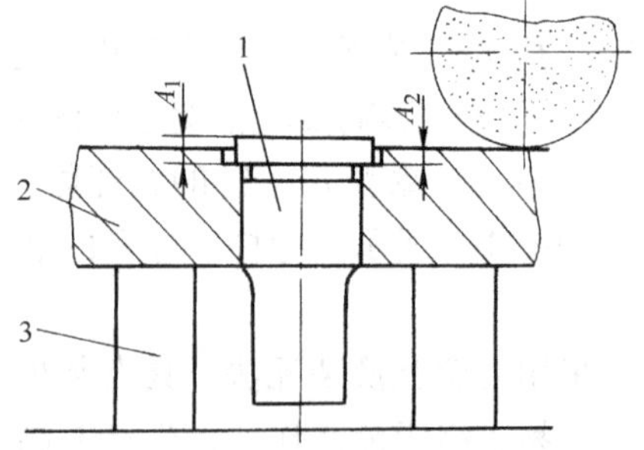

图 4-4 磨凸模和固定板的上平面

1—凸模 2—固定板 3—等高垫铁

3. 自身加工修配法

用产品自身所具有的加工能力对修配件进行加工达到装配精度的方法称为自身加工修配法。这种修配方法常在机床制造或修配中采用。例如，牛头刨床在装配时，它的工作台面可用刨床自身来进行刨削，如图 4-5 所示，以达到滑枕运动方向对工作台面的平行度要求。

四、调整装配法

装配时，用改变产品中可调整零件的相对位置或选用合适的调整件达到装配精度的方法，称为调整装配法。根据调整方法不同，调整法分可动调整法和固定调整法。

1. 可动调整法

在装配时改变调整件位置达到装配精度的方法称为可动调整法。图 4-6a 所示是用螺钉调整件调整滚动轴承的配合间隙。转动螺钉可使轴承外环相对于内环作轴向位移，使外环、滚动体、内环之间获得适当的间隙。图 4-6b 所示是移动调整套筒 1 的轴向位置，使间隙 N 达到装配精度要求。当间隙调整好后，用止动螺钉将套筒固定在机体上。

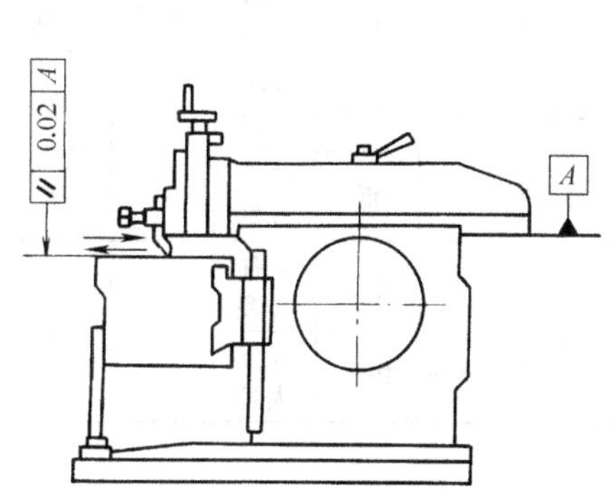

图 4-5　自身加工修配法

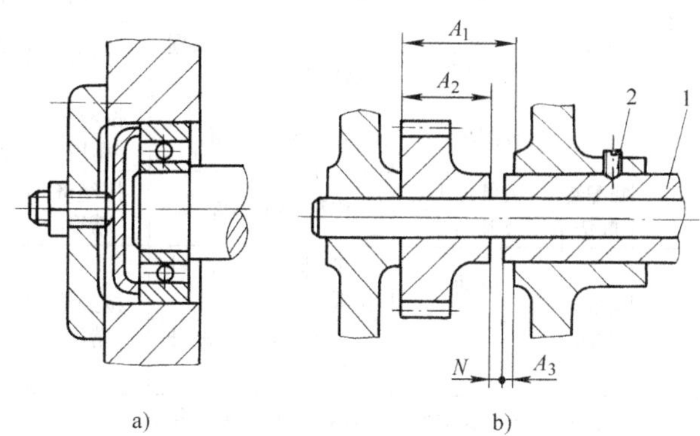

图 4-6　可动调整法

1—调整套筒　2—定位螺钉

可动调整法在调整过程中不需拆卸零件，比较方便，在机械制造中应用较广。在模具中也常用到，如冷冲模采用上出件时，顶件力的调整常采用可动调整法。

2. 固定调整法

在装配过程中选用合适的调整件达到装配精度的方法称为固定调整法。图 4-7a 所示是用垫圈调整轴向间隙。调整垫圈的厚度尺寸 A_3 根据尺寸 A_1、A_2 和 N 来确定，由于尺寸 A_1、A_2 和 N 是在它们各自的公差范围内变动的，所以需要准备不同厚度尺寸的垫圈（A_3），这些垫圈可以在装配前按一定的尺寸间隔作好，装配时根据预装时对间隙的测量结果选择一个厚度适当的垫圈进行装配，以得到所要求的间隙 N。

图 4-7b 所示是用调整垫片调整滚动轴承的间隙。装配时，当轴承间隙过大（或小），不能满足运动要求时，可选择一个厚度比原垫片适当减薄（或增厚）的垫片替换原有垫片，使轴承外环沿轴向适当位移，以使轴承间隙满足运动要求。

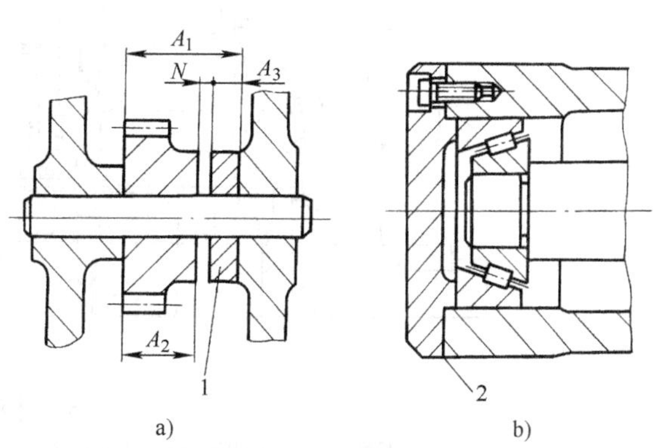

图 4-7　固定调整法

1—垫圈　2—垫片

修配装配法和调整装配法的共同之处是能用精度较低的组成零件达到较高的装配精度。但调整装配法是用更换调整零件或改变调整件位置的方法达到装配精度，而修配装配法是从修配件切除一定的修配余量达到装配精度的。

不同的装配方法对零件的加工精度、装配的技术水平要求、生产效率也不相同，因此，在选择装配方法时，应从产品装配的技术要求出发，根据生产类型和实际生产条件合理进行选择。各种装配方法的比较见表 4-2。

表 4-2 各种装配方法的比较

<table>
<tr><th>序号</th><th colspan="2">装配方法</th><th>工艺措施</th><th>被装件精度</th><th>互换性</th><th>装配技术水平要求</th><th>装配组织工作</th><th>生产效率</th><th>生产类型</th><th>对环数要求</th><th>装配精度</th></tr>
<tr><td rowspan="3">1</td><td rowspan="3">互换装配法</td><td rowspan="2">完全</td><td rowspan="2">按极值法确定零件公差</td><td rowspan="2">较高或一般</td><td rowspan="2">完全互换</td><td rowspan="2">低</td><td rowspan="2">—</td><td rowspan="2">高</td><td rowspan="2">各种类型</td><td>环数少</td><td>较高</td></tr>
<tr><td>环数多</td><td>低</td></tr>
<tr><td>不完全</td><td>利用概率论原理确定零件公差</td><td>较低</td><td>多数互换</td><td>低</td><td>—</td><td>高</td><td>大批大量</td><td>较多</td><td>较高</td></tr>
<tr><td>2</td><td colspan="2">分组装配法</td><td>零件测量分组</td><td>按经济精度</td><td>组内互换</td><td>较高</td><td>复杂</td><td>较高</td><td>大批大量</td><td>少</td><td>高</td></tr>
<tr><td rowspan="2">3</td><td rowspan="2">修配装配法</td><td>按件加工</td><td rowspan="2">修配一个零件</td><td rowspan="2">按经济精度</td><td rowspan="2">无</td><td rowspan="2">高</td><td rowspan="2">—</td><td rowspan="2">低</td><td rowspan="2">单件成批</td><td rowspan="2">—</td><td rowspan="2">高</td></tr>
<tr><td>合并加工</td></tr>
<tr><td rowspan="2">4</td><td rowspan="2">调整装配法</td><td>可动</td><td>调整一个零件位置</td><td rowspan="2">按经济精度</td><td rowspan="2">无</td><td rowspan="2">高</td><td>—</td><td>较低</td><td>各种类型</td><td rowspan="2">—</td><td rowspan="2">高</td></tr>
<tr><td>固定</td><td>增加一个定尺寸零件</td><td>较复杂</td><td>较高</td><td>大批大量</td></tr>
</table>

注：表中“—”表示无明显性特征或无明显要求。

第三节 冲裁模的装配

模具装配是按照模具的设计要求，把模具零件连接或固定起来，达到装配的技术要求，并保证加工出合格的制件。对于冲裁模，即使模具零件的加工精度已经得到了保证，但是在装配时如果不能保证冲裁间隙均匀，也会影响制件的质量和模具的使用寿命。

本节以图 4-8 所示的冲孔模为例，说明冲裁模的装配方法。

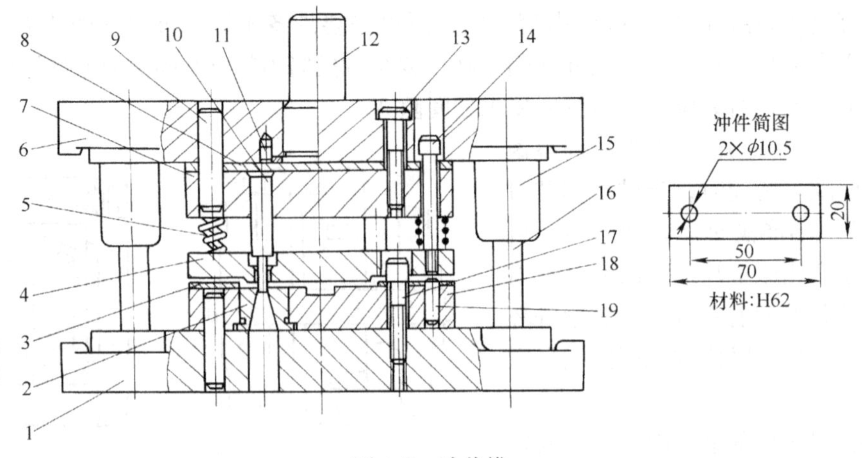

图 4-8 冲裁模

1—下模座 2—凹模 3—定位板 4—弹压卸料板 5—弹簧 6—上模座 7、18—固定板 8—垫板 9、11、19—销钉 10—凸模 12—模柄 13、17—螺钉 14—卸料螺钉 15—导套 16—导柱

在进行装配之前，要仔细分析设计图样，按照模具的结构及技术要求，确定合理的装配顺序及装配方法，选择合理的检测方法及测量工具。

一、冲裁模装配的技术要求

1）装配好的冲模，其闭合高度应符合设计要求。

2）模柄（活动模柄除外）装入上模座后，其轴线对上模座上平面的垂直度误差应在全长范围内不大于0.05mm。

3）导柱和导套装配后，其轴线应分别垂直于下模座的底平面和上模座的上平面，其垂直度误差应符合表4-3的规定。

表4-3　模架分级技术指标

项	检查项目	被测尺寸/mm	模架精度等级	
			0Ⅰ、Ⅰ级	0Ⅱ、Ⅱ级
			公差等级	
A	上模座上平面对下模座下平面的平行度	≤400	5	6
		>400	6	7
B	导柱轴线对下模座下平面的垂直度	≤160	4	5
		>160	5	6

注：公差等级按GB/T 1184—2000。

4）上模座的上平面应和下模座的底面平行，其平行度误差应符合表4-3的规定。

5）装入模架的每一对导柱和导套的配合间隙值（或过盈量）应符合表4-4的规定。

6）装配好的模架，其上模座沿导柱移动应平稳，无阻滞现象。

7）装配后的导柱，其固定端面与下模座下平面应留有1~2mm的距离，选用B型导套时，装配后其固定端面应低于上模座上平面1~2mm。

表4-4　导柱、导套配合间隙（或过盈量）　　（单位：mm）

配合形式	导柱直径	模架精度等级		配合后的过盈量
		Ⅰ级	Ⅱ级	
		配合后的间隙值		
滑动配合	≤18	≤0.010	≤0.015	—
	>18~30	≤0.011	≤0.017	
	>30~50	≤0.014	≤0.021	
	>50~80	≤0.016	≤0.025	
滚动配合	>18~35	—	—	0.01~0.02

注：1. Ⅰ级精度的模架必须符合导套、导柱配合精度为H6/h5时按表给定的配合间隙值。
2. Ⅱ级精度的模架必须符合导套、导柱配合精度为H7/h6时，按表给定的配合的间隙值。

8）凸模和凹模的配合间隙应符合设计要求，沿整个刃口轮廓应均匀一致。

9）定位装置要保证定位正确可靠。

10）卸料及顶件装置活动灵活、正确，出料孔畅通无阻，保证制件及废料不卡在冲模内。

11）模具应在生产的条件下进行实验，冲出的制件应符合设计要求。

由于模具制造属于单件小批生产，在装配工艺上多采用修配法和调整法来保证装配精度。

二、模架的装配

1. 模柄的装配

图4-8所示冲裁模采用压入式模柄，模柄与上模座的配合为H7/m6。在装配凸模固定

板和垫板之前应先将模柄压入模座内，如图4-9a所示，用90°角尺检查模柄圆柱面与上模座上平面的垂直度，其误差不大于0.05mm。经检查合格后再加工骑缝销孔（或螺钉孔），装入骑缝销（或螺钉），然后将端面在平面磨床上磨平，如图4-9b所示。

2. 导柱和导套的装配

图4-8所示冲模的导柱、导套与上、下模座均采用压入式连接。导套、导柱与模座的配合分别为H7/r6和R7/r6。压入时要注意找正导柱对模座底面的垂直度。装配好的导柱其固定端面与下模座底面的距离不小于1~2mm。

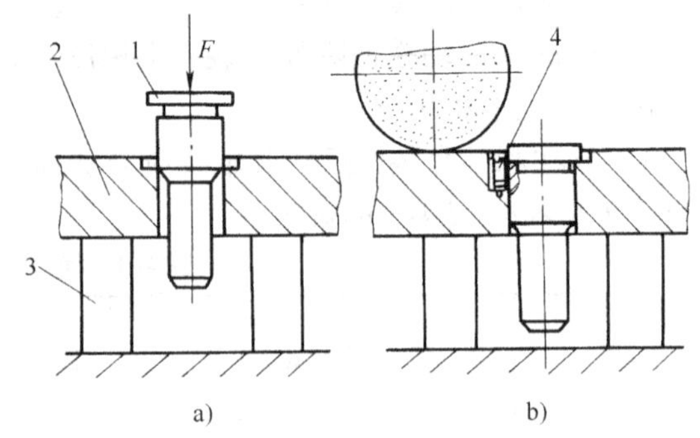

图4-9　模柄的装配与磨平

a）模柄的装配　b）磨平模柄端面

1—模柄　2—上模座　3—等高垫铁　4—骑缝销

导套的装配如图4-10所示。将上模座反置套在导柱上，再套上导套，用千分表检查导套配合部分内、外圆柱面的同轴度，使同轴度的最大偏差Δ_{max}处在导柱中心连线的垂直方向，如图4-10a所示。用帽形垫块放在导套上，将导套的一部分压入上模座，取走下模座，继续将导套的配合部分全部压入，如图4-10b所示。这样装配可以减少由于导套内、外圆不同轴而引起的孔中心距变化对模具运动性能的影响。

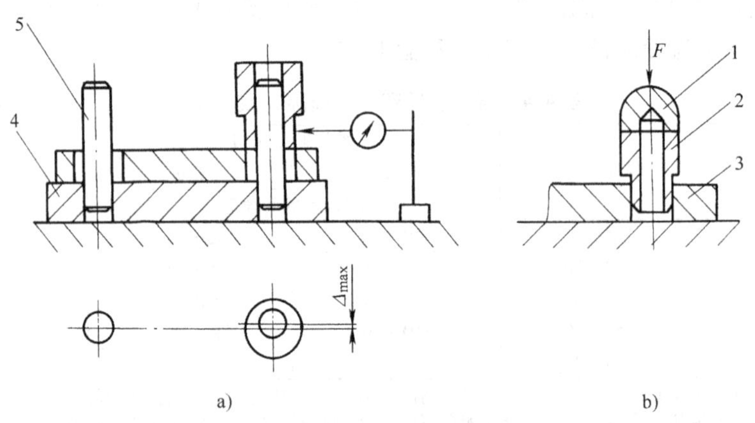

图4-10　导套的装配

a）装导套　b）压入导套

1—帽形垫块　2—导套　3—上模座　4—下模座　5—导柱

导柱的垂直度误差采用比较测量来进行检查，如图4-11b所示。图4-11中右侧是测量工具。测量前将圆柱角尺置于平板上，对测量工具进行找正，如图4-11a所示。由于导柱对模座底面的垂直度具有方向性，因此应在相互垂直的两个方向上进行测量，并按下式计算出导柱的最大误差值Δ，即

$$\Delta = \sqrt{\Delta X^2 + \Delta Y^2}$$

式中　ΔX、ΔY——在相互垂直的方向上测量的导柱垂直度误差（mm）；

Δ——导柱的垂直度误差（mm）。

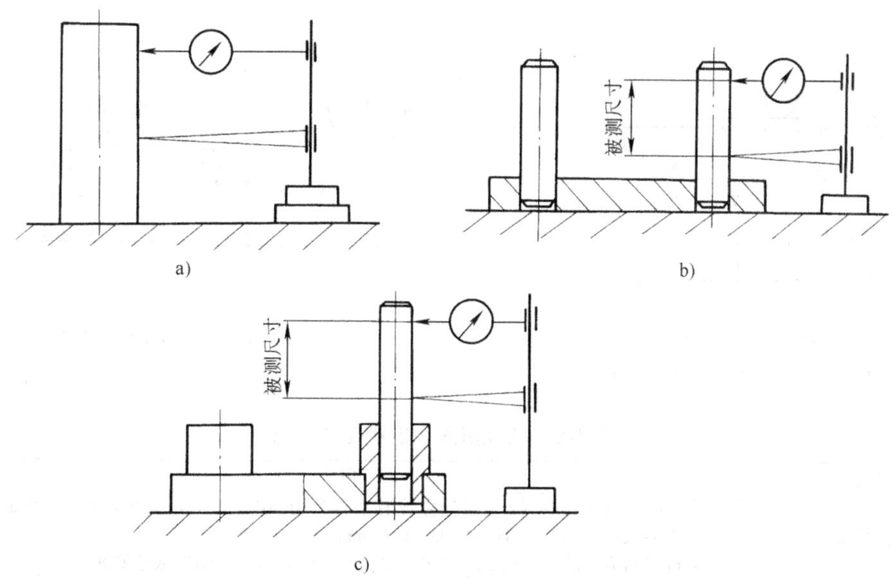

图 4-11　导柱、导套垂直度的检测

采用类似的方法在导套孔内插入锥度 0.015/200 芯棒也可以检查导套孔轴线对上模座顶面的垂直度。

导柱的垂直度误差不应超出表 4-3 的规定。否则，应查明原因并予以消除。

将装配好导套和导柱的模座组合在一起，在上、下模座之间垫入垫块（高度必须控制在被测模架闭合高度范围内），然后用百分表沿上模座周界对角线测量，如图 4-12 所示。根据被测表面大小可移动模座或百分表座，在被测表面取百分表的最大与最小读数之差，作为被测模架的平行度误差。

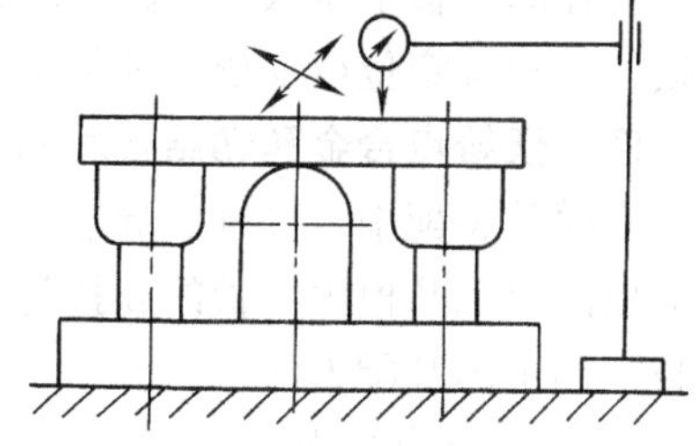

图 4-12　模架平行度的检查

三、凹模和凸模的装配

图 4-8 所示模具的凹模为组合式结构，凹模与固定板的配合常采用 H7/n6 或 H7/m6。总装前应将凹模压入固定板内。在平面磨床上将上、下平面磨平。

图 4-8 所示凸模与固定板的配合常采用 H7/n6 或 H7/m6。凸模装入固定板后，其固定端的端面应和固定板的支承面处于同一平面　内。凸模应和固定板的支承面垂直，其垂直度公差见表 4-5。

表 4-5　凸模垂直度推荐数据

间隙值/mm	垂直度公差等级	
	单凸模	多凸模
薄料、无间隙（≤0.02）	5	6
>0.02～0.06	6	7
>0.06	7	8

注：间隙值指凸、凹模间隙值的允许范围。

装配时在压力机上调整好凸模与固定板的垂直度将凸模压入固定板内，如图 4-13 所示，再用锤子和凿子将凸模上端面铆合后磨平（图 4-14a）。凸模装配的工艺要点见表 4-6。

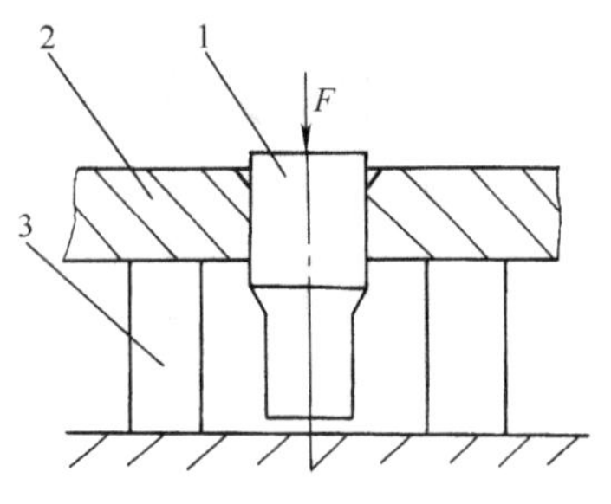

图 4-13　凸模装配

1—凸模　2—固定模　3—等高垫块

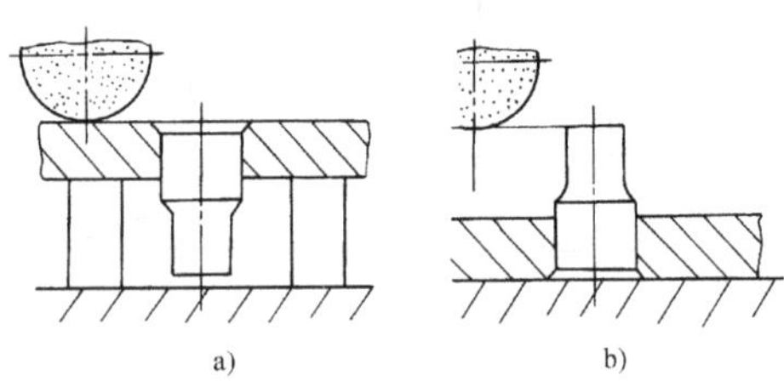

图 4-14　磨支承面及刃口

表 4-6　凸模压入固定板工艺要点

项目	说　明
对凸模要求	有台肩的圆形凸模，压入部分应设有引导部分，引导部分可采用小圆角、小的锥度或在3mm左右长度内将直径磨小0.03～0.05mm 无台肩的成形凸模，压入端（非刃口端）四周应修出导入斜度或小圆角
对固定板要求	型孔尺寸及表面粗糙度应符合配合要求 型孔应与支承平面垂直，型孔形状不应呈锥度或鞍形 当凸模不允许设圆角、锥度等引导部分时，可在固定板型孔的凸模压入处设导入斜度（小于1°），高度小于5mm
凸模压入固定板注意事项	需用手扳压力机或液压机压入凸模，压入时应将凸模置于压力机中心 凸模压入型孔少许即进行垂直度检查，压入至深度1/3时，再进行垂直度检查，要求见表4-5 有台肩的凸模（图4-15）压入时保证端面 *C* 和固定板上的沉窝底面贴合
压入加工	压入后将固定板上平面与凸模端面磨平（以固定板另一面为基准），如图4-14a所示 以固定板上平面为基准磨刃口面，如图4-14b所示

要在固定板上压入多个凸模时，一般应先压入容易定位和便于作为其他凸模安装基准的凸模。凡较难定位或要依靠其他零件通过一定工艺方法才能定位的，应后压入。

四、低熔点合金和粘结技术的应用

在模具装配中，导柱、导套、凸模与凹模的固定方式较多。下面以凸模和凸模固定板的连接为例，说明采用低熔点合金和粘结技术固定的装配方法。

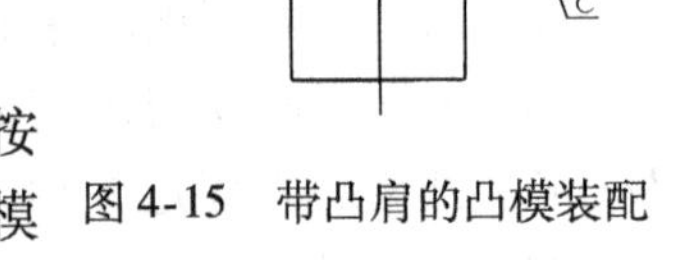

图 4-15　带凸肩的凸模装配

1. 低熔点合金固定法

低熔点合金是用铋、铅、锡、锑等金属元素配制的合金。按不同的使用要求，各金属元素在合金中的质量分数也不相同。模具制造中常用的低熔点合金见表4-7。

表 4-7　模具制造用低熔点合金

合金成分 w(%)					性能					适用范围						
Sb	Pb	Cd	Bi	Sn	合金熔点 θ_r/℃	合金硬度 HBW	σ_b/Pa	σ_{bc}/Pa	合金冷膨胀值	固定凸模	固定凹模	固定导套	卸料板导向孔	固定电极	浇电气靠模	浇成型模
9	28.5	—	48	14.5	120	—	8.83×10^7	10.79×10^7	0.002	适用	适用	适用	适用	—	—	—
5	35		45	15	100	—	—	—	—	适用	适用	适用	适用	—	—	—
—	—	—	58	42	135	18～20	7.85×10^7	8.53×10^7	0.00051	—	—	—	—	—	—	适用

（续）

合金成分 w(%)					性能					适用范围							
Sb	Pb	Cd	Bi	Sn	合金熔点 θ_r/℃	合金硬度 HBW	σ_b/Pa	σ_{bc}/Pa	合金冷膨胀值	固定凸模	固定凹模	固定导套	卸料板导向孔	固定电极	浇电气靠模	浇成型模
1	—	—	57	42	135	21	7.55×10^7	9.32×10^7	—	—	—	—	—	—	—	适用
—	27	10	50	13	70	9～11	3.92×10^7	7.26×10^7	—	—	—	—	—	适用	适用	—

图 4-16 所示是用低熔点合金固定凸模的几种结构形式。它是将熔化的低熔点合金浇入凸模和固定板间的间隙内，利用合金冷凝时的体积膨胀，将凸模固定在凸模固定板上。因此对凸模固定板精要求不高，加工容易。将凸模的固定部位和固定板上的固定孔作出锥度或凹槽，是为使凸模固定得更牢固可靠。浇注前凸模和固定板的浇注部分应进行清洗，去除油污。再以凹模的型孔作定位基准安装凸模，并保证凸、凹模间隙均匀，用螺钉和平行夹头将凸模、凸模固定板和托板固定，如图 4-17 所示。

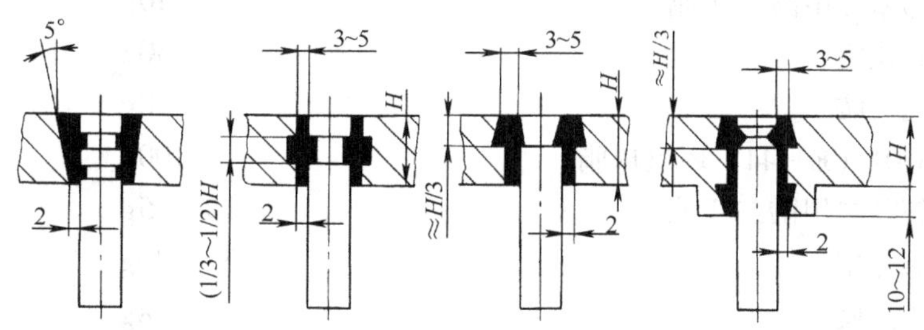

图 4-16　用低熔点合金固定的凸模

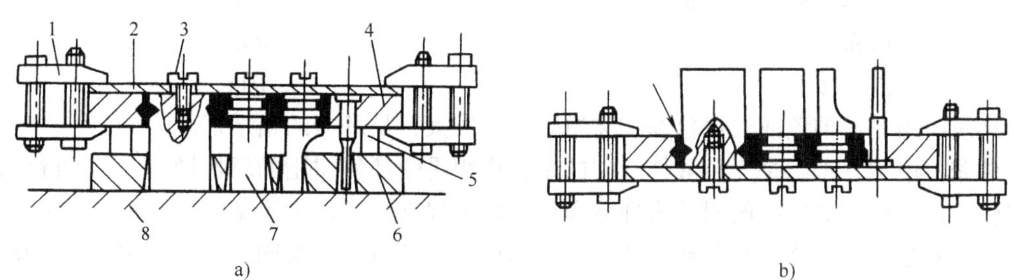

图 4-17　浇注低熔点合金

a）固定凸模　b）浇注低熔点合金

1—平行头　2—托板　3—螺钉　4—凸模固定板　5—等高垫铁　6—凹模　7—凸模　8—平板

浇注前应预热凸模及固定板的浇注部位，预热温度以 100～150℃为宜。在浇注过程中及浇注后，凸、凹模等零件均不能触动，以防错位。一般要放置约 24h，进行充分冷却。

熔化合金的用具事先必须严格烘干。合金熔化时温度不能过高，约 200℃为宜，以防合金氧化变质、晶粒粗大影响质量。熔化过程中应及时搅拌并去除浮渣。

2. 环氧树脂固定法

图 4-18 所示是用环氧树脂粘结法固定凸模的几种结构形式。在凸模与凸模固定板的间隙内浇入环氧树脂粘结剂，经固化后将凸模固定。

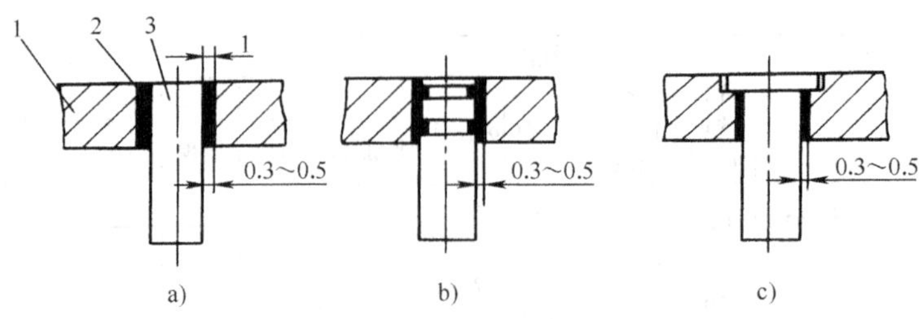

图 4-18 环氧树脂固定凸模的形式

1—凸模固定板 2—环氧树脂 3—凸模

环氧树脂粘结剂的主要成分是环氧树脂，并在其中加入适量的增塑剂、硬化剂、稀释剂及各种填料以改善树脂的工艺和力学性能。

粘结凸模常用的环氧树脂粘结剂有以下几种：

配方一	634（E—42）环氧树脂	100g
	邻苯二甲酸二丁脂	20g
	氧化铝	50g
	乙二胺	8g
配方二	6101（E—44）环氧树脂	100g
	邻苯二甲酸二丁脂	10 ~ 15g
	氧化铝	30 ~ 40g
	乙二胺	8g
配方三	6101（E—44）环氧树脂	100g
	邻苯二甲酸二丁脂	20g
	铁粉	100g
	乙二胺	10g

环氧树脂是琥珀色或浅黄色黏稠物质，黏性极大，是基本的粘结剂。

邻苯二甲酸二丁脂是无色液体。它的主要作用是使环氧树脂的塑性增加，黏性降低，便于操作，同时使环氧树脂的耐冲击性能和抗弯强度提高，它作为增塑剂加入粘结剂中。

乙二胺是无色液体，有刺激气味。它的作用是使环氧树脂凝固、硬化，它作为硬化剂加入粘结剂中。乙二胺的用量对环氧树脂的力学性能影响极大，用量过多会使树脂发脆；过少则不易硬化，所以应严格按比例用量加入。

氧化铝和铁粉在粘结剂中作为填充剂。加入填充剂可以减少环氧树脂的用量，降低成本，同时还可以改善环氧树脂粘结剂的机械强度、热膨胀系数、收缩率等物理力学性能。

稀释剂属于辅助材料，未列入以上配方中。常用的稀释剂有环氧丙烷苯基醚、丙酮、甲苯和二甲苯等。加入稀释剂的目的在于降低粘结剂的黏度，浸润粘结剂的表面，提高粘结能力，对于不同稀释剂，其加入量如下：

环氧丙烷苯基醚	10% ~20%[⊖]
丙酮	5% ~20%

⊖ 表示稀释剂占环氧树脂重量的百分比。

甲苯　　　　　　　　　　　　　　5% ~20%

二甲苯　　　　　　　　　　　　　5% ~20%

配制环氧树脂粘结剂时，应按配方中的用量，先将环氧树脂倒入清洁、干燥的容器内加热（其温度不超过80℃），使流动性增加。再依次将增塑剂和填充剂放入，搅拌均匀。固化剂只能在粘结前放入，而且在放入时要控制温度（30℃左右）并搅拌均匀，用肉眼观察，当容器的壁部无油状悬浮物存在时再稍置片刻，使气泡大量逸出即可使用。

粘结前，应先用丙酮将凸模和固定板上需要浇注环氧树脂的表面洗净，将凸模装入凹模型孔内，使凸、凹模的配合间隙均匀（用垫片、涂层或镀层），如图4-19a所示 。将调好间隙的凸、凹模翻转，把凸模的固定部分插入凸模固定板的孔中，并使凸模处于垂直位置，端面与平板贴合，如图4-19b所示，最后将调配好的环氧树脂粘结剂浇注到凸模和固定板之间的间隙内，在室温下静置24h，进行固化。

由于胺类固化剂毒性较大，因此要在通风良好的情况下进行操作，以防止有毒气体损害健康。此外，必须戴乳胶手套，以防止皮肤受树脂固化剂的腐蚀。

3. 无机粘结法

无机粘结和环氧树脂粘结法相类似，但采用氢氧化铝的磷酸溶液与氧化铜粉末混合作为粘结剂，填充在凸模和固定板之间的间隙内，经化学反应固化，而将凸模粘结在凸模固定板上。为了获得高的粘结强度，粘结部分的配合间隙常在0.1 ~1.25mm（单面间隙）的范围内选择，粘结表面的表面粗糙度值 < $Ra10\mu m$。

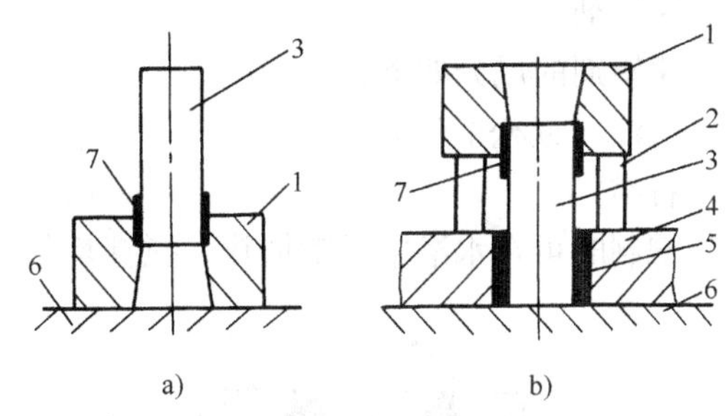

图4-19　用环氧树脂粘结剂固定凸模
1—凹模　2—垫铁　3—凸模　4—固定板
5—环氧树脂　6—平台　7—垫片

在粘结剂中氧化铜与磷酸溶液加入量之比用下式表示，即

$$R=\frac{\text{氧化铜}}{\text{磷酸溶液}}=3\sim4.5\text{g/mL}$$

比值 R 越大，粘结的强度就越高，凝固速度也越快。当 $R>5$g/mL时，粘结剂化学反应极快，急速凝固，使用困难。在我国江南地区一般冬天可用 $R=4$g/mL，夏天可用 $R=3$g/mL。

在计算比值 R 时，氧化铜以g为单位，磷酸溶液以mL为单位。

采用无机粘结的工艺顺序为：

清洗→安装定位→调粘结剂→粘结及固化。

1）清洗。去除零件表面的污、尘、锈。清洗剂可采用丙酮、甲苯。

2）安装定位。将清洗后的模具零件，按装配要求进行安装定位，有时需采用专用夹具。

3）调粘结剂。按比例剂量将氧化铜粉置于铜板上，中间留坑。用量杯倒入磷酸溶液，用竹片缓慢调匀，2 ~3min后呈浓胶状，可拉出10 ~20mm的长丝，即可进行粘结。其调制温度应在25℃以下。

4）粘结及固化。将调制好的粘结剂用竹片涂在各粘结面上，上、下移动粘结零件，充分排出气体，注意保证零件的正确位置，在粘结剂未固化前，不再移动零件。固化时应注意保温和掌握固化时间，用 1.27g/mL 磷酸溶液配制的粘结剂在 20℃下约需 45h。1.4g/mL 磷酸溶液配制的粘结剂，在 20℃下不易干燥，可在室温下固化 1～2h，再加热到 60～80℃，保温 3～8h 以缩短固化时间。

无机粘结操作简便，粘接部位耐高温（可达 600℃），抗剪强度可达（8～10）$\times 10^7$Pa。但承受冲击的能力差，不耐酸、碱腐蚀。

低熔点合金和粘结技术还可用于固定模具的其他零件。图 4-20 和图 4-21 所示分别是用低熔点合金固定的镶拼式凹模和导套。图 4-22 所示是将导套和导柱衬套粘结在上、下模座上。此外，环氧树脂可用来浇注卸料板上有导向作用的型孔，如图 4-23 所示。为了防止凸模和环氧树脂粘结，可在凸模表面涂一层汽车蜡（或自行车蜡）后，再涂一层极薄的脱模剂。

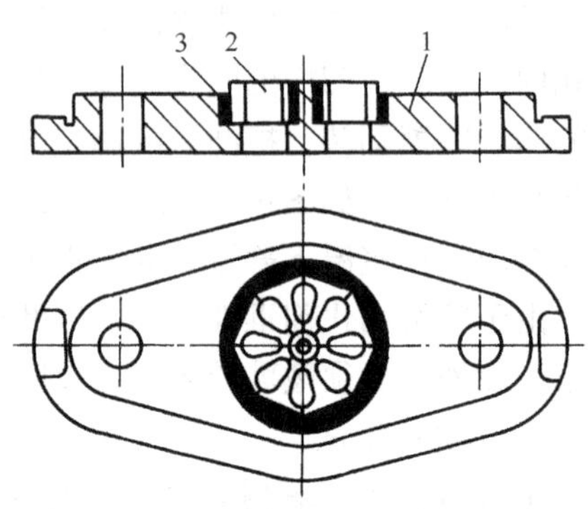

图 4-20　低熔点合金固定的凹模拼块

1—下模座　2—凹模拼块　3—低熔点合金

脱模剂的成分如下：

汽油（或松节油）	9g
石蜡	1g

配制时可在水浴中微微加热并搅拌均匀。

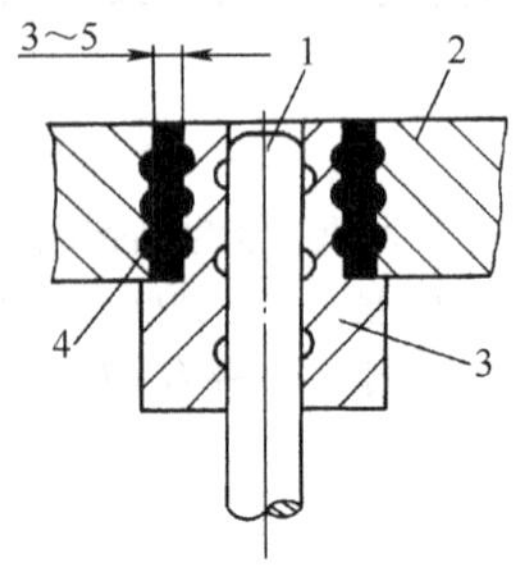

图 4-21　低熔点合金固定的导套

1—导柱　2—上模座　3—导套　4—低熔点合金

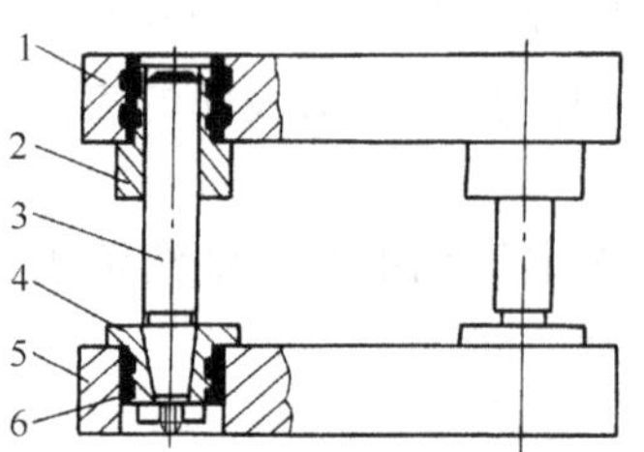

图 4-22　用环氧树脂固定的导柱和导套

1—上模座　2—导套　3—导柱

4—衬套　5—下模座　6—环氧树脂

采用环氧树脂浇注卸料板，可使卸料板相应孔的精度要求降低，加工容易，生产周期缩短。

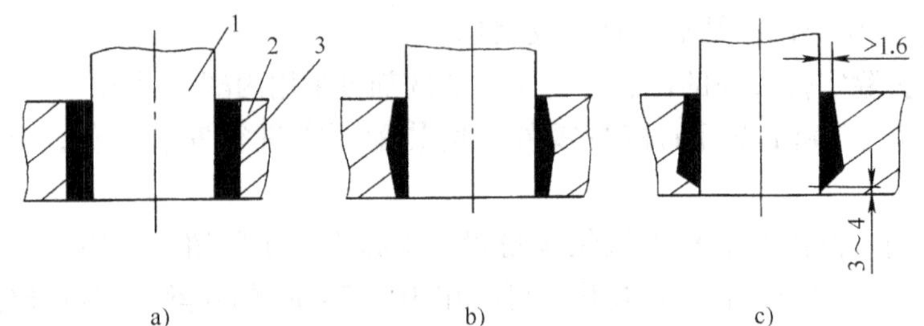

图 4-23　用环氧树脂浇注卸料板的几种结构

1—凸模　2—卸料板　3—环氧树脂

五、总装

模具工作时，上模座和下模座部分分别和压力机的滑块和工作台相连，这两部分分别称为上模和下模。上、下模的工作零件必须保持正确的相对位置，才能获得正常的工作状态。装配有模架的模具时，一般总是先将模架装配好，再进行模具工作零件和其他结构零件的装配。

装配模具时为了方便地将上、下两部分的工作零件调整到正确位置，使凸模、凹模具有均匀的冲裁间隙，应正确安排上、下模的装配顺序。否则，在装配中可能出现困难，甚至出现无法装配的情况。

上、下模的装配顺序应根据模具的结构来决定。对于无导柱的模具，凸、凹模的配合间隙是在模具安装到压力机上时才进行调整，上、下模的装配先后对装配过程不会产生影响，可分别进行。装配有模架的模具时，一般总是先将模架装配好，再进行模具工作零件和其他结构零件的装配。先装配上模部分还是下模部分，应根据上模和下模上所安装的模具零件，在装配和调整过程中所受限制的情况来决定。如果上模部分的模具零件在装配和调整时所受的限制最大，则应先装上模部分，并以它为基准调整下模上的模具零件，保证凸、凹模配合间隙均匀。反之，则先装模具的下模部分，并以它为基准调整上模部分的零件。

图 4-8 所示冲裁模在完成模架和凸、凹模装配后可进行总装，该模具宜先装下模，其装配顺序如下。

1）把组装好凹模的固定板安放在下模座上，按中心线找正固定板 18 的位置，用平行夹头夹紧，通过螺钉孔在下模座上钻出锥窝。拆去凹模固定板，在下模座上按锥窝钻螺纹底孔并攻螺纹。再重新将凹模固定板置于下模座上找正，用螺钉紧固。钻铰销孔，打入销钉定位。

2）在组装好凹模的固定板上安装定位板。

3）配钻卸料螺钉孔。将卸料板 4 套在已装入固定板的凸模 10 上，在固定板与卸料板 4 之间垫入适当高度的等高垫铁，并用平行夹头将其夹紧。按卸料板上的螺孔在固定板上钻出锥钻窝，拆开后按锥窝在固定板上钻螺钉过孔。

4）将已装入固定板的凸模 10 插入凹模的型孔中。在凹模 2 与固定板 7 之间垫入适当高度的等高垫铁，将垫板 8 放在固定板 7 上，装上模座，用平行夹头将上模座 6 和固定板 7 夹紧。通过凸模固定板在上模座上钻锥窝，拆开后按锥窝钻孔，然后用螺钉将上模座、垫板、凸模固定板稍加紧固。

5）调整凸、凹模的配合间隙。将装好的上模部分套在导柱上，用锤子轻轻敲击固定板 7 的侧面，使凸模插入凹模的型孔，再将模具翻转，从下模板的漏料孔观察凸、凹模的配合间隙。用锤子敲击凸模固定板 7 的侧面进行调整使配合间隙均匀。这种调整方法称为透光法。为便于观察可用手灯从侧面进行照射。

调整好冲裁间隙后，以纸作冲压材料，用锤子敲击模柄，进行试冲。如果冲出的纸样轮廓齐整，没有毛刺或毛刺均匀，则说明凸、凹模间隙是均匀的。如果只有局部毛刺，则说明间隙是不均匀的，应重新进行调整直到间隙均匀为止。

6）调好间隙后，将凸模固定板的紧固螺钉拧紧。钻铰定位销孔，装入定位销钉 9。

7）将卸料板 4 套在凸模上，装上弹簧和卸料螺钉，检查卸料板运动是否灵活。在弹簧作用下卸料板处于最低位置时，凸模的下端面应缩在卸料板 4 的孔内 0.5 ~ 1mm。

装配好的模具经试冲、检验合格后即可使用。

在模具装配时，保证凸、凹模之间的配合间隙均匀十分重要。凸、凹模的配合间隙是否均匀，不仅影响冲模的使用寿命，而且对于保证冲件质量也十分重要。调整冲裁间隙的方法，除上面讲过的透光法外，还可以采用下列方法。

1）测量法。这种方法是将凸模插入凹模孔内，用塞尺检查凸、凹模不同部位的配合间隙，根据检查结果调整凸、凹模之间的相对位置，使两者在各部分的间隙一致。测量法只适用于凸、凹模配合间隙（单边）在0.02mm以上的模具。

2）垫片法。这种方法是根据凸、凹模配合间隙的大小在凸、凹模的配合间隙内垫入厚度均匀的纸条（易碎不可靠）或金属片，使凸、凹模配合间隙均匀，如图4-24所示。

3）涂层法。在凸模上涂一层涂料（如磁漆或氨基酸绝缘漆等），厚度等于凸、凹模的配合间隙（单边）再将凸模插入凹模型孔，获得均匀的冲裁间隙。此法简便，对于不能用垫片法（小间隙）进行调整的冲模很适用。

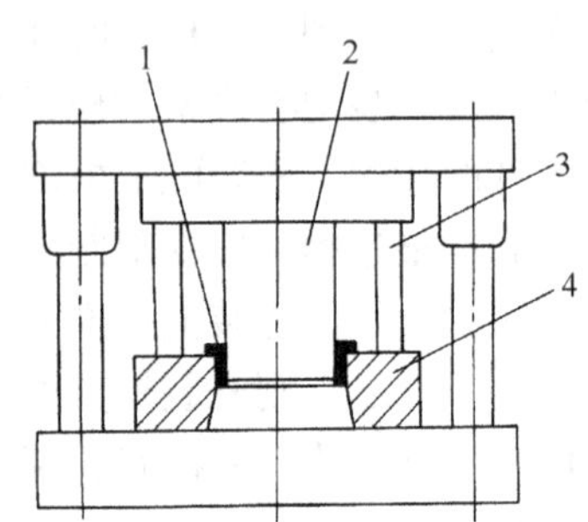

图4-24　用垫片法调整凸、凹模配合间隙
1—垫片　2—凸模　3—等高垫铁　4—凹模

4）镀铜法。镀铜法和涂层法相似，在凸模的工作端镀一层厚度等于凸、凹模单边配合间隙的铜层代替涂料层，使凸、凹模获得均匀的配合间隙。镀层厚度用电流及电镀时间来控制，厚度均匀，易保证模具冲裁间隙均匀。镀层在装配后不必去除，模具使用过程中可以自行剥落。

此外，还可采用其他方法使凸、凹模配合间隙均匀，不再赘述。

六、试模

冲模装配完成后，在生产条件下进行试冲，通过试冲可以发现模具的设计和制造缺陷，找出产生原因，对模具进行适当的调整和修理后再进行试冲，直到模具能正常工作，冲出合格的制件，模具的装配过程即告结束。

上述装配过程可归纳为：

模柄装配→导柱、导套装配→模架装配→装配下模部分→装配上模部分→试模。

冲裁模试冲常见的缺陷，产生原因及调整方法见表4-8。

表4-8　冲裁模试冲时出现的缺陷、原因和调整方法

试冲的缺陷	产生原因	调整方法
送料不通畅或料被卡死	1. 两导料板之间的尺寸过小或有斜度 2. 凸模与卸料之间的间隙过大，使搭边翻扭 3. 用侧刃定距的冲裁模导料板工作面和侧刃不平行形成毛刺，使条料卡死，如图4-25a所示 4. 侧刃与侧刃挡块不密合形成方毛刺，使条料卡死，如图4-25b所示	1. 根据情况修整或重装导料板 2. 根据情况采取措施减小凸模与卸料板的间隙 3. 重装导料板 4. 修整侧刃挡块消除间隙
卸料不正常退不下料	1. 由于装配不正确，卸料机构不能动作，如卸料板与凸模配合过紧，或因卸料板倾斜而卡紧 2. 弹簧或橡皮的弹力不足 3. 凹模和下模座的漏料孔没有对正，凹模孔有倒锥度造成工件堵塞，料不能排出 4. 顶出器过短或卸料板行程不够	1. 修整卸料板、顶板等零件 2. 更换弹簧或橡皮 3. 修整漏料孔，修整凹模 4. 顶出器的顶出部分加长或加深卸料螺钉沉孔的深度

（续）

试冲的缺陷	产生原因	调整方法
凸、凹模的刃口相碰	1. 上模座、下模座、固定板、凹模、垫板等零件安装面不平行 2. 凸、凹模错位 3. 凸模、导柱等零件安装不垂直 4. 导柱与导套配合间隙过大使导向不准 5. 卸料板的孔位不正确或歪斜，使冲孔凸模位移	1. 修整有关零件，重装上模或下模 2. 重新安装凸、凹模，使之对正 3. 重装凸模或导柱 4. 更换导柱或导套 5. 修理或更换卸料板
凸模折断	1. 冲裁时产生的侧向力未抵消 2. 卸料板倾斜	1. 在模具上设置靠块来抵消侧向力 2. 修整卸料板或使凸模加导向装置
凹模被胀裂	凹模孔有倒锥度现象（上口大下口小）	修磨凹模孔，消除倒锥现象
冲裁件的形状和尺寸不正确	凸模与凹模的刃口形状及尺寸不正确	先将凸模和凹模的形状及尺寸修准，然后调整冲模的间隙
落料外形和冲孔位置不正，成偏位现象	1. 挡料钉位置不正 2. 落料凸模上导正钉尺寸过小 3. 导料板和凹模送料中心线不平行，使孔位偏隙 4. 侧刃定距不准	1. 修正挡料钉 2. 更换导正钉 3. 修正导料板 4. 修磨或更换侧刃
冲压件不平	1. 落料凹模有上口大、下口小的倒锥，冲件从孔中通过时被压弯 2. 冲摸结构不当，落料时没有压料装置 3. 在连续模中，导正钉与预冲孔配合过紧，将工件压出凹陷，或导正钉与挡料销之间的距离过小，导正钉使条料前移，被挡料销挡住	1. 修磨凹模孔，去除倒锥度现象 2. 加压料装置 3. 修小挡料销
冲裁件的毛刺较大	1. 刃口不锋利或淬火硬度低 2. 凸、凹模配合间隙过大或间隙不均匀	1. 修磨工作部分刃口 2. 重新调整凸、凹模间隙，使其均匀

表4-8所示模具在总装时是先装下模部分，但对有些模具则应先装上模部分，以上模的工作零件为基准调整下模上的工作零件，则比较方便。垫圈冲裁复合模如图4-26所示，当模具的活动部分向下运动，冲孔凸模1进入凸凹模，完成冲孔加工。同时，凸凹模9进入落料凹模4内，完成落料加工，由于该模的凸模和凹模是用同一组螺钉与销钉进行连接和定位的，为便于装配和调整，总装时应先装上模。将凸凹模插在凸模和凹模之间来调整好两者的相对位置，完成冲孔凸模和落料凹模的装配后，再以它们为基准装配凸凹模。

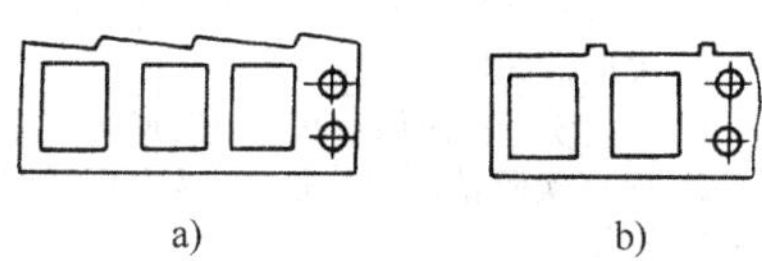

图4-25　由侧刃引起的毛刺

a）侧刃和导料板工作面不平行

b）侧刃与侧刃挡块不密合

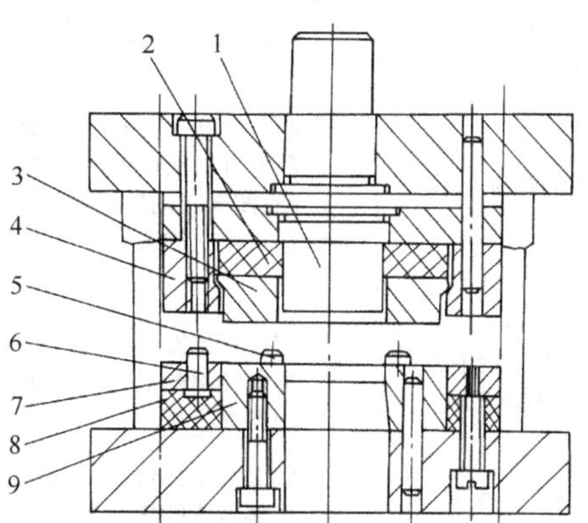

图4-26　复合模

1—冲孔凸模　2—卸料橡皮　3—顶件环　4—落料凹模　5—导销　6—挡料销　7—卸料板　8—弹簧片　9—凸凹模

对于连续模，由于在一次行程中有多个凸模同时工作。保证各凸模与其对应型孔都有均匀的冲裁间隙是装配的关键所在。为此，应保证固定板与凹模上对应孔的位置尺寸一致，同时使连续模的导柱，导套比单工序导柱模有更好的导向精度。为了保证模具有良好的工作状态，卸料板与凸模固定板上的对应孔其位置尺寸也应保持一致。所以在加工凹模、卸料板和凸模固定板时，必须严格保证孔的位置尺寸精度，否则将给装配造成困难，甚至无法装配。在可能的情况下，应采用低熔点合金和粘结技术固定凸模，以降低固定板的加工要求。或将凹模作成镶拼结构，以使装配时调整方便。

为了保证冲裁件的加工质量，在装配连续模时要特别注意保证送料长度和凸模间距（步距）之间的尺寸要求。

第四节　弯曲模和拉深模的装配

一、弯曲模

弯曲模的作用是使毛坯在塑性变形范围内进行弯曲，由弯曲后材料产生的永久变形，获得所要求的形状。

一般情况下，弯曲模的导套、导柱的配合要求可略低于冲裁模，但凸模与凹模工作部分的表面粗糙度值比冲裁模要小（$<Ra0.63\mu m$），以提高模具使用寿命和制件的表面质量。

在弯曲工艺中，由于材料回弹的影响，常使弯曲件在模具中弯成的形状与取出后的形状不一致，从而影响制件的形状和尺寸要求。影响回弹的因素较多，很难用设计计算来加以消除，因此，在制造模具时，常要按试模时的回弹值修正凸模（或凹模）的形状。为了便于修整，弯曲模的凸模和凹模多在试模合格以后才进行热处理。另外，弯曲属于变形加工，有些弯曲件的毛坯尺寸要经过试验才能最后确定。所以，弯曲模进行试冲的目的除了找出模具的缺陷加以修正和调整外，再一个目的就是为了最后确定制件毛坯尺寸。由于这一工作涉及材料的变形问题，所以弯曲模的调整工作比一般冲裁模要复杂得多，弯曲模在试冲时常出现的缺陷、产生原因及调整方法见表4-9。

表4-9　弯曲模试冲时出现的缺陷、原因及调整方法

试冲的缺陷	产生的原因	调整方法
制件的弯曲度不够	1. 凸、凹模的弯曲回弹角制造过小 2. 凸模进入凹模的深度太浅 3. 凸、凹模之间的间隙过大 4. 找正弯曲的实际单位找正力太小	1. 修正凸凹模，使弯曲角度达到要求 2. 加深凹模深度，增大制件的有效变形区域 3. 按实际情况采取措施，减小凸、凹的配合间隙 4. 增大找正力或修正凸（凹）模的形状，使找正力集中在变形部位
制件的弯曲位置不合要求	1. 定位板位置不正确 2. 弯曲件两侧受力不平衡使制件产生滑移 3. 压料力不足	1. 重新装定位板，保证其位置正确 2. 分析制件受力不平衡的原因并加以克服 3. 采取措施增大压料力
制件尺寸过长或不足	1. 间隙过小，将材料拉长 2. 压料装置的压料力过大使材料伸长 3. 设计不正确或计算错误	1. 根据实际情况修整凸、凹模，增大间隙值 2. 根据实际情况采取措施，减少压料装置的压料力 3. 落料尺寸在弯曲模试模后确定
制件表面擦伤	1. 凹模圆角半径过小，表面粗糙度值不合要求 2. 润滑不良使板料粘附在凹模 3. 凸、凹模之间的间隙不均匀	1. 增大凹模圆角半径，降低表面粗糙度值 2. 合理润滑 3. 修整凸凹模，使间隙均匀

（续）

试冲的缺陷	产生的原因	调整方法
制件弯曲部位产生裂纹	1. 板料的塑性差 2. 弯曲线与板料的纤维方向平行 3. 剪切断面的毛刺在弯曲的外侧	1. 将毛坯退火后再弯曲 2. 改变落料排样，使弯曲线与板料纤维方向成一定的角度 3. 使毛刺在弯曲的内侧，亮带在外侧

二、拉深模

拉深工艺是使金属板料（或空心毛坯）在模具作用下产生塑性变形，变成开口的空心制件。和冲裁相比，拉深模具有以下特点。

1）冲裁凸、凹模的工作端部有锋利的刃口，而拉深凸、凹模的工作端部要求有光滑的圆角。

2）通常拉深模工作零件的表面粗糙度值比冲裁模要小（一般为 $Ra0.04 \sim Ra0.32\mu m$）。

3）冲裁模所冲出的制件尺寸容易控制，如果模具制造正确，冲出的制件一般是合格的。而拉深模即使组成零件制造很精确，装配也很好，但由于材料弹性变形的影响，拉深出的制件不一定合格。因此，在模具试冲后常常要对模具进行修整加工。

拉深模试冲的目的有两个：

1）通过试冲发现模具存在的缺陷，找出原因并进行调整、修正。

2）最后确定制件拉深前的毛坯尺寸。为此应先按原来的工艺设计方案制作一个毛坯进行试冲，并测量出试冲件的尺寸偏差，根据偏差值确定是否对毛坯进行修改。如果试冲件不能满足原来的设计要求，应对毛坯进行适当修改，再进行试冲，直至试件符合要求。

拉深模在试冲时常出现的缺陷，产生原因及调整方法见表 4-10。

表 4-10　拉深模试冲时出现的缺陷、产生原因及调整方法

试冲的缺陷	产生原因	调整方法
制件拉深高度不够	1. 毛坯尺寸小 2. 拉深间隙过大 3. 凸模圆角半径小	1. 放大毛坯尺寸 2. 更换凸模与凹模，使间隙适当 3. 加大凸模圆角半径
制件拉深高度太大	1. 毛坯尺寸太大 2. 拉深间隙太小 3. 凸模圆角半径太大	1. 减少毛坯尺寸 2. 整修凸、凹模，加大间隙 3. 减少凸模圆角半径
制件壁厚和高度不均	1. 凸模与凹模间隙不均匀 2. 定位板或挡料销位置不正确 3. 凸模不垂直 4. 压料力不均匀 5. 凹模的几何形状不正确	1. 重装凸模和凹模，使间隙均匀一致 2. 重新修整定位板及挡料销位置，使之正确 3. 修整凸模后重装 4. 修整顶杆长度或弹簧位置 5. 重新修整凹模
制件起皱	1. 压边力太小或不均 2. 凸、凹模间隙太大 3. 凹模圆角半径太大 4. 板料太薄或塑性差	1. 增加压边力或调整顶件杆长度、弹簧位置 2. 减少拉深间隙 3. 减小凹模圆角半径 4. 更换毛坯材料
制件破裂或有裂纹	1. 压料力太大 2. 压料力不够，起皱引起破裂 3. 毛坯尺寸太大或形状不当 4. 拉深间隙太小 5. 凹模圆角半径太小 6. 凹模圆角表面粗糙 7. 凸模圆角半径太小 8. 冲压工艺不合理 9. 凸模、凹模不同心或不垂直 10. 板料质量不好	1. 调整压料力 2. 调整顶杆长度或弹簧位置 3. 调整毛坯形状和尺寸 4. 加大拉深间隙 5. 加大凹模圆角半径 6. 修整凹模圆角，降低表面粗糙度值 7. 加大凸模圆角半径 8. 增加工序或调换工序 9. 重装凸、凹模 10. 更换材料或增加退火工序，改善润滑条件

（续）

试冲的缺陷	产生原因	调整方法
制件表面拉毛	1. 拉深间隙太小或不均匀 2. 凹模圆角表面粗糙度值大 3. 模具或板料不清洁 4. 凹模硬度太低，板料有粘附现象 5. 润滑油质量太差	1. 修整拉深间隙 2. 修光凹模圆角 3. 清洁模具及板料 4. 提高凹模硬度进行镀铬及氮化处理 5. 更换润滑油
制件低面不平	1. 凹模或凸模（顶出器）无出气孔 2. 顶出器在冲压的最终位置时顶力不足 3. 材料本身存在弹性	1. 钻出气孔 2. 调整冲模，使冲模达到闭合高度时，顶出器处于刚性接触状态 3. 改变凸模、凹模和压料板的形状

第五节　塑料模的装配

塑料模的装配与冷冲模装配有许多相似之处，但在某些方面其要求更为严格，如塑料模闭合后要求分型面均匀密合。在有些情况下，动模和定模上的型芯也要求在合模后保持紧密接触。类似这些要求常常会增加修配的工作量。

一、塑料模装配的技术要求

塑料模的种类、结构不同，其技术要求也不相同。

1）模具安装平面的平行度误差小于0.05mm。

2）模具闭合后分型面应均匀密合。

3）模具闭合后，动模部分和定模部分的型芯位置正确。

4）导柱、导套滑动灵活无阻滞现象。

5）推件机构动作灵活可靠。

二、型芯的装配

由于塑料模的结构不同，型芯在固定板上的固定方式也不相同。型芯的固定方式如图4-27所示。

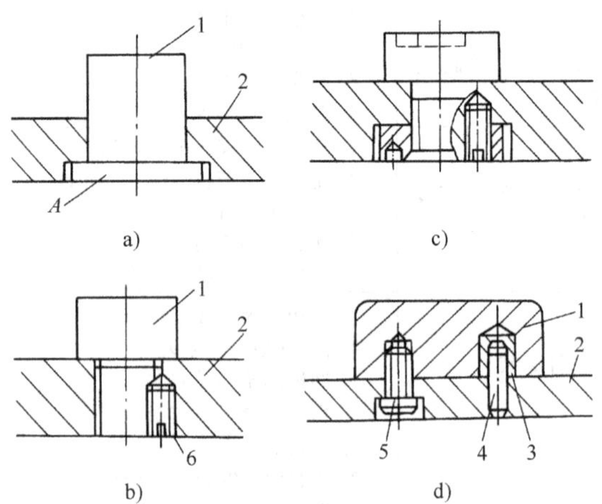

图4-27　型芯的固定方式

a）采用过渡配合固定　b）用螺纹固定

c）用螺母固定　d）大型芯的固定

1—型芯　2—固定板　3—定位销套

4—定位销　5—螺钉　6—骑缝螺钉

图4-27a所示的固定方式其装配过程与装配带台肩的冷冲凸模相类似。在压入过程中应注意找正型芯的垂直度，防止压入时切坏孔壁和固定板产生变形。在型芯和型腔的配合要求经修配合格后，应在平面磨床上磨平端面A（用等高垫铁支承）。

图4-27b所示的固定方式常用于热固性塑料压塑模，对某些有方向要求的型芯，当螺纹拧紧后型芯的实际位置与理想位置之间常常出现误差，如图4-28所示。α是理想位置与实际位置之间的夹角。型芯的位置误差可以通过修磨a或b面来消除。为此，应先进行预装并测出角度α的

大小，其修磨量$\Delta_{修磨}$按下式计算，即

$$\Delta_{修磨}=\frac{p}{360^\circ}\alpha$$

式中　α——误差角（°）；

p——连接螺纹的螺距（mm）。

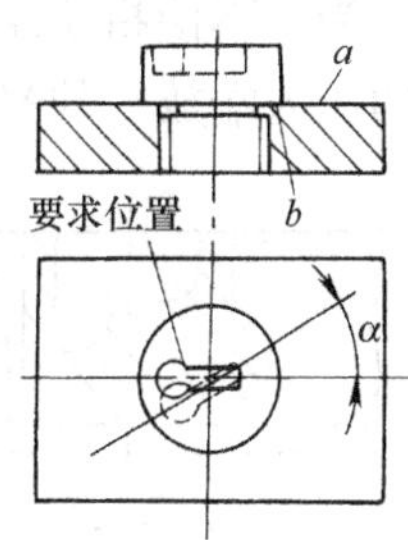

图 4-28　型芯的位置误差

图 4-27c 所示螺母固定方式对于某些有方向要求的型芯，装配时只需按设计要求将型芯调整到正确位置后，用螺母固定，装配过程简便。适合于固定外形为任何形状的型芯，以及在固定板上同时固定多个型芯的场合。

如图 4-27b、c 所示的型芯固定方式，在将型芯位置调整正确并紧固后，要用骑缝螺钉定位。骑缝螺钉孔应安排在型芯热处理之前加工。

大型芯的固定方式如图 4-27d 所示。装配时可按下列顺序进行。

1）在加工好的型芯上压入实心的定位销套。

2）根据型芯在固定板上的位置要求将定位块用平行夹头夹紧在固定板上，如图 4-29 所示。

3）在型芯螺孔口部抹红粉，把型芯和固定板合拢，将螺钉孔位置复印到固定板上取下型芯，在固定板上钻螺钉过孔及锪沉孔；用螺钉将型芯初步固定。

4）通过导柱、导套将卸料板、型芯和支承板装合在一起，将型芯调整到正确位置后拧紧固定螺钉。

5）在固定板的背面划出销孔位置。钻、铰销孔，打入定位销。

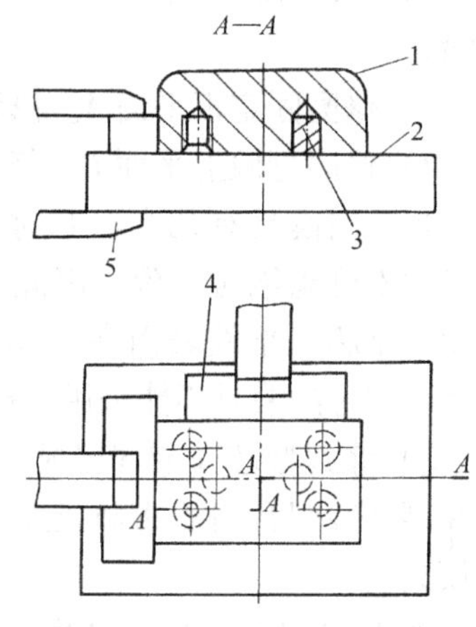

图 4-29　大型芯与固定板的装配
1—型芯　2—固定板　3—定位销套
4—定位块　5—平行夹头

三、型腔的装配

除了简易的压塑模以外，一般注射模、压塑模的型腔多采用镶嵌或拼块结构，图 4-30 所示是圆形整体型腔的镶嵌形式。型腔和动、定模板镶合后，其分型面上要求紧密贴合，因此，对于压入式配合的型腔，其压入端一般都不允许有斜度，而将压入时的导入部分设在模板上，可在型腔（型芯）固定孔的入口处加工出 1°的导入斜度，其高度不超过 5mm。对于有方向要求的型腔，为了保证型腔的位置精度，在型腔压入模板一小部分后应采用百分表检测型腔的直线部位，如果出现位置误差，可用管钳等工具将其旋转到正确位置后，再压入模板。为了方便装配，可以考虑使型腔与模板间保持 0.01 ~ 0.02mm 的配合间隙，在型腔装入模板后将位置找正，再用定位销定位。

图 4-31 所示是拼块结构的型腔。这种型腔的拼合面在热处理后要进行磨削加工，因此，型腔的某些工作表面不能在热处理前加工到要求尺寸，只能在装配后采用电火花机床、坐标磨床等对型腔进行精修达到设计要求。如果热处理后硬度不高（如调质处理至刀具能加工的硬度），则可在装配后采用切削方法加工。拼块两端应留磨削余量，压入后将两端面和模板一起磨平。

为了不使拼块结构的型腔在压入模板的过程中，各拼块在压入方向上产生错位，应在拼块的压入端放一块平垫板，通过平垫板推动各拼块一起移动，如图 4-32 所示。

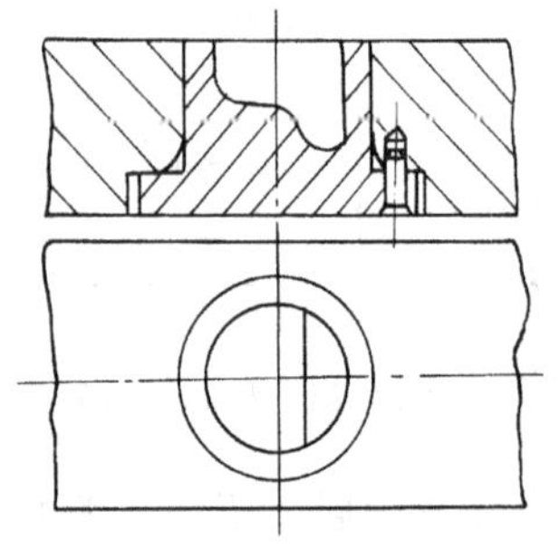

图 4-30　整体式型腔

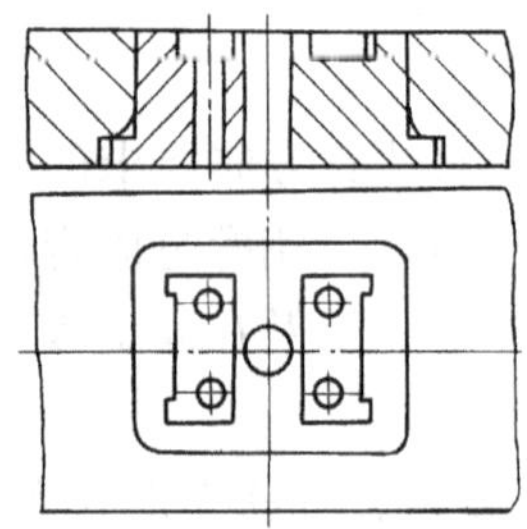

图 4-31　拼块结构的型腔

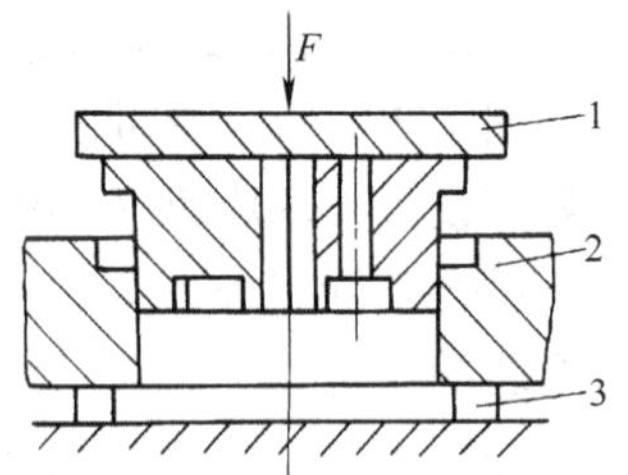

图 4-32　拼块结构型腔的装配
1—平垫板　2—型腔固定板　3—等高垫块

塑料模装配后，有时要求型芯和型腔表面或动、定模上的型芯在合模状态下紧密接触，在装配中可采用修配装配法来达到要求，它是模具制造中广泛采用的一种经济有效的方法。

图 4-33 所示是装配后在型芯端面与加料室底平面间出现了间隙 Δ，可采用下列方法消除。

1）修磨固定板平面 *A*。修磨时需要拆下型芯，磨去的金属层厚度等于间隙值 Δ。

2）修磨型腔上平面 *B*。修磨时不需要拆卸零件，比较方便。

当一副模具有几个型芯时，由于各型芯在修磨方向上的尺寸不可能绝对一致，因此，无论修磨 *A* 面或 *B* 面都不能使各型芯和型腔表面在合模时同时保持接触，所以对具有多个型芯的模具不能采用这样的修磨方法。

3）修磨型芯（或固定板）台肩面 *C*。采用这种修磨法应在型芯装配合格后再将支承面 *D* 磨平。此法适用于多型芯模具。

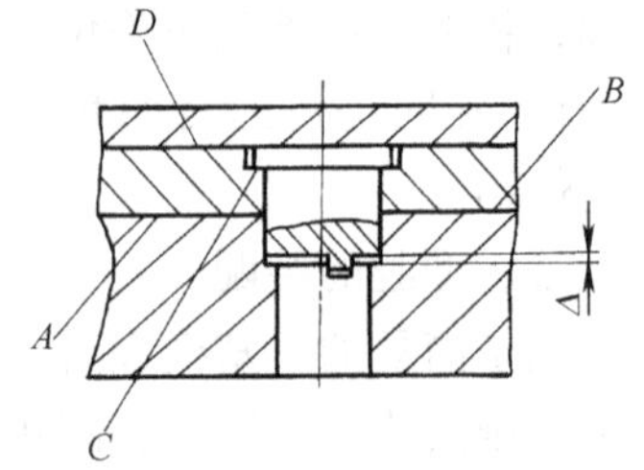

图 4-33　型芯端面与加料室底平面出现间隙

图 4-34a 所示是装配后型腔端面与型芯固定板间有间隙（Δ）。为了消除间隙可采用以下修配方法。

1）修磨型芯工作面 *A*。只适用于型芯端面为平面的情况。

2）在型芯台肩和固定板的沉孔底部垫入垫片，如图 4-34b 所示，此方法只适用于小模具。

3）在固定板和型腔的上平面之间设置垫块，如图 4-34c 所示，垫块厚度不小于 2mm。

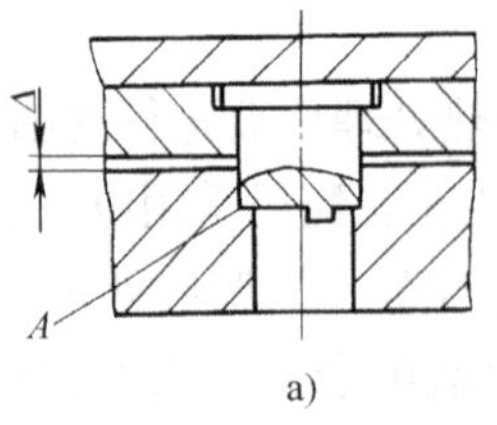

a)

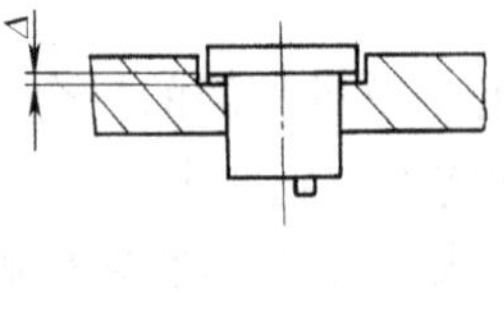

b)

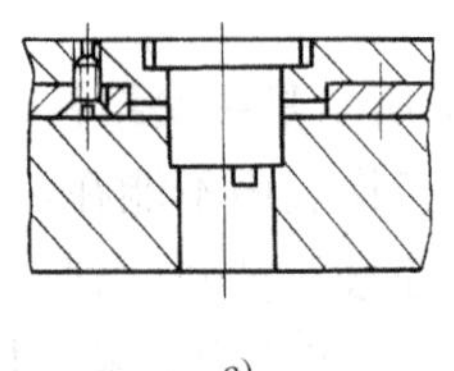

c)

图 4-34　型腔端面与型固定板间有间隙

四、浇口套的装配

浇口套与定模板的配合一般采用 H7/m6。它压入模板后，其台肩应和沉孔底面贴紧。装配好的浇口套，压入端与配合孔间应无缝隙。所以，浇口套的压入端不允许有导入斜度，应将导入斜度开在模板上浇口套配合孔压入端的入口处。为了防止在压入时浇口套将配合孔壁切坏，常将浇口套的压入端倒成小圆角。在浇口套加工时应留有去除圆角的修磨余量 Z，压入后使圆角突出在模板之外，如图 4-35 所示，然后在平面磨床上磨平，如图 4-36 所示。最后把修磨后的浇口套稍微退出，将固定板磨去 0.02mm，重新压入后成为图 4-37 所示的形式。台肩对定模板的高出量 0.02mm 亦可采用修磨来保证。

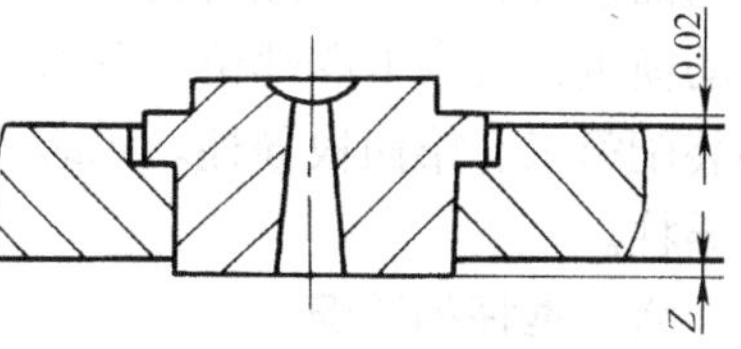

图 4-35　压入后的浇口套

五、导柱和导套的装配

导柱、导套分别安装在塑料模的动模和定模部分上，是模具合模和启模的导向装置，如图 4-38 所示。

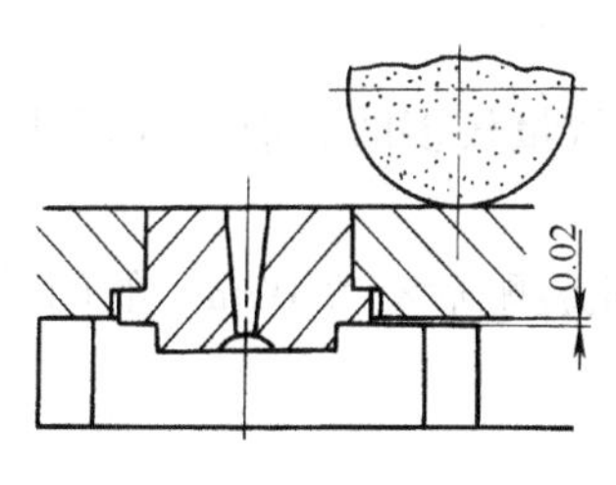

图 4-36　修磨浇口套

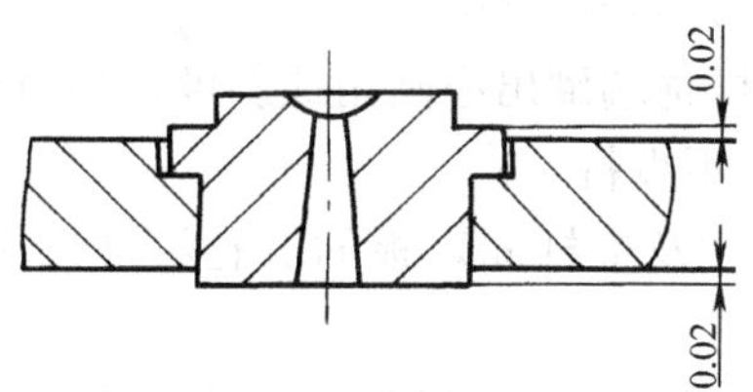

图 4-37　装配好的浇口套

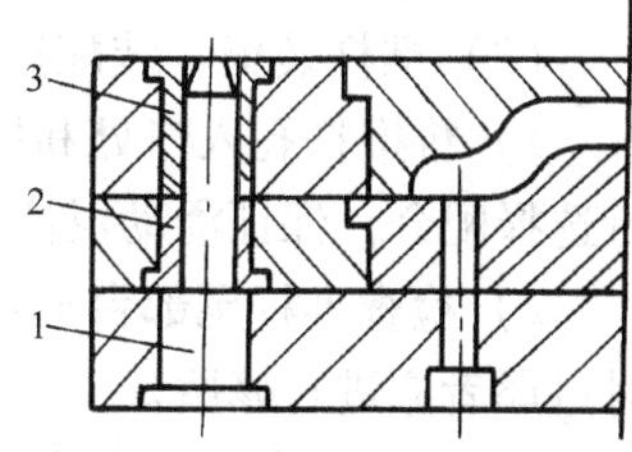

图 4-38　装配好的导柱、导套
1—导柱　2、3—导套

导柱、导套采用压入方式装入动、定模板的相应安装孔内。对于不同结构的导柱所采用的装配方法也不同。短导柱可以采用如图 4-39 所示的方式压入模板内。长导柱应在导套装配完成后，以导套导向将导柱压入动模板内，如图 4-40 所示。

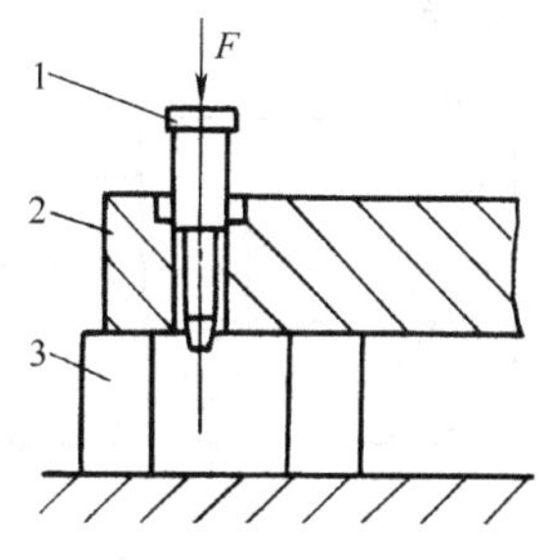

图 4-39　短导柱的装配
1—导柱　2—模板　3—平行垫铁

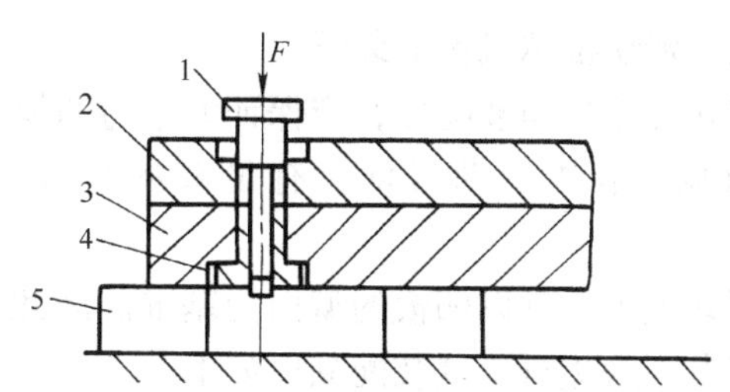

图 4-40　长导柱装配
1—导柱　2—固定板　3—定模板　4—导套　5—平行垫铁

导柱、导套装配后，应保证动模板在开模和合模时都能灵活滑动，无卡滞现象。因此，加工时除保证导柱、导套和模板等零件间的配合要求外，还应保证动、定模板上导柱和导套安装孔的中心距一致（其误差不大于 0.01mm）。压入模板后，导柱和导套孔应与模板的安装基面垂直。如果装配后启模和合模不灵活，有卡滞现象，则可用红粉涂于导柱表面，往复拉动模板，观察卡滞部位，分析原因，然后将导柱退出，重新装配。在两根导柱装配合格后再装配第三、第四根导柱。每装入一根导柱均应作上述观察。最先装配的应是距离最远的两根导柱。

六、推杆的装配

推杆的作用是推出制件。推杆应运动灵活，尽量避免磨损。推杆由推杆固定板及推板带动运动。由导向装置对推板进行支承和导向。导柱、导套导向的圆形推杆可按下列顺序进行装配。

（1）配作导柱、导套孔　将推板、推杆固定板、支承板重叠在一起，配镗导柱、导套孔。

（2）配作推杆孔及复位杆孔　将支承板与动模板（型腔、型芯）重叠，配钻复位杆孔，按型腔（型芯）、上已加工好的推杆孔，配钻支承板上的推杆孔。配钻时以固定板和支承板的定位销定位。

再将支承板、推杆固定板重叠，按支承板上的推杆孔和复位杆孔配钻推杆及复位杆固定孔。配钻前应将推板、导套及导柱装配好，以便用于定位。

（3）推杆装配　装配按下列步骤操作。

1）将推杆孔入口处和推杆顶端倒出小圆角或斜度；当推杆数量较多时，应与推杆孔进行选择配合，保证滑动灵活，不溢料。

2）检查推杆尾部台肩厚度及推杆固定板的沉孔深度，保证装配后有 0.05mm 的间隙，对过厚者应进行修磨。

3）将推杆复位杆装入固定板，盖上推板，用螺钉紧固。

4）检查及修磨推杆复位杆顶端面。模具处于闭合状态时，推杆顶面应高出型面 0.05～0.1mm，复位杆端面低于分型面 0.02～0.05mm。上述尺寸要求受垫块和限位钉影响。所以，在进行测量前应将限位钉装入动模座板，并将限位钉和垫块磨到正确尺寸。将装配好的推杆、动模（型腔或型芯）、支承板、动模座板组合在一起。当推板复位到与限位钉接触时，若有推杆低于型面则修磨垫块。如果推杆高出型面则可修磨推板底面。推杆和复位杆顶面的修磨，可在平面磨床上进行、修磨时可采用 V 形铁或自定心卡盘装夹。

七、滑块抽芯机构的装配

滑块抽芯机构装配后，应保证型芯与凹模达到所要求的配合间隙；滑块运动灵活、有足够的行程、正确的起止位置。

滑块装配常常以凹模的型面为基准。因此，它的装配要在凹模装配后进行。其装配顺序如下。

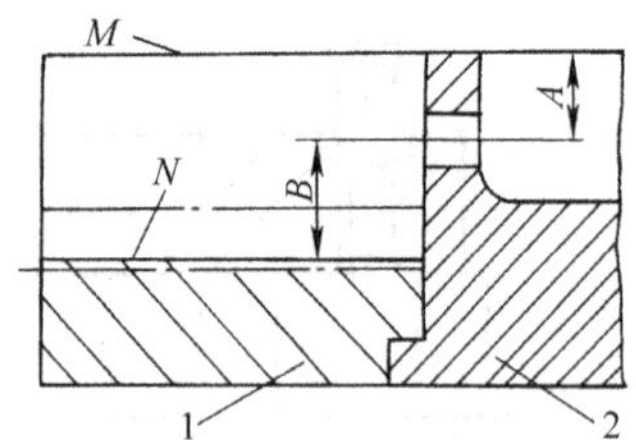

图 4-41　凹模装配
1—凹模固定板　2—凹模镶块

（1）装配凹模（或型芯）　将凹模压入固定板，磨上、下平面并保证尺寸 *A*，如图 4-41 所示。

（2）加工滑块槽　将凹模镶块退出固定板，精加工滑块槽。其深度按 *M* 面决定，如图 4-41 所示。*N* 为槽的底面。*T* 形槽按滑块台肩实际尺寸精铣后，钳工最后修整。

（3）配钻型芯固定孔　利用定中心工具在滑块上压出圆形印迹如图 4-42 所示。按印迹找正，钻、镗型芯固定孔。

（4）装配滑块型芯　在模具闭合时滑块型芯应与定模型芯接触，如图 4-43 所示。一般都在型芯上留出余量通过修磨来达到。其操作过程如下。

1）将型芯端部磨成和定模型芯相应部位吻合的形状。

2）将滑块装入滑块槽，使端面与型腔镶块的 A 面接触，测得尺寸 b。

3）将滑块型芯装入滑块并推入滑块槽，使滑块型芯与定模型芯接触，测得尺寸 a。

4）修磨滑块型芯，其修磨量为 $b-a-(0.05\sim0.1)$ mm。其中（0.05～0.1）mm 为滑块端面与型腔镶块 A 之间的间隙。

5）将修磨正确的型芯与滑块配钻销钉孔后用销钉定位。

（5）楔紧块的装配　在模具闭合时楔紧块的斜面必须和滑块均匀接触，并保证有足够的锁紧力。为此，在装配时要求在模具闭合状态下，分型面之间应保留 0.2mm 的间隙，如图 4-44 所示。此间隙靠修磨滑块斜面预留的修磨量保证。此外，楔紧块在受力状态下不能向合模方向松动，所以，楔紧块的后端面应与定模板处于同一平面。

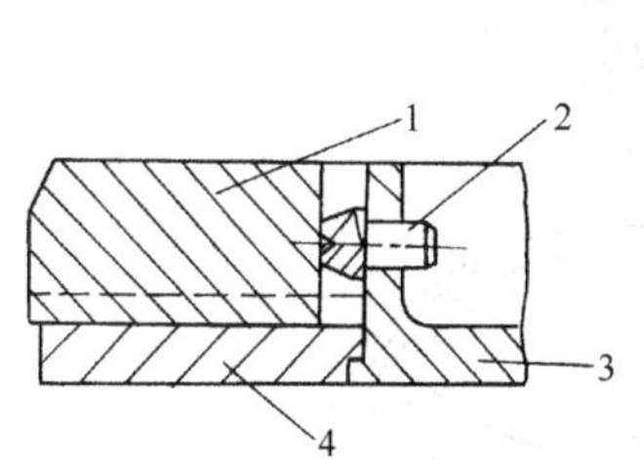

图 4-42　型芯固定孔压印图
1—侧型芯滑块　2—定中心工具
3—凹模镶块　4—凹模固定板

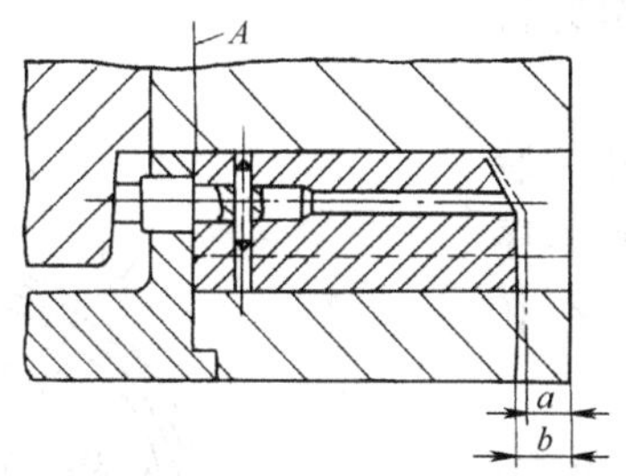

图 4-43　型芯修磨量的测量

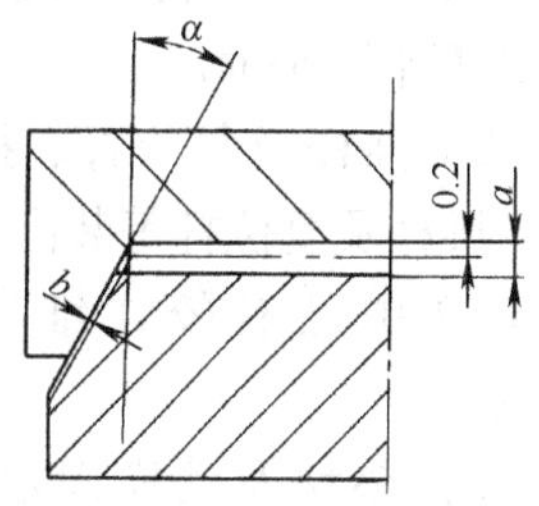

图 4-44　滑块斜面的修磨量

根据上述要求，楔紧块的装配方法如下。

1）用螺钉紧固楔紧块。

2）修磨滑块斜面，使与楔紧块斜面密合。其修磨量为

$$b=(a-0.2\text{mm})\sin\alpha$$

式中　b——滑块斜面的修磨量（mm）；

a——闭模后测得的分型面实际间隙（mm）；

α——楔紧块的斜度（°）。

3）楔紧块与定模板一起钻铰定位销孔，装入定位销。

4）将楔紧块后端面与定模板一起磨平。

5）加工斜导柱孔。

6）修磨限位块。开模后滑块复位的正确位置由限位块定位。在设计模具时一般使滑块端面与定模板外形齐平，由于加工中的误差而使两者不处于同一平面时，可按需要将定位块修磨成台阶形。

八、总装

1. 总装图

图 4-45 所示是塑料注射模的装配图，其装配要求如下。

1）装配后模具安装平面的平行度误差小于0.05mm 。

2）模具闭合后分型面应均匀密合。

3）模具闭合后，定模部分和动模部分的型芯（凸模）位置正确。

4）导柱导套滑动灵活无阻滞现象。

5）推件机构动作灵活可靠。

2. 模具的总装顺序

（1）装配动模部分

1）将型芯20（型芯上平面预留修磨量）及导套17压入凹模4的孔中，加工骑缝螺钉孔，旋入骑缝螺钉19并磨平下平面。

2）推杆及复位杆、拉料杆的装配。推杆及复位杆等装配的操作程序在上文中已有较详细论述，不在重叙。

3）垫块及动模固定板的装配。将动模座板与垫块组合在一起并用平行夹头夹紧通过座板上的螺钉过孔在垫块上钻锥窝，拆下动模座板按锥窝钻螺钉过孔。用类似方法配作支承板上螺钉过孔；凹模4上的螺纹底孔并攻螺纹。

将支承钉压入动模座板，磨限位钉上端面。用螺钉连接凹模4、支承板5、垫块6、动模座板7后，钻、铰定位销孔并打入定位销（图中未画出）。

（2）装配定模部分

1）按定模固定板配钻凹模3上的螺纹底孔，并攻螺纹。

2）将导柱18压入凹模3的孔中，磨平上平面。

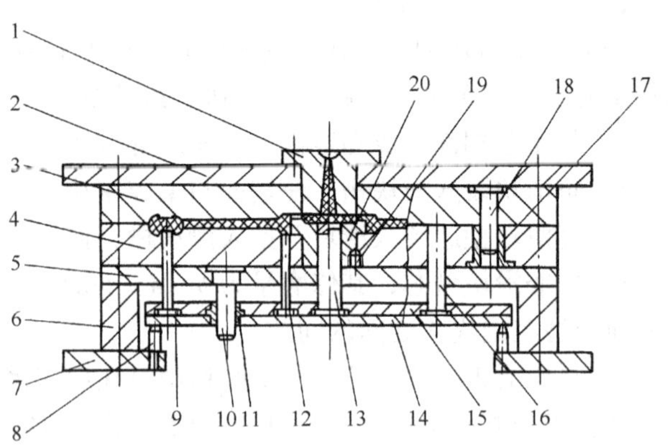

a)

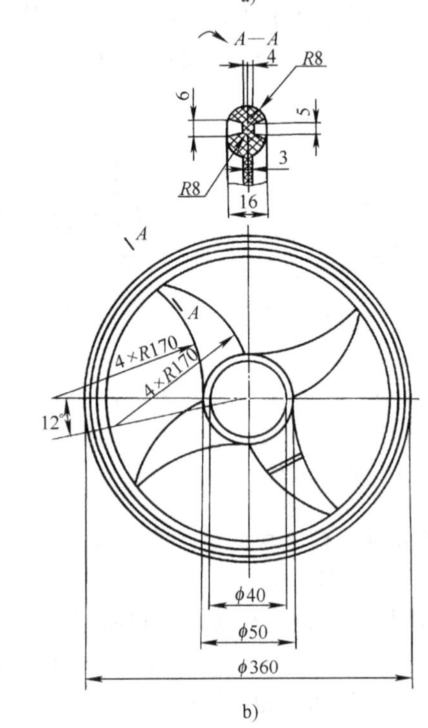

b)

图4-45　风车注射模

1—浇口套　2—定模座板　3、4—凹模　5—支承板　6—垫块　7—动模座板　8—限位钉　9、12—推杆　10、18—导柱　11、17—导套　13—拉料杆　14—推板　15—推杆固定板　16—复位杆　19—骑缝螺钉　20—型芯

3）将定模固定板与凹模3组合，用螺钉将两板紧固。钻、铰定位销孔，打入定位销（图中未画出）。

4）精加工浇口套孔。将浇口套压入定模固定板及凹模3中，修磨浇口套下端面或在浇口套的台阶处垫入垫片。使浇口套下平面与凹模3的型腔面平齐后用螺钉固定浇口套。

(3) 型芯的修磨　合模，观察分型面的密合情况，按实测的分型面处的间隙值，修磨型芯的上平面，保证分型面、型芯与浇口套及型腔面同时密合。

不同的模具装配顺序不尽相同，但必须保证装配精度，达到使用性能要求。

九、试模

模具装配完成以后，在交付生产之前，应进行试模。试模的目的有两个：其一是检查模具在制造上存在的缺陷，并查明原因加以排除；其二对模具设计的合理性进行评定并对成形工艺条件进行探索，以利于设计和成形工艺水平的提高。

1. 装模

模具在装上注射机之前，应按设计图样对模具进行检验，及时发现问题进行修整，减少不必要的重复安装和拆卸。在对模具的固定部分和活动部分进行分开检查时，要注意方向记号，以免合拢时出错。

模具尽可能整体安装，吊装时要注意安全，操作者要协调一致密切配合。当模具定位圈装入注射机上定模板的定位孔后，以极慢的速度合模，由动模板将模具轻轻压紧后装上压板压紧。

在模具被紧固后可慢慢开模，直到动模部分停止后退，这时应调节机床的顶杆使模具上的推杆固定板和动模支承板之间的距离不小于5mm，以防止顶坏模具。

为了防止制件溢边，又保证型腔能适当排气，合模的松紧程度很重要。由于目前还没有锁模力的测量装置，因此对注射机的液压柱塞—肘节锁模机构应凭经验调节。即在合模时，肘节先快后慢，既不很自然，也不太勉强的伸直时，合模的松紧程度就正好合适。对于需要加热的模具，应在模具达到规定温度后再找正合模的松紧程度。

最后，接通冷却水管或加热线路。对于采用液压或电动机分型模具的也应分别进行接通和检验。

2. 试模

经过以上的调整、检查，做好试模准备后，选用合格原料，根据推荐的工艺参数将料筒和喷嘴加热。由于制件大小、形状和壁厚的不同，以及设备上热电偶位置的深度和温度表的误差也各有差异，因此资料上介绍的加工某一塑料的料筒和喷嘴温度只是一个大致范围，还应根据具体条件试调。判断料筒和喷嘴温度是否适合的最好办法是将喷嘴和主流道脱开，用较低的注射压力，使塑料自喷嘴中缓慢地流出，观察料流。如果没有硬头、气泡、银丝及变色，料流光滑明亮，就说明料筒和喷嘴温度是比较合适的，可以开机试模。

在开始注射时，原则上选择在低压、低温和较长的时间条件下成形。如果制件未充满，通常是先增加注射压力。当大幅度提高注射压力仍无效果时，才考虑变动时间和温度。延长时间实质上是使塑料在料筒内的受热时间增长，注射几次后若仍然未充满，最后才提高料筒温度。但料筒温度的上升以及它与塑料温度达到平衡需要一定的时间（一般约15min），不要过快地把料筒温度升得太高，以免塑料过热甚至发生降解。

注射成形时可选用高速和低速两种工艺。一般在制件壁薄而面积大时，采用高速注射，而壁厚面积小的塑件采用低速注射，在高速和低速都能充满型腔的情况下，除玻璃纤维增强塑料外，均宜采用低速注射。

对黏度高和热稳定性差的塑料，采用较慢的螺杆转速和略低的背压加料及预塑，而粘度低和热稳定性好的塑料可采用较快的螺杆转速和略高的背压。在喷嘴温度合适情况下，采用喷嘴固定形式可提高生产率。但当喷嘴温度太低或太高时，需要采用每次注射后向后移动喷嘴的形式（喷嘴温度低时，由于后加料时喷嘴离开模具，减少了散热，故可使喷嘴温度升高；喷嘴温度太高时，后加料可挤出一些过热的塑料）。

试模时易产生缺陷及原因见表4-11。

表4-11　试模时易产生的缺陷及原因

缺陷 原因	制件不足	溢边	凹痕	银丝	熔接痕	气泡	裂纹	翘曲变形
料筒温度太高		√	√	√		√		√
料筒温度太低	√				√		√	
注射压力太高		√					√	√
注射压力太低	√		√		√	√		
模具温度太高			√					√
模具温度太低	√		√		√	√	√	
注射速度太慢	√							
注射时间太长				√	√		√	
注射时间太短	√		√		√			
成形周期太长		√		√				
加料太多		√						
加料太少	√		√					
原料含水分过多			√					
分流道或浇口太小	√		√	√	√			
模具排气不好	√			√		√		
制件太薄	√							
制件太厚或变化大			√			√		√
成形机能力不足	√		√	√				
成形机锁模力不足		√						

在试模过程中应详细记录，并将结果填入试模记录卡，注明模具是否合格。如需反修，则应提出反修意见。在记录中应摘录成形工艺条件及操作注意点，最好能附上注射成形的制件，以供参考。

试模后合格的模具，应清理干净，涂上防锈油后入库。

思考与练习

4-1　机械产品装配生产的组织形式及特点是什么？

4-2　常见的装配方法有哪些？举例说明其应用场合。

4-3　模具装配具有哪些特点？

4-4　通过对装配尺寸链的分析计算能够解决哪些问题？

4-5　举例说明调整法、修配法在模具装配中的应用。

4-6　冲裁模装配的主要技术要求是什么？

4-7　试述台肩式凸模压入装配的要点。

4-8　装配中如何保证冲裁模的冲裁间隙？

4-9　低熔点合金在模具装配中有哪些应用，并说明其要点。

4-10　试模中常出现的问题及成因是什么？

4-11　弯曲模的装配要点是什么？

4-12 拉深模具的装配要点是什么？

4-13 试述塑料模具中斜导柱抽芯机构的装配要点，并写明装配的顺序。

4-14 写出图 4-26 复合模具的装配顺序。

4-15 说明图 4-46 所示塑料注射模具的装配的顺序。

4-17 注射模具试模时应注意什么问题？

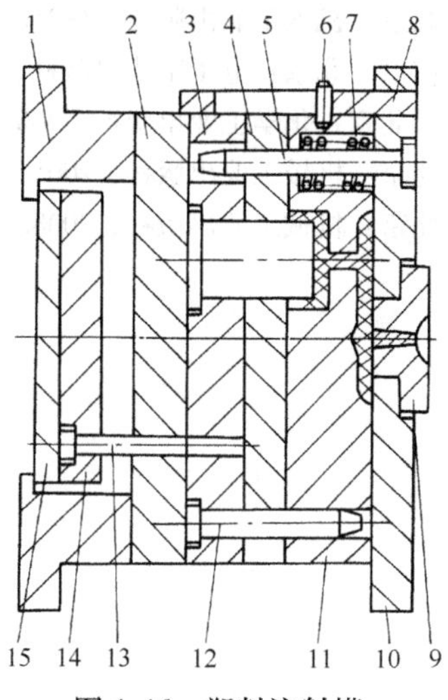

图 4-46 塑料注射模

参 考 文 献

[1] 黄毅宏，李明辉. 模具制造工艺［M］. 北京：机械工业出版社，1999.

[2] 《模具制造手册》编写组. 模具制造手册. 2 版［M］. 北京：机械工业出版社，1997.

[3] 许发樾. 模具标准应用手册［M］. 北京：机械工业出版社，1994.

[4] 孔德音. 模具制造工艺［M］. 北京：机械工业出版社，1996.

[5] 莫健华. 快速成形及快速制模［M］. 北京：电子工业出版社，2006.

[6] 邓明. 现代模具制造技术［M］. 北京：化学工业出版社，2005.

[7] 甄瑞麟. 模具制造技术［M］. 北京：机械工业出版社，2005

[8] 陈少斌. 模具制造技术［M］. 北京：机械工业出版社，2008.